中国石油"十三五"科技创新成果汇编

中国石油天然气集团有限公司科技管理部　编

石油工业出版社

图书在版编目（CIP）数据

中国石油"十三五"科技创新成果汇编 / 中国石油

天然气集团有限公司科技管理部编 .—北京：石油工业出版社，2023.3

ISBN 978-7-5183-4883-1

Ⅰ . ① 中… Ⅱ . ① 中… Ⅲ . ① 石油工程 – 科技成果 –

汇编 – 中国 –2016—2020 Ⅳ . ① TE–12

中国版本图书馆 CIP 数据核字（2021）第 188448 号

（内部销售）

出版发行：石油工业出版社

　　　　　（北京安定门外安华里 2 区 1 号　　100011）

　　　　　网　址：www.petropub.com

　　　　　编辑部：（010）64523541　　图书营销中心：（010）64523633

经　　　销：全国新华书店

印　　　刷：北京中石油彩色印刷有限责任公司

2023 年 3 月第 1 版　2023 年 3 月第 1 次印刷

787×1092 毫米　开本：1/16　印张：24

字数：522 千字

定价：200.00 元

前言

科技兴则民族兴，科技强则国家强。科技是国之利器。国家赖之以强，企业赖之以赢，人民生活赖之以好。中国石油深入学习贯彻习近平总书记关于科技工作和油气领域系列重要批示指示精神，展开科技创新的翅膀，放飞科技创新的梦想，积极投身国家科技创新的洪流，大力改革科技创新体制，推动科技交流合作，推进创新联合体建设与实施，石油科技不断赋能、自强自立、创新发展，石油工业自主创新的能力得到大幅度提升。

科技是强盛之基，创新是进步之魂。"十三五"期间，中国石油天然气集团有限公司科技工作紧密围绕建设世界一流综合性国际能源公司目标，按照国家"自主创新、重点跨越、支撑发展、引领未来"科技工作指导方针，积极贯彻落实国家"创新驱动发展战略"，将科技创新摆在集团公司发展全局的核心位置，坚持以国家科技重大专项为龙头、集团公司重大科技专项为核心、重大现场试验为抓手，着力突破制约集团公司发展的关键瓶颈技术，强化新技术推广应用，加大关键核心技术攻关力度，深化科技体制机制改革，强化创新基地与基础条件平台建设及运行管理，充分利用国内外优势科技资源，优化技术获取方式，充分发挥科研团队的创造性和积极性，取得了一批重要成果，进一步提升了自主创新能力和核心竞争力，为集团公司主营业务有质量、有效益、可持续发展提供了强有力的技术支撑和保障。

成果是科技创新之实。科技是利剑，它所向披靡；科技是魔方，它创造奇迹。"十三五"以来，中国石油牵头实施国家油气重大专项攻关，攻克29项关键核心技术、突破24项重大装备软件，制订22项国际标准，获得授权发明专利8636件，荣获13项国家级科技奖励和4项中国专利奖，在推动公司高质量发展、实现油气勘探开发业务三个一亿吨和炼化业务转型升级等方面发挥了引领带动作用［国内原油产量1亿吨，天然气产量（油当量）首次突破1亿吨，海外油气权益产量1亿吨］。

为了展现中国石油"十三五"科技成就，激励广大石油科技工作者进一步"以科技创新谱新篇，以科研攻关铸辉煌，以崇尚科学创未来"，助力油气主营业务发展，特编撰出版《中国石油"十三五"科技创新成果汇编》一书。本书以"十三五"期间中国石油取得的重大科技成果为基础，从增储上产、提质增效、一带一路、转型升级、绿色低碳五个方面介绍了中国石油在高效勘探、效益开发、非常规油气、物探、测井、钻完井、采油、储运、炼油化工等领域取得的174项技术突破。本书是对"十三五"期间中国石油已取得的技术成果和经验的阶段性总结，将对今后油气发展起到借鉴和启发作用。

抓创新就是抓发展，谋创新就是谋未来。科技创新的累累硕果必将助力集团公司锚定建设基业长青的世界一流企业战略目标，围绕产业链部署创新链，围绕创新链提升价值链，着力擘画科技创新宏伟蓝图，打造油气原创技术策源地和现代产业链"链长"。为本世纪中叶集团公司全面成为国家战略科技力量、世界主要科学中心和世界能源创新高地，建成"智慧中国石油"提供力量。

本书由中国石油天然气集团有限公司科技管理部组织编写，各油气田、炼化、工程技术服务、工程建设、装备制造等企业和直属科研院所给予大力支持和帮助，石油工业出版社在编辑出版方面做了大量的工作，在此表示感谢。

本书涉及技术广泛，难免存在不妥和疏漏之处，敬请同行和读者批评指正。

目录

提质增效

一带一路（海外）

转型升级

·炼 油

·化 工

绿色低碳

增储上产

高效勘探

大面积河流—三角洲岩性油藏勘探评价技术

鄂尔多斯盆地环江地区长8油层组砂体平面变化快，储层非均质性强，与姬塬、西峰存在较大差异，先导开发试验区单井产量低，开发效果较差。该技术对于系统认识油藏富集规律、落实规模储量、实现高效开发具有重要意义。

一、技术内涵

（1）明确了长8_1亚段为浅水、短轴、陡坡古沉积环境下的三角洲沉积，多源输砂、水道频繁交汇形成砂体叠置发育、连片分布；长8_2亚段为滨浅湖滩坝沉积，湖岸线多期迁移与湖流再分配的双重作用，滩坝砂呈垂直古河流方向的带状展布（图1）。

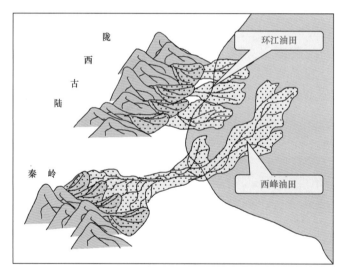

图1　环江油田长8沉积模式示意图

（2）提出环江地区长8油藏"五要素"差异成藏机理，明确了近源和优势砂体的有效组合是长8_1油藏大面积分布的主控因素，裂缝和相对高渗透砂体配置是长8_2油藏富集的关键（图2）。

（3）形成了由东向西推进，长8_1亚段追踪优势砂体，长8_2亚段落实高渗透砂带的勘探思路与方法。

（4）形成了超低渗透油藏定向井注采井网优化和小水量超前注水的规模建产技术，以及复杂储层的水平井布井模式、水平井轨迹控制和开发井网优化关键技术。

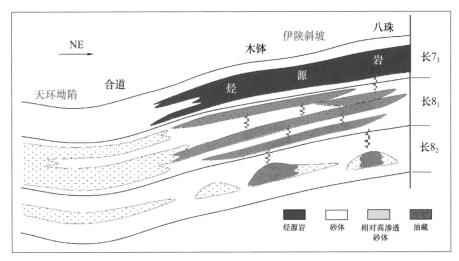

图2　环江油田长8成藏模式示意图

二、主要创新点

（1）提出了"近源短轴浅水三角洲沉积模式"，通过精细刻画砂体结构，储层钻遇率由75.6%提升到80.5%。

（2）建立了长8"垂向源距、增压强度、多缝高渗组合、岩相类型、孔喉尺度"五要素差异成藏模式。

（3）创建了变井网样式水平井快速规模布井技术，一次性整体部署水平井185口，建产能 45×10^4 t/a，平均油层钻遇率91.5%，初期平均单井日产油8.3t，单井产量提高 $4.0 \sim 4.7$ 倍。

三、应用成效

该成果成功应用于鄂尔多斯盆地环江油田勘探开发实践，新增探明地质储量 2.27×10^8 t，控制地质储量 9170×10^4 t，已建产能 200×10^4 t/a，年产油达 65×10^4 t，其中水平井建产 120×10^4 t/a，成为中国石油水平井规模开发示范区。

四、有形化成果

该成果获国家发明专利14件，发表论文34篇。

凹陷区砾岩油藏勘探理论技术

　　克拉玛依油田历经半个世纪开发，剩余可采储量严重不足，难以满足国防稀缺环烷基原油的持续供给，与之相邻的玛湖凹陷是潜在接替领域，但凹陷区砾岩油藏规模勘探在世界范围内无先例可循，面临古老咸化湖盆能否高效生油、凹陷区能否发育规模砾岩储层、源储大跨度分离能否规模成藏、低渗透砾岩油藏能否效益勘探四大世界性难题。为此，2005 年以来，国家和中国石油持续立项，多学科、产学研联合攻关，创立了凹陷区砾岩油藏勘探理论技术体系，发现了全球最大整装砾岩油田，奠定了我国在该领域的国际领先地位。

一、主要创新点

　　（1）突破经典单峰式生油模式，发现了碱湖烃源岩成熟—高熟双峰式高效生油规律，重新评价石油资源量从 30.5×10^8t 提高到 46.7×10^8t。首次在下二叠统发现古老的碱湖优质烃源岩，发育独特的蓝细菌和绿藻门母质，生成稀缺环烷基原油，生油能力 2 倍于传统湖相烃源岩，为玛湖凹陷规模勘探提供了科学依据。

　　（2）突破砾岩沿盆缘断裂带分布传统认识，建立了凹陷区大型退覆式浅水扇三角洲砾岩满凹沉积模式（图1），开辟有效勘探面积 6800km²。首次发现在山高源足、稳定水系、盆大水浅、持续湖侵背景下，凹陷区发育大型退覆式浅水扇三角洲，前缘亚相贫泥砾岩储层呈广覆式分布，有效储层埋深延伸至 5000m 以下，勘探领域由盆缘拓展至整个凹陷。

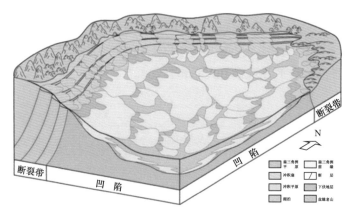

图1　大型退覆式浅水扇三角洲砾岩满凹沉积模式

　　（3）突破源储一体大面积成藏理论认识，创建了凹陷区源上砾岩大油区形成模式（图2），指导了 10 亿吨级特大型油田的发现。发现密集分布的高角度隐蔽通源断层，沟通深层碱湖源岩，油气垂向跨层运移 2000 ～ 4000m 至前缘亚相砾岩中，在顶、底板与侧向致密砾岩和泥岩封堵下大面积成藏。勘探部署由单个圈闭转向整个前缘相带，探井成功率由35%提至63%，实现了储量跨越式增长。

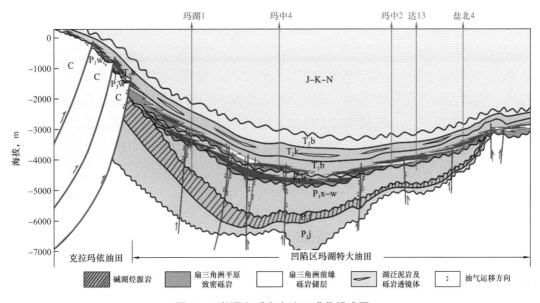

图2　玛湖源上砾岩大油田成藏模式图

（4）攻克了低渗透砾岩勘探三项技术瓶颈，实现了高效勘探与效益建产。自主研发基于高密度三维地震资料的地震储层与流体预测、核磁测井黏土和流体定量表征、水平井细分切割绕砾压裂核心技术，甜点钻遇率由53%提至87%，测井解释符合率由43%提至92%，单井产量较直井提高7倍以上，开发试验效果显著，桶油综合成本降至38.9美元，已建产能605×10⁴t，具备大规模开发的条件。

二、应用成效

应用该成果新增三级石油地质储量12.4×10⁸t，其中探明储量5.2×10⁸t，近三年新增利税139.94亿元。该成果开辟了石油地质学研究新领域，为世界资源潜力巨大的凹陷区砾岩勘探提供了理论指导与技术支撑，已在中国石化新疆油田探区和吐哈盆地等地区成功应用。

三、有形化成果

该成果获省部级一等奖3项、重大发现特等奖1项，被评为中国地质学会2016年度十大地质找矿成果。获专利75件，其中申请发明专利21件，登记软件著作权20件，认定技术秘密56件，制定标准10项、出版专著7部、发表论文230篇。

斜坡区厚层砂砾岩成藏评价技术

从2012年开始玛湖地区勘探从断裂带走向斜坡区，玛湖凹陷北部三叠系百口泉组发现砾岩大油区，下个大油区在何处寻找？是玛湖地区勘探面临的主要问题。与百口泉组具有类似成藏地质条件，更靠近主力烃源岩的上乌尔禾组被列为主攻目的层。但油藏关系复杂，成藏认识不清，勘探方向不明确；厚层块状砂砾岩不同层段产液差异大，优质储层类型及分布规律不明确，勘探陷入停滞。

一、技术内涵

通过开展构造演化分析、古地貌精细刻画、沉积体系研究、已知油藏解剖、油水同出成因研究、湖平面与古地貌耦合分析、储层品质主控因素分析、砾岩储层分类评价等8项攻关研究工作，提出玛湖凹陷南部上乌尔禾组与北部百口泉组具有相同成藏背景，具备形成大油区的条件。重新认识已知油藏，构建地层背景下大面积成藏新模式，提出厚层低饱和度油藏新认识，以此为指导，创新形成4项创新点、3项配套技术，新老井结合集中勘探，取得全面突破。

二、主要创新点

（1）通过与百口泉组成藏条件对比分析，首次提出上乌尔禾组具备形成大油区的三大有利条件：整体为大型地层圈闭背景，超覆于中下二叠统之上；发育大型退积式扇三角洲，砂体搭接连片，呈广覆式分布；晚期湖泛泥岩与早期低位厚层砾岩良好配置，形成立体封盖，指导优选玛南斜坡有利勘探面积2600km^2。

（2）构建大型地层背景下退积型大面积成藏新模式（图1），提出厚层低饱和度油藏新认识，有效指导"水区"找油和老区新探，实现油藏外围拓展和油藏间连片，在南部发现亿吨级规模储量，通过老井复试节约投资1.5亿元。

（3）创建凹槽区厚层状低饱和度、斜坡区互层状和古凸带薄层状三种类型油藏分布模式（图2），发现贫泥支撑砾岩高产储层新类型，指导新区外探，发现了北斜坡亿吨级高效油藏。

（4）研发了基于地震波形指示模拟的砾岩储层分类预测技术、基于电阻率异常侵入特征分析的油层识别技术、厚层砾岩低密度支撑剂有效铺置增产技术等三项配套技术，甜点钻遇率由58%提高到92%，试油获油率由45%提高到68.2%，单井日产油量由10t提高到20～30t。

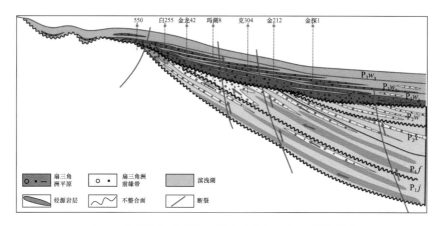

图1　中拐凸起北斜坡二叠系上乌尔禾组成藏模式图

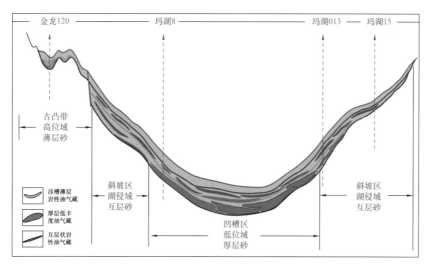

图2　二叠系上乌尔禾组油藏分布模式图

三、应用成效

在大面积成藏模式的指导下，新疆油田以"新井上钻与老井复试相结合，拓展勘探与甩开勘探相结合，整体部署，分步实施"为部署思路，玛南斜坡区上乌尔禾组勘探快速推进。截至2017年12月底，共25口井28层获工业油流，相继发现了玛湖8井区、金龙43井区和玛湖013井区等油气藏，落实三级石油地质储量2.64×10^8t。通过勘探评价一体化整体研究部署，在"十三五"期间实现玛南斜坡上乌尔禾组5×10^8t储量整体控制。

四、有形化成果

玛南地区二叠系上乌尔禾组勘探成果获得中国石油新疆油田分公司科技进步特等奖、中国石油天然气股份有限公司2017年度油气勘探重大发现一等奖及中国地质协会2017年度"十大找矿成果"。发表论文7篇。

前陆冲断带深层天然气勘探理论与评价技术

含盐前陆冲断带油气勘探是公认的世界级难题。通过以构造建模、圈闭落实、储层评价为核心的技术攻关，丰富发展了前陆油气勘探地质理论，创建了超深盐下含盐储层成因模式、创新了复杂构造区叠前深度偏移处理技术、高陡强挤压应力储层电阻率校正方法，新发现大中型气藏 9 个，上交三级天然气地质储量超 $5000 \times 10^8 m^3$。

一、技术内涵

研究发展了前陆冲断带山地地震勘探技术，针对克拉苏构造带北部复杂山地逆掩叠置区，围绕着叠前深度偏移技术进行改进、提升，提高逆掩叠置区的地震资料成像品质；发展了前陆冲断带超深复杂圈闭识别技术，强力推进了构造转换带识别方法的技术攻关，明确了优质突发型构造的气藏规模，落实可钻探目标；通过强化盐下超深储层的评价攻关，创新性提出了超深含盐储层的评价技术；发展了高陡地层强挤压应力环境下的储层流体识别技术，从不同地层倾角下的电阻率物理模拟实验出发，首次提出强挤压应力环境下的测井流体识别评价方法，大幅提升测井解释符合率。指导了克拉苏构造带勘探部署，推动了勘探持续发现，落实了探明天然气万亿立方米的资源规模。

二、主要创新点

（1）创新了构造转换带突发构造发育的地质理论认识（图1）。

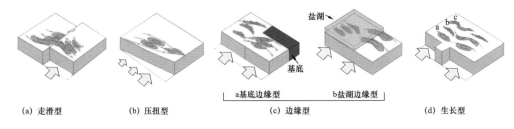

| (a) 走滑型 | (b) 压扭型 | (c) 边缘型 | (d) 生长型 |

图 1　构造转换带突发构造发育的地质理论认识

（2）创建了超深盐下含盐储层的成因模式，揭示了测井孔隙度、含气饱和度计算偏低的机理（图2）。

（3）创新了基于小平滑面的起伏地表倾斜介质 TTI 各向异性叠前深度偏移技术。

（4）创新了高倾角、强水平挤压应力条件下视电阻率校正方法。

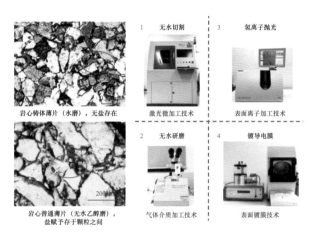

图 2　超深盐下含盐储层的成因模式

三、应用成效

该成果推动了克拉苏构造带油气持续发现，储量快速增长，2015—2018 年先后实现克深 13、克深 10、克深 11、克深 24、大北 11、博孜 3、大北 12、阿瓦 5 和克深 14 等 9 个气藏发现，新增天然气三级地质储量 $5435 \times 10^8 m^3$，其中，天然气探明地质储量 $4512 \times 10^8 m^3$，克拉苏构造带已累计上交天然气探明地质储量达万亿立方米，奠定了塔里木油田 $3000 \times 10^4 t$ 当量大气田建设的资源基础。

四、有形化成果

该成果获得发明专利 8 件，登记软件著作权 2 件，出版专著 2 部，在核心期刊发表论文 22 篇（SCI 收录 9 篇、EI 收录 1 篇），获 2019 年度中国石油天然气集团有限公司科技进步奖一等奖。

深层油气地质理论与勘探技术

深层（埋深 >4500m）剩余资源丰富，探明率低，储量动用程度低，勘探开发潜力大，但深层过成熟地质条件与高温高压环境，给油气勘探开发带来了巨大挑战。针对深层勘探开发面临的关键理论技术难题，由中国石油勘探开发研究院和西南油气田分公司共同牵头，联合中国石油集团东方地球物理勘探有限责任公司、中国石油集团测井有限公司、中国石油集团工程技术研究院有限公司等多家单位，历经 5 年攻关研究，创新了深层油气地质理论与勘探开发技术，解决了制约深层勘探开发面临的瓶颈技术难题，取得了 4 项主要创新成果。

一、技术内涵

该成果立足克拉通盆地深层高过成熟油气勘探面临的基础、共性问题和关键技术难题，创新提出了小克拉通"双滩"与"两类台缘"沉积模式，形成了高过成熟天然气多源烃多途径成气、"三元"成储保持、油气烃类相态转换、晚期持续供气成藏过程与模式的科学认识（图 1）；研发形成了深层古老碳酸盐岩储层建模、模拟与定年技术，深层地震高精度保真处理与叠前储层预测技术；创建了国内首套电成像测井极板性能测量刻度实体物理试验模拟装置，自主研发出小井眼 200℃ /170MPa 电成像极板探测器等核心装备；开发了膨胀增韧材料和高温增强材料，配套形成了深层大温差长封固段防窜固井工艺；研制出了防塌钻井液优化配方，并形成震旦系防塌防漏技术，创新了钻头破岩比能优化司钻提速导航、井下振动智能识别与调控系统，配套研发了深部高研磨专打 PDC 钻头以及井身结构优化等技术；形成了开发有利区优化及连通性动态评价技术，深层碳酸盐岩储层裂缝前端有效酸压提产技术。

二、主要创新点

（1）首次揭示了高过成熟区多源灶多途径生气机理；提出了小克拉通"双滩"与"两类台缘"沉积模式，揭示了微生物白云岩储层"三元"保持机制，指出其仍具相控性、继承性大于改造性；揭示了深层高温高压条件下烃类相态转化与大油气田形成保持机制；系统建立了深层成气、成储与成藏模式，揭示深层有雄厚资源基础、发育规模储层和有效成藏条件。研发形成了以激光原位 U-Pb 同位素测年、Δ47 碳氧稳定同位素在线检测为核心的深层碳酸盐岩储层微区多参数检测技术，以多尺度储层非均质表征与建模为核心的储层评价技术，以温压场、流体场恢复为核心的高温高压储层模拟技术，为深层碳酸盐岩储层地质评价提供了技术保障。

（2）创立了局部角度域偏移道集构建、DEM-Gassmann 岩石物理模型建模技术，并研发了叠前储层反演与各向异性裂缝预测等一体化技术；实现了全频段岩石物理建模，深层低信噪比资料保幅、保真、保方位高精度叠前成像以及储层预测、裂缝密度与方位精细刻画，该创新打破了国外商业软件的垄断。

（3）研发出水平滑动托压控制系统、适合灯影组的防塌钻井液配方和高密度大温差水泥浆体系，形成了 $\phi177.8mm$ 尾管防窜防漏固井技术、震旦系深井完井投产方式和完井管柱方案，研发出高温自生酸压裂液、耐三高泡排剂。

（4）创建了国内首套电成像测井极板性能测量刻度实体物理试验模拟装置，突破了超高温压极板设计加工与制造瓶颈，研制投产 200℃/170MPa 电成像极板探测器，实现了国产高温高压小井眼微电阻率成像仪的自主研制，解决了 8000m 以深超高温压地层电阻率成像精细采集难题。

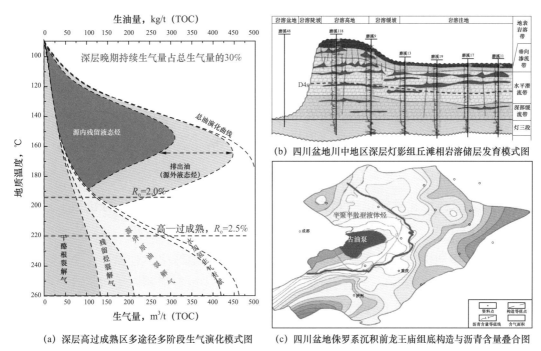

(a) 深层高过成熟区多途径多阶段生气演化模式图
(b) 四川盆地川中地区深层灯影组丘滩相岩溶储层发育模式图
(c) 四川盆地侏罗系沉积前龙王庙组底构造与沥青含量叠合图

图1　深层高过成熟区多途径多阶段生气模式与碳酸盐岩储层"三元"成储保持模式图

三、应用成效

成果认识指导了四川盆地和塔里木盆地等深层勘探区带评价与风险目标论证实施，支撑了川中灯影组新增探明储量 $3698×10^8m^3$，川西北上古生界多层系勘探获得重要发现，有效保障了川中震旦系灯影组开发先导试验 $18×10^8m^3/a$ 产能在 2018 年底顺利建成；近两年成果应用成效进一步展示，截至 2020 年底，安岳气田灯影组实现探明储量 $7008×10^8m^3$，三级储量超万亿立方米，已建成 $60×10^8m^3$ 年产能。

四、有形化成果

该成果已获授权国家发明专利 20 件，登记软件著作权 5 件，出版专著/译著 5 部，发表论文 105 篇（SCI/EI 收录 82 篇），制定企业标准 3 项，获中国石油天然气集团有限公司 2019 年基础研究奖一等奖和十大科技进展、2020 年科技进步奖一等奖。

深层油气藏油气相态、油源识别及运移路径表征技术

随着油气勘探向深层领域拓展，深层古老地层逐渐成为当前全球勘探与研究的热点。与国外相比，中国深层油气资源主要分布在克拉通盆地，时代老、埋藏深、多期改造、油气相态复杂，预测难。

一、技术内涵

近10年来，在国家和中国石油天然气集团有限公司科技重大专项等支持下，开展多学科交叉融合，发明了深层高成熟油气来源精确确定、油气藏油气相态快速判识、油气运移路径和富集区带定量表征核心技术系列，攻克了行业内一直渴望解决但始终未能获得成功的技术难题，为勘探开发提供了新技术支持，取得良好应用效果。

二、主要创新点

（1）发明了选择性化学转化＋全二维质谱＋磁质谱协调联用技术，分辨率大幅提高，检测下限降至 0.1×10^{-6}，实现了技术跨越。发现了8个系列新型化合物，分别指示了次生作用或母源，重构了多期构造变革下油气成藏调整改造的地质地球化学过程，揭示了多相态油气成因机制；依据原油中特殊化合物组成，建立了深层油气相态预测方法和图版，可快速准确识别油气相态与类型。如图1、图2所示。

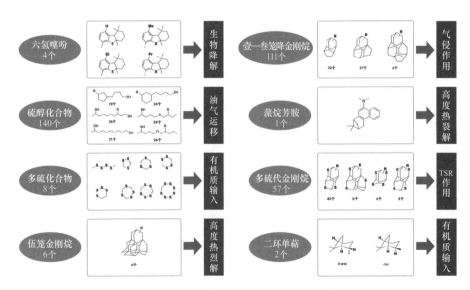

图1 发明了化学转化＋高分辨质谱联用技术，发现8个系列新型化合物

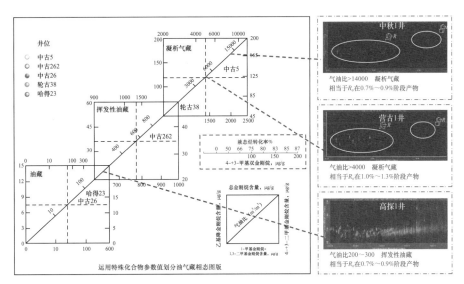

图 2　发现化合物演化规律，建立了相态图版，可快速确定气油比、相态等

（2）发明了含硫化合物选择性分离方法，分离纯度＞99%，成功获取单体化合物的同位素，建立了油气来源判识的新手段，确定出塔里木盆地海相油气来自寒武系烃源岩，明确了寒武系的勘探地位。依据采样实验，结合正演模拟烃源岩地震反射，刻画了烃源岩边界及厚度，提出寒武系盐下、盐上两大风险领域，台内滩、缓坡滩及台缘滩三种目标类型与四个勘探区带，为风险井论证和上钻提供了科学依据。

（3）发明了原油痕量化合物选择性分离富集技术，解决目前石油中硫醇、非碱性氮化合物等指示油气成因与运移的关键标志物无法直接分析的难题，结合模拟实验建立的运移指标参数，可以定量表征油气运移路径和富集区带；建立了油气垂向和侧向运移的格架网络与多期次成藏聚集改造模式，揭示了油气富集分布规律。塔里木盆地台盆区海相油气性质的多样性，主要受晚海西期构造抬升造成的生物降解作用、晚喜马拉雅期深埋后原油裂解气对古油藏气洗改造两大作用的控制；晚喜马拉雅期深层裂解气沿着断裂向上运移，在构造高点聚集成藏，断裂带附近油气最富集，提出了沿断裂带打高部位缝洞体的勘探思路，为一批高产井的确定提供了科学依据。

三、应用成效

首创的三项关键技术，以分离纯度高、分辨率高、检测精度高的优势，实现了仅用一滴油就可以快速确定油气来源、油气藏相态，多个油样可以确定油气运移路径与富集区等，攻克了深层找油的地化关键难题，并在塔里木盆地等得到推广应用，取得显著效果。

四、有形化成果

该成果获发明专利25件，已获国际专利受理8件，发表SCI论文33篇，获中国专利银奖等。

古老碳酸盐岩勘探理论技术

发现大气田对改善国家能源结构意义重大。四川盆地震旦系—寒武系作为重大勘探领域，1964年在川中古隆起高部位发现威远气田后，历时43年钻井21口，久攻不克。中国石油持续立项，经6年产学研联合攻关，取得重大科学发现和理论技术创新。

一、技术内涵

针对古老碳酸盐岩能否形成规模资源、是否发育规模储层、古隆起现今低部位能否规模成藏、如何实现高效勘探等世界级难题，创新形成古老碳酸盐岩"四古"（克拉通内受古裂陷及其控制的早期古隆起、古丘滩体储层、岩性—地层古圈闭）成藏理论与特色技术，成果对推动中国乃至世界新元古界—下寒武统成藏理论创新和勘探实践突破具有深远的历史意义。

二、主要创新点

（1）首次提出并发现了四川盆地晚震旦世—早寒武世发育的大型裂陷（德阳—安岳克拉通内裂陷）和生烃中心（图1），盆地模拟资源量达 $5 \times 10^{12} m^3$。

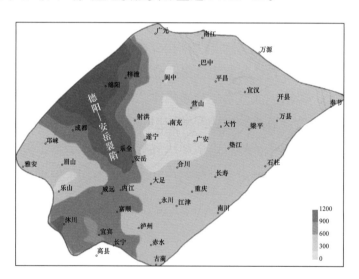

图1 四川盆地德阳—安岳克拉通内裂陷分布图

（2）首次建立了古老碳酸盐岩沉积新模式并揭示成储机理，新发现了灯影组和龙王庙组两套规模储层，有利叠合面积达 $8000 km^2$，突破了古老碳酸盐岩难以形成优质储层的传统认识。

（3）首次提出了以裂陷为核心的古老碳酸盐岩"四古"（克拉通内受古裂陷及其控制的早期古隆起、古丘滩体储层、岩性—地层古圈闭）成藏理论认识（图2），有效指导了古隆起现今低部位安岳特大型气田的发现。

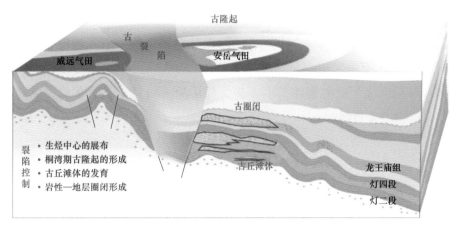

图2 以裂陷为核心的古老碳酸盐岩"四古"成藏理论认识示意图

（4）自主研发了深层古老碳酸盐岩6项地震储层精细描述、气层测井储层评价关键技术，攻克了储层预测及气层解释精度低的技术瓶颈，地震资料主频从25Hz提高到40Hz，储层预测符合率从71%提高到85%，气层解释符合率从66%提高到92%。

三、应用成效

在古老碳酸盐岩勘探理论技术的指导下，发现了整装规模、优质高效的安岳特大型气田。截至2015年，探明地质储量$6574 \times 10^8 m^3$，控制加预测储量$9032 \times 10^8 m^3$，是我国地层最古老、热演化程度最高、单体储量规模最大的海相气田，是21世纪以来全球在该领域的最大发现。开发仅用3年时间，龙王庙组已建成$110 \times 10^8 m^3/a$生产能力，灯影组建成了$5 \times 10^8 m^3$的试采产能，总体开发规模将超$150 \times 10^8 m^3$。安岳大气田的发现，开拓了古老碳酸盐岩油气勘探的新领域，实现了几代石油人的梦想。

四、有形化成果

该成果获国家发明专利9件、登记软件著作权4件、认定中国石油技术秘密4项，出版专著1部，发表SCI和EI论文36篇，2013年获中国地质学会十大地质找矿成果，2016年获国家科技进步奖二等奖。

四川盆地安岳气田震旦系精细勘探评价理论技术

中国石油西南油气田分公司联合中国石油勘探开发研究院、东方地球物理勘探有限责任公司共同完成,解决了安岳气田震旦系气藏精细勘探评价面临的关键科学问题和技术瓶颈,实现了灯四段7500km²大气区的整体控制,提交灯影组三级储量超万亿立方米,为国内外同类气田勘探开发提供了宝贵经验。

一、技术内涵

针对安岳气田灯四段气藏非均质性强、埋藏深的地质勘探难度特点,克服特大型气区"规模增储、效益开发"面临的重大挑战。在精细评价勘探过程中主要面临台缘带高效开发、台内区储量规模升级、优质储层地震精细预测、安全高效钻完井等四方面重大挑战,创新形成"四项"精细勘探评价理论技术。

二、主要创新点

(1)研发形成高分辨可容纳空间分析新技术,创建灯影组沉积层序充填模式,提出多期丘滩+多幕岩溶"双多叠合"规模成储新模型,指导勘探区带分级评价(图1)。

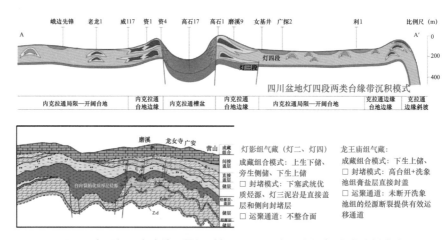

图1 安岳气田高磨地区震旦系灯四段"双多叠合"规模成储新模式

(2)首次建立基于储集空间结构的灯影组储层识别评价模板,构建等时地层格架下优质储层发育模型,实现了基于"储集空间结构"的储层精细分区分类评价,指导安岳气田震旦系特大型气藏精细勘探评价。

(3)创新形成灯影组优质储层地震识别及缝洞储集体精细预测技术,实现强屏蔽层下优质薄储层地震精细识别及多尺度缝洞体定性预测和刻画，灯影组储层定量预测吻合率由 70% 提高到 90%，指导以钻遇优质缝洞体为核心的靶体目标优选和井轨迹优化（图 2）。

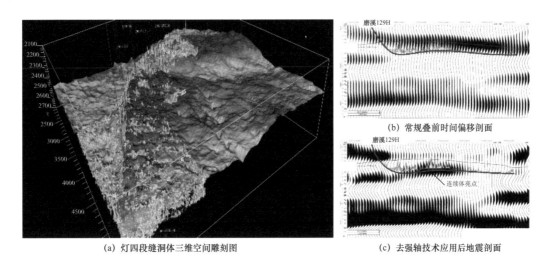

(a) 灯四段缝洞体三维空间雕刻图　　(b) 常规叠前时间偏移剖面

(c) 去强轴技术应用后地震剖面

图 2　基于强屏蔽层下储层地震成像技术的灯四段缝洞体三维空间雕刻图

（4）创新形成以提高单井产量为核心的优快钻井及差异化分段改造配套工艺技术，有效缩短钻井周期（由 301 天缩短至 176 天），显著提升单井产量（由 $51 \times 10^4 \mathrm{m}^3/\mathrm{d}$ 提高到 $73 \times 10^4 \mathrm{m}^3/\mathrm{d}$）。

三、应用成效

在"四项"精细勘探评价理论技术成果的指导下，实现安岳气田灯影组气藏提交三级储量超万亿立方米规模，台缘带整体探明 $4300 \times 10^8 \mathrm{m}^3$、台内区规模探明 $1600 \times 10^8 \mathrm{m}^3$，支撑 $60 \times 10^8 \mathrm{m}^3/\mathrm{a}$ 配套产能建设，直接经济效益 79.18 亿元，助力川渝地区经济健康有序快速发展，对保障国家能源安全、改善能源消费结构具有重要意义。

四、有形化成果

该成果申报国家专利 13 件，获得国家软件著作权登记 3 件，发表论文 21 篇，成果经 3 位院士组成的专家团队鉴定认为达到了国际先进水平。获 2019 年中国石油天然气集团有限公司科技进步奖一等奖。

深层碳酸盐岩断裂控储成藏机制与勘探技术

超深碳酸盐岩油气藏的勘探开发是公认的世界级难题。通过以储层和油藏研究为核心的技术攻关，丰富发展了碳酸盐岩岩溶储层及油气成藏地质理论、创建了缝洞量化雕刻及高效井优选技术，发现并探明了全球埋藏最深的碳酸盐岩大油田——富满油田，并实现了年产量超百万吨。

一、技术内涵

研究发现了奥陶系巨厚碳酸盐岩内幕存在不整合，指出沿不整合面发育并规模分布岩溶储层，建立了层间岩溶的储层模式，揭示了超深碳酸盐岩仍存优质储层的成因。提出了断裂及其叠加改造的缝溶系统控储控油，油气沿层间岩溶储层大面积分布的规律，建立了不受局部构造高低控制、整体含油、局部富集、原地生成、网状立体运移的"准层状"油气成藏模式，丰富了碳酸盐岩油气地质理论，指导了本区的勘探。形成了碳酸盐岩"缝洞雕刻容积法"储量计算新方法，使储量计算精度、储量动用程度大大提高。指出大型缝洞集合体是高产稳产的重要目标，形成了碳酸盐岩不规则井网高效布井技术，有效指导了勘探开发部署。

二、主要创新点

（1）创新建立了超深碳酸盐岩层间岩溶油气地质理论。

（2）建立了原地生成、网状立体运移的准层状油气成藏模式（图1）。

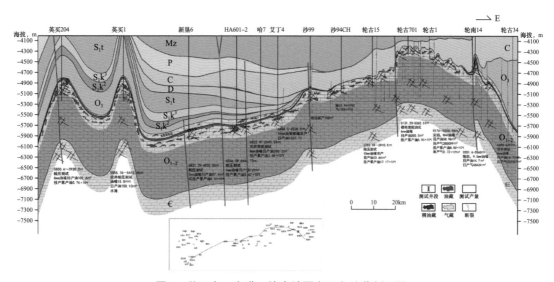

图1 英买力—富满—轮南地区东西向油藏剖面图

（3）创立了基于高精度三维地震资料的超深碳酸盐岩缝洞量化雕刻技术（图2）。

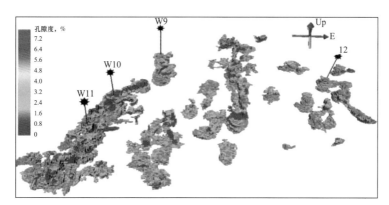

图2　缝洞雕刻容积法—缝洞连通体储层类型孔隙度模型

（4）在超深碳酸盐岩缝洞量化雕刻及其连通储集体顶面精细描述基础上，形成了超深缝洞型碳酸盐岩高效井部署技术（图3）。

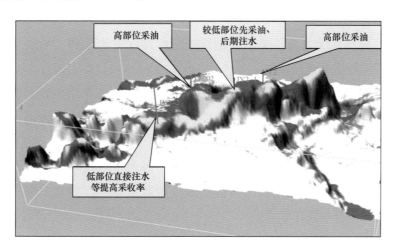

图3　金跃2井大型缝洞集合体立体显示及井位部署图

三、应用成效

该成果推动了富满大油田的发现及勘探持续突破，自2009年哈7井发现以来，已控制含油面积4000km²，探明石油地质储量2.48×10^8t，产量从2009年的4.5×10^4t快速上升到2015年的127.66×10^4t，建成了全球埋藏最深、储层及油藏最复杂的年产百万级吨级碳酸盐岩大油田。也推动了油气地质理论的发展与技术进步。该成果在塔里木盆地塔中、轮古—英买力等碳酸盐岩油气田的勘探开发中已经得到充分推广应用，均取得良好效果。

四、有形化成果

该成果攻关中获得实用新型专利2件、登记软件著作权2件、认定技术秘密3件，制定企业标准1件，出版专著2部，在核心期刊发表论文20余篇（SCI收录7篇、EI收录8篇）。

古老含气系统源灶多途径规模生气机理与成藏规律

随着我国古老深层油气勘探的不断深入，传统地质认识和生烃理论在古老油气系统油气成因判识、生烃机制认识以及成藏潜力评价中遇到诸多挑战，严重制约了古老地层天然气的勘探发现。通过系统研究古老含气系统烃源灶类型与展布、多源灶成烃机理和成烃潜力、多阶段成藏过程与晚期规模聚集等一系列基础地质问题，明确了滞留烃、古油藏和"半聚半散"液态烃规模、成气时限及成藏潜力，探索了我国中元古界—下古生界烃源岩发育规模、生烃有效性和低等生物构成的有机质的生油气性。阐明古老地层多源灶多途径规模生气对多阶段成藏过程与晚期气规模聚集的控制作用，为古老油气系统勘探发现提供了重要决策依据。

一、技术内涵

（1）提出古老含气系统具有三类生气物质：滞留烃、古油藏和"半聚半散"液态烃，从而提升高—过成熟区天然气成藏地位。

（2）发现地球轨道力、大气环流和分层海洋化学环境控制着元古宙—下古生代富有机质页岩沉积，微生物类型与氧化还原条件决定了古老生烃母质的生油气性，为古老油气系统资源潜力评价和勘探前景预测提供了科学依据。

（3）高温高压条件下有机—无机复合生烃机制，揭示了不同水—岩体系加氢反应机制及其对天然气生成的贡献量，过渡金属元素促进微生物繁殖及生烃演化，为深层古老油气系统生油气潜力提供了新途径（图1）。

（4）提出古老地层中多源灶裂解气晚期生成是下古生界天然气规模成藏的关键因素，"多黄金带"富气理论拓展高—过成熟区勘探潜力，裂解气充注与气洗分馏作用是次生凝析气藏形成的重要机制。

二、主要创新点

（1）揭示出古老含气系统三类生气物质，奠定了高—过成熟区天然气的资源基础。一是烃源岩在"液态窗"排烃后的滞留烃，占总生烃量的 $40\% \sim 60\%$，其裂解气量是等量干酪根的 4 倍，保证了生气物质的充分性；二是古油藏在过成熟阶段的生气量是油藏原体积的数倍，保证了成藏潜力的规模性；三是"半聚半散"液态烃分布广，保证了成藏范围的区域性。

（2）发现并建立了地质历史上首个 OMZ 海洋和有机质降解沉降速率模型，中元古代 4%PAL 的大气氧含量控制了元古代真核生物和原核生物生烃母质构成及其倾油气性，为我国元古宙油气资源潜力评价和勘探决策提供了科学依据（图2）。

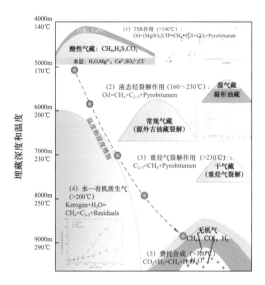
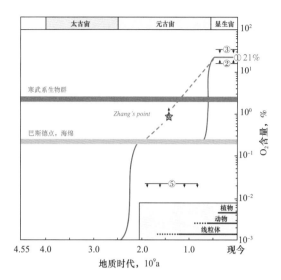

图 1　盆地深层—超深层古老油气系统多途径生气机理与模式　　图 2　证明中元古代大气氧含量达到先进水平的 4%

（3）首次证实了地质条件下 TSR 反应机制，揭示了水的加氢反应机制及其对生烃的定量贡献，为中国典型古老含油气系统油气成因判别和油气演化过程的认识提供了重要的理论依据。

（4）系统论证了古老地层中多源灶裂解气普遍具有晚期生成和高效聚集的特征，是下古生界常规—非常规天然气有序共生、规模成藏的主要控制因素，提出塔中寒武系台缘带和蜀南寒武系盐上—盐下的成藏组合是多源灶气藏的重点风险勘探领域。

三、应用成效

发展了古老油气系统天然气地质理论，为西南油气田震旦系—寒武系 2015 年新增天然气探明储量 $2200 \times 10^8 m^3$、控制储量 $2038 \times 10^8 m^3$ 做出了重要贡献；有效支撑了塔里木盆地 2013 年以来新增油气地质储量 $21.9 \times 10^8 t$ 的勘探发现。在推动国内海相大油气田的高效探明中发挥了重要支撑作用，取得了显著的经济与社会效益。建立的古老深层油气形成理论和评价方法将进一步推动地球深部的科学发现和工业实践，具有广阔的应用前景。

四、有形化成果

相关研究成果首次在《美国科学院院刊》连发 3 篇文章，被美国地球化学学会评为"十大最高关注度"成果，同年获中国地质学会十大科技进展。发表 SCI 收录论文 60 篇，EI 收录 48 篇；被 SCI 论文总引 1510 次，他引 951 次；获授权国家发明专利 8 件、受理 2 件。

碳酸盐岩双滩双台缘带规模
储层分布理论与预测技术

碳酸盐岩油气资源丰富,对保障国家能源接替具重要战略地位。中国海相碳酸盐岩已进入油气大发现期,尤其是近年来普光、元坝、安岳、富满油田和顺北大油气田的发现,为保障我国年产原油 2×10^8t 及天然气快速上产稳定做出了重要贡献。由于中国海相碳酸盐岩沉积区具克拉通盆地小、年代老、埋藏深、改造强等特点,须破解三大理论技术难题,才能实现碳酸盐岩储层的规模评价和预测。一是小克拉通台内碳酸盐岩储层评价和预测难;二是深层碳酸盐岩储层规模和分布认识难;三是非均质碳酸盐岩储层表征和预测难。依托近 10 年杭州地质研究院承担的国家及集团公司重大专项、公司重大项目和国际合作项目,开展多学科一体化攻关,解决了上述三大难题,取得多项重大理论技术创新。

一、技术内涵

针对小克拉通台内碳酸盐岩储层评价和预测难题,建立了"两类台缘"和"双滩"沉积模式,指出小克拉通台内裂陷普遍发育,台内裂陷演化对生烃中心和裂陷周缘礁滩、颗粒滩两类储层的发育具重要的控制作用,构成台内"侧生侧储"和"下生上储"两类生储组合,推动勘探领域由台缘拓展至台内(图 1 和图 2)。

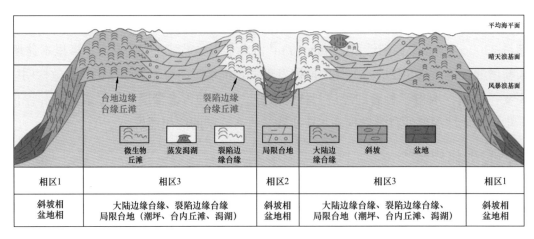

图 1　四川盆地灯影组裂陷鼎盛期"两类台缘"沉积模式

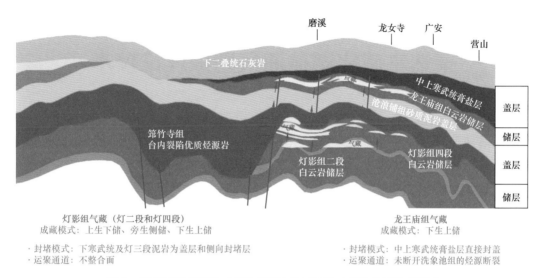

图 2　裂陷演化控制的"侧生侧储"和"下生上储"两类生储组合

二、主要创新点

（1）针对深层碳酸盐岩储层规模和分布认识难题，明确了深层礁滩、岩溶和白云岩储层仍具相控性，礁滩沉积是基础，孔隙主要形成于沉积和表生环境，继承性大于改造性，同时在碳酸盐岩内幕发现了层间岩溶和断溶体储层新类型，推动勘探领域由中浅层拓展至深层，由潜山区拓展至内幕区。

（2）针对非均质碳酸盐岩储层表征和预测难题，建立了以激光原位 U—Pb 同位素测年为核心的 6 项微区多参数检测技术，解决了成岩产物定温、定年、定流体属性的难题；建立了以温压场、流体场恢复为核心的高温高压储层模拟技术，为深层碳酸盐岩孔隙规模发育条件和分布规律研究提供了手段，发现和明确了"成孔高峰窗口"地质条件，解决了埋藏溶蚀孔洞预测难题；建立了以多尺度储层非均质性表征和评价、基于储层地质模型的地震储层预测为核心的储层评价和预测技术，为区带评价和高效开发井部署提供了依据。

三、应用成效

上述理论技术成果构成了小克拉通及深层碳酸盐岩沉积储层理论技术体系，解决了台内、深层、内幕碳酸盐岩勘探潜力评价的难题，助推了小克拉通台内安岳大气田、碳酸盐岩内幕富满油田和川西北深层栖霞组气藏群的发现。

四、有形化成果

该成果已获国家发明专利 7 件、实用新型专利 5 件，登记软件著作权 9 件；制定行业标准 3 项；发表 SCI/EI 论文 49 篇；出版专著 6 部、译著 6 部。

柴达木咸化湖盆油气勘探理论技术

柴达木盆地油气上产事关国防安全、藏区稳定，是甘、青、藏民族经济社会发展的压舱石。盆地集强烈改造、湖盆咸化、高原环境于一体，成功的勘探实践具有重大示范意义。然而，要实现油气规模储量发现，必须自主创新，解答低丰度、低成熟度烃源岩能否大规模生烃、细粒岩混积岩是否大面积有效成储、强改造盆地能否形成大油气区等其他盆地鲜见的科学问题；攻克强改造复杂山地地震勘探难以精准成像、测井技术难以定量判识混积岩油气层两项技术瓶颈。基于此，青海油田联合主要参研单位，创立了柴达木咸化湖盆油气勘探理论技术，支撑油气持续获得重大突破。

一、技术内涵

以改造抬升和持续咸化背景下油气形成过程、富集规律、适应工程技术研究为核心，重点研究成烃、成储、成藏、地震勘探、测井评价五方面内容，使传统石油地质学和地球物理学得到创新和发展。"十三五"期间，通过构建咸化湖盆多阶多峰生烃模式、咸化湖盆"有序分布—过程控储"模式、强改造盆地立体多维晚期成藏理论、"两高一宽"地震采集技术、"潜水面标志层"静校正技术、混积岩油层识别技术等内容，形成了柴达木咸化湖盆油气勘探理论技术体系框架。

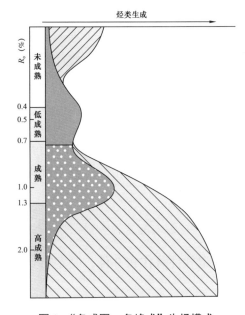

图1 "多成因—多峰式"生烃模式

二、主要创新点

（1）发现未熟阶段低温热力和微生物降解联合生气机制，揭示低熟阶段大量存在的可溶有机质能规模生油，证实成熟阶段咸化湖相烃源岩转化率更高。突破了经典生油理论，首创了咸化湖盆"多成因—多峰式"生烃模式（图1）。

（2）发现细碎屑长距离搬运的咸水浮力顶托和微薄互层混积岩生物化学—物理化学此消彼长的成因机理。揭示咸化湖盆滩坝砂、碳酸盐岩有序沉积、有序组合模式和多因素"过程控储"机理，开创了盆地细粒沉积研究的先河。

（3）提出柴达木盆地"原盆控源—晚期定位—多维运聚"的成藏新认识。创建了盆地隆—坳—坡—阶的立体成藏格局和盆缘早聚晚成—盆内深浅合聚油气有序聚集模式，成为盆地视野开展晚期成藏的源发地（图2、图3）。

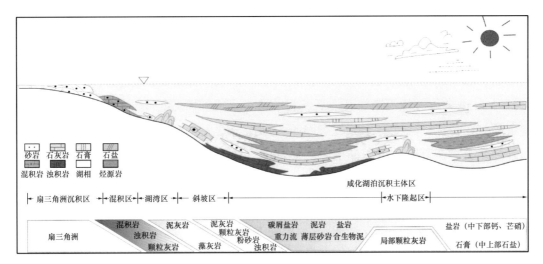

图2　柴达木咸化湖盆沉积及岩相组合模式图

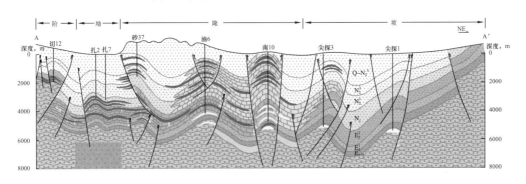

图3　柴达木环英雄岭地区油气成藏模式图

（4）创新双复杂区"两宽一高"地震采集、"潜水面标志层"静校正等技术，地震资料实现了"从有到好"的革命性转变；提出热中子俘获截面流体判识等技术，混积岩流体判别实现了"从多解到精准"的本质性跃升，引领了复杂山地地震技术与复杂岩性测井技术的发展。

三、应用成效

成果指导持续发现英东、扎哈泉、英西—英中、尖北—东坪、柴西北等5个亿吨级油气田，探明储量 $4.6 \times 10^8 t$，新增三级油气储量当量 $19.3 \times 10^8 t$。并在西部含油气盆地和"一带一路"油气合作实践推广中取得了显著成效。

四、有形化成果

该成果获发明专利21件、登记软件著作权4件，出版专著12部，发表SCI/EI论文147篇。

成熟断陷盆地二次勘探精细评价技术

　　大港油田和华北油田是我国东部重要石油生产基地，曾为我国原油产量上亿吨做出重要贡献，但经历50余年大规模勘探开发后，目前已进入成熟阶段，主力富集油气藏已经发现殆尽，剩余领域、目标已经变得十分复杂隐蔽，勘探难度大，特别是大港油田和华北油田探区属于断陷盆地，构造复杂、沉积储层非均质性强、油气源条件变化大，是世界上勘探难度最大的盆地类型之一，进入成熟勘探阶段，油气勘探的难度更大，运用原有地质理论认识、勘探技术发现油藏规模越来越小，发现储量越来越少，一度上缴探明储量中油藏面积仅 0.2km^2，储量 8×10^4t，被戏称为"小数点勘探"，油田等米下锅，稳产形势日趋严峻。依托国家和中国石油等重大科技项目，多家单位联合攻关，历时10年取得多项技术重要突破，支撑成熟断陷盆地二次勘探再获规模效益增储，实现老油田稳产。

一、技术内涵和主要创新点

　　（1）二次勘探领域精细评价方法。发明烃源岩有机碳测井多信息加权综合评价技术，创立基于油气形成与演化的逐步剥离法资源评价方法及软件系统，测井烃源岩评价精度达到94%以上，首次实现精细剩余油气资源四维量化表征，揭示斜坡区优势构造岩相带富集、洼槽区三主元控制油气分布、深潜山及潜山内幕优势储盖组合优势成藏理论认识，优选出大港和华北70多个有利区带，构建相应成藏新模式，开辟了成熟断陷盆地二次勘探新方向（图1）。

　　（2）二次勘探目标精准落实技术。发明多次常规三维地震资料的融合采集处理方法，获得等效两宽一高（宽方位、宽频带、高密度）三维地震资料，较直采两宽一高三维地震资料成本降低43.8%，实现有效益工业化应用及深层复杂目标的精准落实；发明岩性识别和轻重矿物定量分析物源的方法，创新精细相控地震储层预测技术，实现地层岩性等隐蔽目标落实精准度由不足50%提高到90%以上，钻探成功率由不足30%提高到65.7%。

　　（3）二次勘探复杂领域高效井筒技术。发明远探测声波反射波成像测井技术（图2）和基于相控接收指向性的反射界面方位定量判定方法，实现缝洞型储层探测深度由3m拓展到40m；发明水基钻井液超高温稳定剂合成方法及防漏堵漏评价方法，形成耐250℃高温钻井液体系及安全高效钻井工艺；研发抗230℃超高温压裂液体系及高效酸压工艺，提高了我国超高温深层复杂油气藏勘探核心竞争力（图3）。

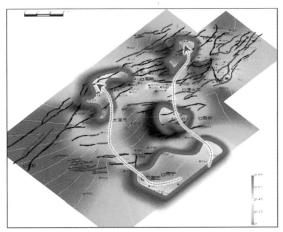

图1 构造脊与优势砂体匹配耦合成藏

图2 声波远探测测井仪器

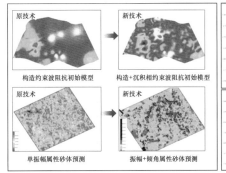

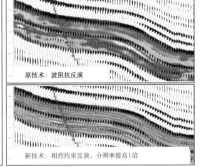

图3 三维地震大数据多期多域融合与逐级相控地震砂体识别技术

二、应用成效

技术应用发现大港油田和华北油田4个亿吨级、11个千万吨级规模效益储量区和11个最高日产油1036m³的高产高效潜山油气藏，新增探明控制油气储量11.84×10⁸t，新增储量的产量贡献2016年达到420×10⁴t，占到总产量的54.7%，相当于在我国东部新造一个中型油气田，创造了"老油田新传奇"，对当今我国最大产油盆地渤海湾盆地各老油田二次勘探发挥了示范引领作用，保障了拥有43.5万职工家属的大港、华北两老油田的和谐稳定发展。研究成果还向大港油田和华北油田参与的尼日尔、哈萨克斯坦、印度尼西亚和埃塞俄比亚等13个海外项目推广，发现三个亿吨级油田群，新增3P储量5×10⁸t，为践行国家"一带一路"战略，开拓国际油气勘探开发市场，获取海外油气资源发挥了重要作用，推动行业进步作用明显。

三、有形化成果

该成果获国家发明专利18件、登记软件著作权1件；发表论文200余篇，其中SCI/EI收录58篇。

东部老油区高效勘探地震精细评价技术

东部老油区是我国石油工业的"压舱石"，经近 60 年的勘探开发，探明程度达到 60% 以上，规模型构造油气藏勘探殆尽，油气接替资源严重不足，稳产难度巨大。东部老油区具有近 100×10^8t 的剩余油气资源，其主要富集于微幅度构造圈闭与薄储层地层岩性圈闭，如何实现剩余油气资源的高效勘探、快速建产对国家能源安全具有重要意义。2013 年以来，中国石油东方地球物理勘探有限责任公司针对东部老油区勘探目标小、超隐蔽、成藏复杂的技术难点，以创新地质认识为基础，以优选高产井位为目标，创新形成了老油区高效勘探地震精细评价技术（图 1），配合大庆油田、辽河油田和大港油田等提交三级储量近 10×10^8t，实现了高效勘探和快速建产，成果整体达到国际先进水平，其中微幅度构造识别和超薄互层储层预测达到国际领先水平。

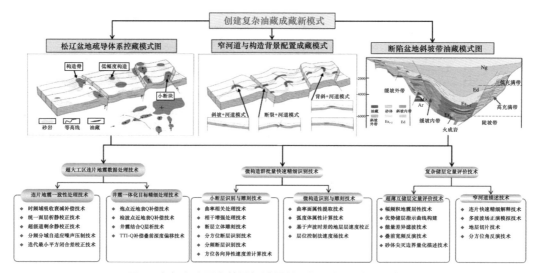

图 1　东部老油区高效勘探地震精细评价技术系列示意图

一、技术内涵

突破勘探初期寻找大目标的传统理念，首创勘探后期微、小、薄勘探目标剩余油气富集新模式，指导勘探取得系列突破。以高密度宽方位地震数据为基础，以分方位道集"高保真"处理技术、分方位成像、纵波方位 AVA 反演技术为核心技术，实现隐蔽油气藏高精度成像及高保真道集成果，提高储层解释精度。在成藏新模式构建、微构造群批量快速精细识别、复杂储层定量评价等方面取得了重大创新，形成了老油区高效勘探地震精细评价技术。

二、主要创新点

（1）创新疏导体系控藏新模式，建立了坳陷盆地构造脊、小断块、微幅度构造、窄河道等成藏新模式；建立了断陷盆地缓坡内带超薄互层叠合连片、陡坡带砂砾岩体扇中高充满富集等模式，有效指导了老油区油气勘探。

（2）创新形成基于统一基准面的层析反演、井震结合全地层三维 Q 建场等技术，形成了超大工区连片地震数据处理技术系列，解决了多期次分块采集地震资料闭合差大、分辨率低等问题，连片数据拼接时差精度小于 1 个采样点，频带拓宽 10～15Hz。

（3）创新应用曲率面属性快速识别构造脊、弧度体等关键技术，形成了微构造群批量快速精细识别技术系列，解决了大面积工区油气疏导路径刻画精度低的难题。可识别断距 3m 的小断层，效率较常规方法提高 8 倍。

（4）研发了幅频积、优势储层指示曲线等方法，发展和完善了复杂储层定量评价技术系列，解决了缓坡带超薄互储层和窄河道、陡坡带和火成岩粗相带等预测难题（图 2）。

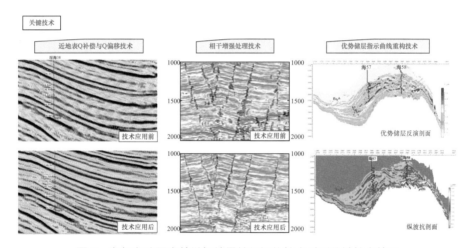

图 2　东部老油区高效勘探地震精细评价技术系列关键技术效果

三、应用成效

在松辽盆地凹陷区和斜坡区，渤海湾盆地辽河西部凹陷大洼—海外河、东部凹陷红星、岐口凹陷埕北斜坡等地区，发现和落实了一批新区带和新目标。配合油田上交三级储量油近 10×10⁸t、天然气 174.51×10⁸m³，实现了中国石油东部生产基地的稳产，对我国老油区的勘探开发有重要的示范引领作用，对于缓解国内石油供应紧张，保障国家能源安全具有重要意义。

四、有形化成果

该成果获授权发明专利 7 件、认定技术秘密 1 项，制定企业标准 4 项，发表论文 11 篇，获 2020 年中国石油天然气集团有限公司科技进步一等奖。

中国石油第四次油气资源评价技术

为满足油气勘探新形势下的生产需要，中国石油天然气集团公司于 2013 年设立了"中国石油第四次油气资源评价"重大科技专项，通过三年攻关研究，系统评价了各探区常规和非常规资源，圆满实现预期目标。

一、技术内涵

面向我国主要盆地和重点领域，以最新油气地质理论认识为指导，以刻度区类比及盆地模拟技术为基本手段，创新发展具有自主产权的油气资源评价方法技术，客观评价油气资源潜力，提供常规与非常规两类资源的评价结果（图 1）。首次系统评价全国 7 种非常规油气资源；落实常规剩余油气资源总量及分布；建立常规与非常规资源评价方法体系与参数标准，形成 6 项资源评价核心技术；研发新一代油气资源评价软件及数据库；首次探索开展油气资源经济与环境评价；提出岩性地层、海相碳酸盐岩、前陆盆地、复杂构造和南海为未来勘探五大重点领域。

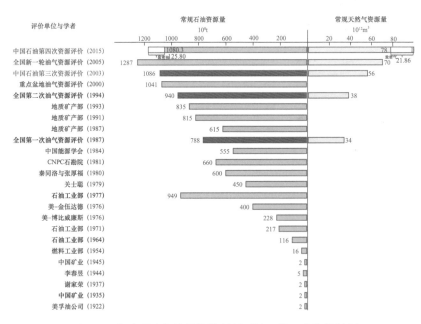

图 1　历年全国油气资源评价结果对比及第四次资评结果

二、主要创新点

（1）系统总结了近 10 年来我国石油地质新理论，提升常规与非常规资源分布规律认识。

（2）重新编制常规与非常规油气资源评价技术规范 10 项，形成石油行业较为完整的资源评价技术规范体系。

（3）创建常规与非常规资源评价方法，自主研发刻度区类比、三维三相油气运聚模拟、小面元评价等 6 项核心评价技术，集成数据库、常规评价与非常规评价技术，形成具有国内领先水平新一代资源评价和数据库系统（HyRAS2.0）配套技术。

（4）构建资源评价参数体系，建立关键参数标准和预测模型，解决参数取值难题；共精细解剖 218 个刻度区，构建常规资源评价参数体系 78 项，非常规资源参数体系 126 项，形成较为完整的资源评价参数体系。

（5）明确评价思路和评价流程，系统开展常规和非常规油气资源评价，获得常规与非常规最新资源量评价结果，明确了资源潜力。

（6）落实剩余油气资源潜力及分布，优选重点领域和区带，明确未来油气勘探方向；剩余常规油气资源主要分布于岩性地层、海相碳酸盐岩、前陆盆地、复杂构造／岩性和海域五大领域，优选出现实区带 30 个；非常规致密油、致密气、页岩气、煤层气是重要接替领域，优选有利区 26 个（图 2）。

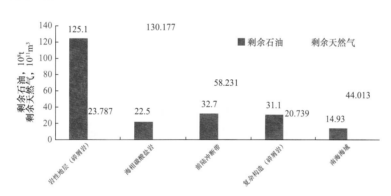

图 2　油气勘探五大重点领域剩余油气资源潜力状况

三、应用成效

提出的重点领域、区带为中国石油"十三五"及中长远勘探规划编制提供重要依据。各探区资源评价有效指导了年度勘探部署，提交致密油储量 $10.29 \times 10^8 t$，有效指导先导试验区建设；推动前陆深层、震旦系—寒武系海相碳酸盐岩大气区勘探开发。

四、有形化成果

该成果取得授权发明专利 4 件，登记软件著作权 8 件；编制技术规范 10 项，出版专著 10 部，发表科技论文 166 篇，会议论文 20 余篇；获省部级二等奖 3 项。

风险勘探评价技术

风险勘探是中国石油突出资源战略、实现高质量发展的一项战略性重大举措,自 2005 年实施以来,不断加强"四新"领域探索,相继发现了克深、安岳、玛湖、庆城等一批大油气田。近年来,面对国内油气对外依存度持续攀升、规模储量发现难度日趋加大的双重挑战,进一步加强重大风险勘探领域理论技术攻关力度,创新风险勘探评价技术,引领指导新区新领域勘探获得重大突破,对推动中国石油油气储量持续高峰增长、保障国家能源安全具有重要意义。

一、技术内涵

基于盆地 / 坳陷油气地质条件整体研究及成藏要素基础图件编制,强化地质理论认识创新与关键技术提升,评价优选具有战略性、全局性和前瞻性的"四新"领域和重大目标,努力寻求战略突破和重要发现,有力保障公司规模储量良性接替,为油气勘探稳健、高效发展夯实资源基础。

二、主要创新点

(1)基于中西部大盆地整体研究和含油气系统基础图件编制,创新前陆冲断带下组合、大型砂砾岩、古老碳酸盐岩、火山岩及潜山内幕、高成熟页岩油等成藏规律认识,评价优选 11 个重点领域区带,明确勘探主攻方向。

(2)创建风险勘探目标评价优选技术,有效指导风险勘探部署。建立基于战略价值、地质条件、可靠程度、风险分析的"四要素"36 项参数指标评价体系,制定风险目标评价标准和评价流程,强化勘探目标统一排队优选,规范五级评审流程,有效指导重大风险勘探目标的提出、论证和部署(图 1)。

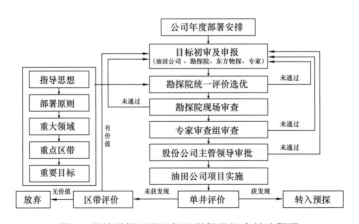

图 1 风险勘探项目运行及勘探目标审批流程图

（3）提出"立足大盆地、大领域、大目标、大发现""立足新盆地、新区带、新类型、新层系""立足高风险、高回报""立足低认识程度、低勘探程度""立足现有技术可行性"的"44221"部署原则，明确"五个坚持，一个关注"勘探部署思路，创新风险井组部署方式，总结形成七项成功做法、六点研究经验及六点管理启示。

三、应用成效

推动部署 15 口风险探井，其中塔里木盆地满深 1、轮探 1，四川盆地蓬探 1、角探 1，准噶尔盆地呼探 1、康探 1 取得重大突破，有望形成新的万亿立方米级和 10 亿吨级大油气区，有效支撑国内原油产量稳中上升和天然气快速增长，为"十四五"及长远发展奠定坚实资源基础。

四、有形化成果

该成果获省部级科技进步一等奖 1 项，局级科技进步特等奖 1 项、一等奖 1 项，中国石油天然气集团公司油气勘探重大发现奖 3 项，获国家发明专利 2 件，发表论文 11 篇。

油气成因识别与储层表征技术

面对深层高温高压下油气成因与来源判识、强非均质性碳酸盐岩有效储层识别等制约勘探的关键理论与技术难题，依托中国石油天然气集团公司碳酸盐岩储层重点实验室、油气地球化学重点实验室，发明了高成熟油气来源精准确定与油气相态快速判识技术、复杂碳酸盐岩储层表征与预测技术，解决了制约深层油气分布预测与勘探的技术瓶颈，推动深层勘探成为近期勘探突破与规模增储的重点。

一、主要创新点

（1）发明了痕量化合物靶向分离与富集技术，实现了痕量单体化合物的同位素测试，建立了油气来源判识的精准手段（图1）。

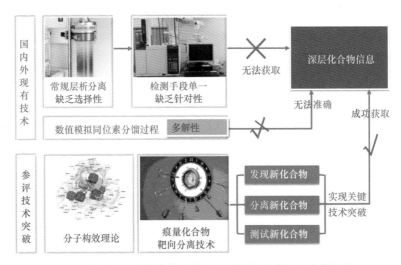

图1 利用化合物构效关系发明了痕量化合物靶向分离技术

（2）发明了选择性化学转化＋高分辨率质谱联用技术，发现了系列新型化合物，指示了油气次生作用，建立了油气相态快速确定方法，揭示了油气富集分布规律。

（3）研发了以激光原位 U–Pb 同位素定年、团簇同位素、微区在线监测为核心的碳酸盐岩成岩演化实验分析技术体系，解决了储层成岩的定温、定年、定流体属性技术难题；创建了以温压场、流体场恢复为核心的岩溶储层模拟分析与储层表征技术，明确了"溶蚀窗口"控制因素，揭示了深层储层仍具相控性（图2）。

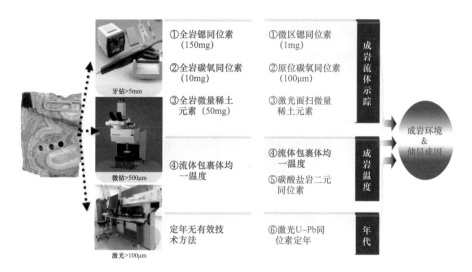

图 2　储层地球化学实验分析技术系列

二、应用成效

创新发展的四项关键技术，实现了快速确定油气成因来源与油气藏相态、强非均质层中有效储层的准确预测，攻克了深层勘探的地球化学分析和储层预测关键技术难题。创新性成果在四川盆地和塔里木盆地碳酸盐岩、准南及库车超深层碎屑岩油气勘探实践中得到规模应用，推动深层勘探成为近期勘探突破发现和规模建产的重点。

三、有形化成果

该项创新成果已获发明专利 30 件，发表国际顶级 SCI 论文 35 篇，获中国专利银奖等。

地震沉积学分析软件（GeoSed 3.0）

地震沉积学分析软件 3.0（GeoSed 3.0）是业界首款基于地震沉积学研究规范研发的沉积储层研究软件平台，软件旨在充分挖掘地震资料中隐含的地层沉积信息，结合测井和地质资料，最大限度地发挥三维资料横向信息密集的优势，开展全三维的地震沉积解释。系统地提供了从数据输入到成果图件输出一整套综合解释方案。

一、技术内涵

地震沉积学分析软件 3.0（GeoSed 3.0）针对我国陆相盆地多物源、近物源、砂体横向变化快等沉积特点，按照地震沉积学分析原理和研究规范，形成一套从层序分析、等时格架建立、非线性等时地层切片制作（图 1）、古地貌控制的动态沉积分析、储层厚度预测和有效性评价技术系列，应用沉积体平面尺度大于纵向尺度的规律，突破了传统地震预测的厚度极限，有效提高了薄互层识别和评价精度。

(a) 传统地层切片　　　　　　　(b) 全域寻优的等时切片

图 1　切片对比

二、主要创新点

（1）高精度层序格架快速建立技术。

（2）基于子波分解的薄互层砂体信息提取技术（图 2）。

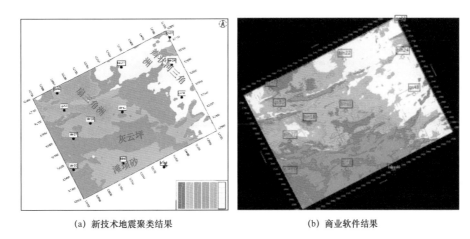

(a) 新技术地震聚类结果   (b) 商业软件结果

图 2　歧北地区滨Ⅳ段结果对比

（3）分频特征向量波形聚类技术。

（4）基于全域寻优的等时切片技术（图 3）。

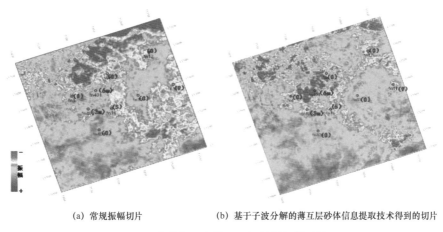

(a) 常规振幅切片   (b) 基于子波分解的薄互层砂体信息提取技术得到的切片

图 3　准噶尔风南地区目标储层切片对比

三、应用成效

2017 年以来，GeoSed 软件在准噶尔盆地腹部、四川盆地秋林和蜀南地区、塔里木盆地古城地区、柴达木盆地切克里克和九龙山等地区应用面积近 $1.6 \times 10^4 km^2$，支撑井位部署 21 口，15 口井已获工业油气流，支撑提交储量 $8247 \times 10^4 t$；软件在中国石油累计安装 350 余套，已成为中国石油大学（华东）的教学软件，产生了显著的经济效益和社会效益。

四、有形化成果

该成果获省部级科技进步一等奖 2 项、三等奖 2 项，获得国家发明专利 5 件，登记软件著作权 5 件。

效益开发

三元复合驱大幅度提高原油采收率技术

大庆油田经过 30 多年的持续攻关，创新了三元复合驱油理论，自主研发出两种驱油用表面活性剂工业产品，创建了完整的工程技术体系，形成了适合高含水油田低成本、高效益的强、弱碱三元复合驱大幅度提高采收率技术。使我国成为世界上唯一拥有三元复合驱成套技术并工业应用的国家，践行了中国创造。

一、技术内涵

三元（碱、聚合物、表面活性剂）复合驱油技术是国际公认的大幅度提高采收率方法，通过向油藏注入复合驱体系，多种化学剂协同与油藏产生复杂的物理化学作用，不仅能扩大波及体积、还能提高驱油效率，实现大幅提高原油采收率。研究成果涉及驱油理论、驱油剂产品研制生产、油藏方案设计及调控和现场配注、举升、采出液处理等配套工艺，是一项系统工程，技术水平整体处于国际领先。

二、主要创新点

（1）创新了三元复合驱油理论体系。首次揭示原油中杂环化合物在碱性环境下与外加表面活性剂协同作用形成超低界面张力机理，发明了超低酸值原油的三元复合体系配方，使大庆超低酸值原油的三元复合驱由不可能成为可能。

（2）自主研发出高效驱油用表面活性剂工业产品。首次建立烷基苯磺酸盐和石油磺酸盐原料产品定量分析方法，发明专有磺化、中和复配一体化工艺技术，建成世界最大的工业生产线，打破了国外技术垄断，填补了国内空白。

（3）创建了三元复合驱方案设计方法和调控技术。揭示了三元复合驱渗流机理，建立了定量表征方法，自主研发了数值模拟软件；创建了多参数量化、多因素控制的油藏工程方案设计方法和不同驱油阶段 4 大类 27 项跟踪调控技术，实现全过程追踪调控，方案实施符合率达 90% 以上，有力保障了比水驱提高采收率 20 个百分点以上的效果。

（4）发明了钙硅复合垢清防举升工艺技术。揭示钙硅复合垢机理及演变规律，首次建立了结垢定量预测方法，实现超前预测、及时处理；发明了低成本钙硅复合垢清防垢剂，开发了系列防垢举升设备，油井平均连续运转时间由 87 天延长到 483 天以上，攻克了油井因垢无法长期连续生产的技术瓶颈。

（5）独创了大容量多组分体系配注和复杂采出液处理技术。创建集中配制分散注入的

"低压三元、高压二元"配注工艺技术（图1），实现"单剂调浓、梯次投加、在线混配"，浓度误差小于3%，投资降低26.5%；揭示了空间位阻和过饱和是采出液难分离的主控机理，发明水质稳定剂和破乳剂，研发出2类工艺、8种专用设备，建立技术标准，实现原油达标外输、污水达标回注，满足每年近亿立方米采出液的高效处理。

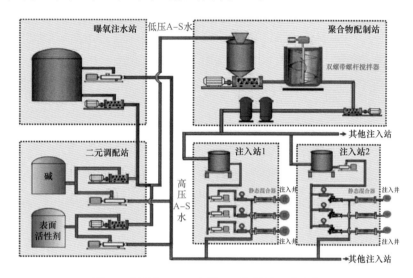

图1 "低压三元、高压二元"配注工艺流程图

三、应用成效

建成了世界最大的三元复合驱油生产基地，工业应用取得了一类油层提高采收率20个百分点、二类油层提高采收率18个百分点的效果。三元复合驱试验、工业化推广区块共开展45个，动用地质储量25675×10^4t，预计将增加可采储量4600×10^4t。2016年产油突破400×10^4t，2020年产油463×10^4t，截至2020年底，累计产油3759×10^4t，创利税438.7亿元（图2）。

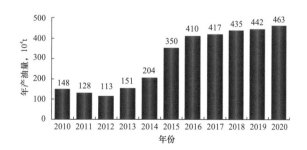

图2 大庆油田三元复合驱年产油量

四、有形化成果

该成果获发明专利48件、实用新型专利6件，认定中国石油技术秘密22件，发表论文244篇，出版著作5部，制定标准规范29项。获2017年国家科学技术进步奖二等奖，获省部级科技奖励9项。

低渗透、超低渗透油藏提高采收率技术

随着资源品位下降和低渗透、超低渗透油藏注水开发深入，油藏面临井网适应性逐年变差、老区进入中高含水阶段、注水开发矛盾突出、产量递减大、含水上升快、剩余油分布复杂等关键问题，亟需开展低渗透油藏提高采收率技术攻关，探索超低渗透油藏新型开发方式，大幅提高油藏采油速度和采收率。

一、技术内涵

通过对低渗透油藏储层特征、优势渗流通道、剩余油分布规律研究，形成了水平井开发技术、老区井网加密技术、聚合物微球调驱技术和空气泡沫驱技术等低渗透油藏提高采收率技术。

以重构应力场、渗流场和压力场为目标，提出了超低渗透油藏压前补能、压中增能、焖井扩能、驱渗结合一体化提高采收率技术，实现由传统平面水驱向井间缝间驱替＋渗吸、井网加密调整向体积压裂提高储量动用程度、线性流向复杂缝网渗流、固定井别向井别灵活调整转变。

二、主要创新点

（1）针对低渗透油藏优化形成了与不同储层特征相适配的水平井井型、井网系统及配套注采技术政策（图1）；创新形成了水驱特征曲线—示踪剂相结合的窜流通道快速定量识别方法，并建立了窜流通道类型划分标准，有效提升了该类油藏窜流通道的定量认识；揭示了纳米微球蠕变运移、吸附聚集、膨胀架桥、表面效应耦合作用机理，提出"小粒径、低浓度、长段塞"聚合物微球改善水驱模式，自主研发了适用于低渗透储层特点的粒径可控纳米级聚合物微球系列，形成聚合物微球注水站集中注入工艺，实现了工业化应用。

（2）针对超低渗透油藏创新发展了耦合地质力学特性的动态裂缝和四维应力场数值模拟技术，创建了吞吐和缝间驱替的表征模型，建立了渗吸和驱替增产模式，突破了转变开发方式后流动机理的认识，形成了重构渗流场和应力场的多重流动耦合体积开发理论，指导超低渗透油藏开发方式转变提高采收率10个百分点以上；创新了压前补能、压中增能、压后扩能一体化重复压裂模式和关键参数（图2），突破了实现复杂裂缝的多井主动干扰同步压裂模式，形成了地质工程一体化水平井体积复压裂缝参数优化方法，实现了单井产量由1.8t到15.3t大幅提升，地层压力保持水平由86%提高到125%。

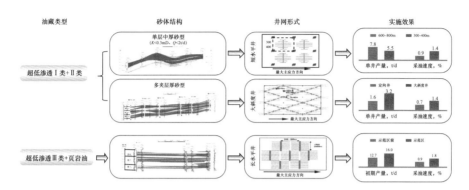

图1　分油藏类型及砂体结构水平井井网优化设计图

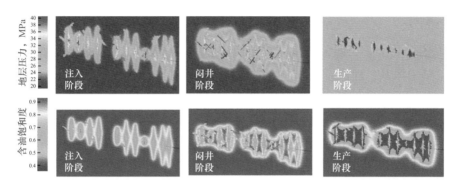

图2　压前补能、压中增能、压后扩能一体化过程压力和饱和度变化图

三、应用成效

水平井开发技术成功应用于长庆油田低渗透油藏产能建设，单井产量达到定向井的5倍以上，建产能 $756×10^4$t。建成马岭长8、合水长6等水平井规模开发示范区以及华庆长6大斜度井规模开发区。聚合物微球改善水驱技术在长庆油田实现了工业化应用，截至目前少递减原油 $145×10^4$t，为长庆油田降递减、控含水提供了有力支撑。

通过超低渗透油藏提高采收率技术应用，2016—2020年在长庆油田元284集中试验区采油速度由0.20%提高到1.15%，采收率由5.2%提高到17.3%；在超低渗透油藏规模应用3471口井，累计增油 $162.01×10^4$t，新增产值37.32亿元，实现利润17.47亿元，投入产出比1∶1.87。在集团公司2020年提高采收率工程推进会中，作为中国石油提高采收率"上产千万吨"四大工程之一，2025年实现 $500×10^4$t产量规模，2035年达到 $1000×10^4$t规模。

四、有形化成果

该成果已获授权专利75件，发表论文153篇，登记软件著作权22件、出版专著1部，制定企业标准5项。获2021年集团公司科技进步一等奖。其中微球被列入中国石油自主创新重要产品目录，"聚合物微球及其制备方法"荣获中国石油天然气集团有限公司专利银奖，产品性能及整体实用性能达到国际领先水平。

浅层稠油、超稠油开发关键技术

优质环烷基稠油在全球探明石油储量中占比 0.15%，被誉为原油中的"稀土"。新疆稠油的环烷基含量高达 69.7%，为世界之最，是国防军工和重大工程建设极稀缺的战略性原材料，成功开发对保障国防安全和经济建设意义重大。但相比国外经典海相稠油和国内东部中深层稠油，储层非均质性强、原油黏度高、储量品位低，高效开发是世界级难题。

一、技术内涵

新疆油田依托国家、集团公司重大科技专项持续攻关研究，创建了浅层稠油、超稠油高效开发的理论技术体系，建成了全球最大的优质环烷基稠油生产基地。

二、主要创新点

（1）创立多渗流屏障融合双水平井注蒸汽辅助重力泄油开发理论（图 1），发明长水平井段沿程分级扩容启动、高温汽液界面精准控制和高温不压井作业等核心技术，突破了陆相浅层超稠油的开发"禁区"，2017 年产油突破 $100 \times 10^4 t$，建成全球首个低品位超稠油双水平井注蒸汽重力泄油的工业化生产基地。

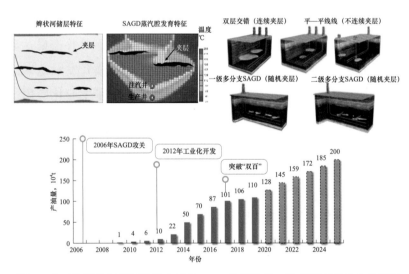

图 1　突破陆相浅层超稠油双水平井 SAGD 关键技术，建成了百万吨生产基地

（2）创建特稠油多相协同大幅度提高采收率理论技术，揭示蒸汽窜流机制及多介质复合驱油机理，发明"多相协同、颗粒封堵、自适应调驱"的扩大波及体积方法，研制系列多介质复合驱油和高温调堵体系，在渗透率极差数千倍的储层中蒸汽波及系数达到 85% 以上，工业化应用采收率由 30% 提高到 65% 以上（图 2）。

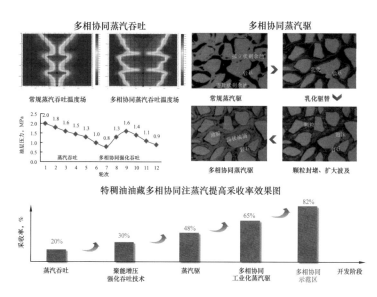

图2　攻克砂砾岩特稠油大幅度提高采收率理论技术，采收率由30%提高至65%以上

（3）首创稠油高温火烧驱油理论技术，揭示火烧前缘的运移与驱油机理，研发系列高效点火车载装备，创新"井地电位＋瞬变电磁"火驱前缘动态调控技术，形成注蒸汽开发尾矿战略接替技术，注蒸汽开发后废弃油藏采收率提高36个百分点，延长其商业生命15年以上，建成 30×10^4 t/a 生产能力。

（4）发明大型高效仰角脱水设备，研发耐温220℃有机破乳体系，脱水效率提高30倍；研发"净段降盐保汽、盐段控热排盐"分段蒸发水循环技术，研制高温复杂采出液高效处理及循环利用成套装备，攻克稠油高温复杂产出液破乳和再利用的技术难题，水－热资源综合利用率达到95%，吨油单耗同比下降21.4%。

三、应用成效

成果应用支撑优质环烷基原油年产量 400×10^4 t 以上稳产15年，形成的国内高附加值特种油品产业链，有力保障了航空航天和国防军工的需求。新增可采储量 2×10^8 t，累计产油 8260×10^4 t，直接经济效益617亿元。为中国石化、中国海油和国外哈萨克斯坦、加拿大等稠油油田开采提供了技术支撑与借鉴，为我国油企海外 126×10^8 t 的低品位稠油权益储量效益开发提供关键技术支持。

四、有形化成果

该成果获授权发明专利30件，认定集团公司级技术秘密20件，制（修）定行业及以上标准8项，登记软件著作权5件，出版专著10部，发表论文175篇，3次入选中国石油年度"十大科技进展"，2019年获中国石油天然气集团有限公司科学技术进步奖特等奖。

大型碳酸盐岩气藏高效开发技术

川渝地区属国家西南经济中心，长期亟需强化天然气供给保障。勘探揭示了磨溪寒武系龙王庙组气藏开发潜力巨大，但全球寒武系大型气藏屈指可数，国内无低孔隙度、强水侵碳酸盐岩气藏开发先例，全面保证开发井高效难度大。"十二五"期间国家颁布了新的安全生产法和环境保护法，含硫气藏开发工程技术和 HSE 保障亟待升级。需求与问题的矛盾使磨溪龙王庙组气藏高效开发面临挑战。

一、技术内涵及主要创新点

（1）创新提出碳酸盐岩微裂缝分布对渗流贡献预测理论。定量揭示了低孔隙度气藏由微裂缝主导高产并与小溶洞呈正相关与大裂缝呈负相关的规律，为识别高产储层奠定基础。

（2）创新提出裂缝—孔洞型超压有水气藏治水优化开发理论。从机理认识层面揭示了不同阶段水体活跃性、水淹和水锁机制，形成超压强水侵气藏"早期防控水突进、中期防控水淹、晚期防控水封"的全生命周期递进式控水开发模式（图1）。

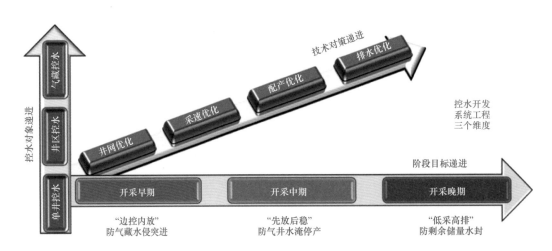

图1 全生命周期递进式控水开发模式

（3）创新大型裂缝—孔洞型气藏高产井培育技术（图2）。研发能够探测厘米级溶蚀缝洞发育区的多波联合叠前反演方法，创新高产大斜度井/水平井镍基合金割缝衬管完井及非机械暂堵转向酸化关键优化工艺，开发井单井平均测试产量 $157 \times 10^4 m^3/d$。

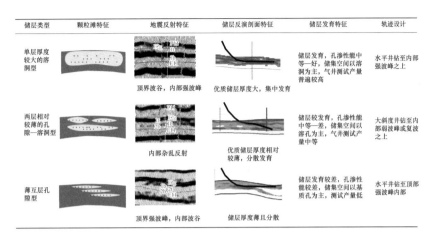

储层类型	颗粒滩特征	地震反射特征	储层反演剖面特征	储层发育特征	轨迹设计
单层厚度较大的溶洞型		顶界波谷，内部强波峰	优质储层厚度大，集中发育	储层发育，孔渗性能中等—好，储集空间以溶洞为主，气井测试产量普遍较高	水平井钻至内部强波峰之上
两层相对较薄的孔隙—溶洞型		内部杂乱反射	优质储层厚度相对较薄，分散发育	储层较发育，孔渗性能中等—差，储集空间以溶孔为主，气井测试产量中等	大斜度井钻至内部弱波峰或复波之上
薄互层孔隙型		顶界强波峰，内部波谷	储层厚度薄且分散	储层发育较差，孔渗性能较差，储集空间以基质孔为主，测试产量低	水平井钻至顶部强波峰内部

图 2 高产气井培育模式

（4）创新大型裂缝—孔洞型气藏开发设计支撑技术。揭示超压小尺度缝洞型碳酸盐岩储层渗流机理及水侵强度变化机理，形成大斜度井/水平井短时非稳态测试评价稳态产能方法，形成流固耦合应力敏感测定及水侵特征预报方法、CFD 数值仿真评价复杂轨迹产水经非稳态携液能力方法。

（5）创新大型高产含硫气田快速建产核心技术。形成多相流冲蚀模拟校核高产井管柱力学强度方法，高温高压酸性气井完整性评价与管理方法，CPS+ 还原吸收优化改进工艺。

（6）创新大型高产含硫气田地面系统优化及 HSE 保障技术。形成高产高温工况腐蚀机理及材料服役失效评价方法，研发新型缓蚀剂及气田整体腐蚀控制工艺，实现生产污水全程零排放处理，有效识别与防治场站噪声。

（7）集成创新 5 项配套技术，形成高效开发技术保障体系。涵盖丛式大斜度井/水平井组开发，勘探开发一体化模式下开发前期评价，模块化、橇装化、工厂化快速建产，气藏、井筒、地面耦合型数字化气田建设，HSE 监测与应急保障升级。

二、应用成效

直接依托本成果实施磨溪龙王庙组气藏开发，3 年累计生产天然气 $94.27 \times 10^8 m^3$，本成果应用转化获净现值 75.18 亿元。

三、有形化成果

该成果申报发明专利 6 件、实用新型专利 4 件；登记国家软件著作权 8 件；认定企业技术秘密 2 件；制（修）定行业标准 5 项、企业标准 6 项；获四川省科技进步一等奖 1 项、中国石油和化工协会科技进步二等奖 1 项。

库车山前带超深超高压气田高效开发技术

针对超深裂缝性致密砂岩气藏开发机理不清，山地复杂构造精细描述、高效井精准部署、超深超高压气井流动保障和动态监测等世界级难题，塔里木油田持续开展技术攻关，实现了山地气田开发技术从深层到超深层（最深达 8038m）、从高压到超高压（最高达 144MPa）、从优质储层到复杂储层（裂缝—孔隙型）的重大跨越，创新了三重介质渗流理论，突破了超深气藏精细描述、精准布井等高效开发关键技术，建成了我国最大的超深超高压天然气开发基地。

一、技术内涵

超深储层"孔—缝—断"三重介质渗流理论。定量表征超深储层"孔—缝—断"三重介质新类型，揭示了孔隙与裂缝、不同尺度裂缝间、裂缝与断裂系统间的流动机理，建立三重介质试井解释模型，创新基于压力波前缘追踪的数值模拟方法，确定了"充分利用弹性能量、温和开采、早期排水、整体治水"的开发技术对策。

复杂山地超深气藏精细描述技术。创新超深 WalkawayVSP 处理及辅助构造建模方法，形成复杂山地逆时偏移地震成像技术、超深气藏断裂精细描述技术，实现构造、断裂精细描述，层位预测平均误差由 80m 下降到 30m。

超深裂缝性砂岩气藏精准布井技术。揭示了超深裂缝性砂岩气藏地应力控制裂缝活动性进而控制产能的机理，建立了地应力控制产能的数学模型，发展了应力—应变耦合的三维地应力场模拟技术（图 1），实现有效裂缝定量描述，奠定了产能定量预测及井位优化基础，开发井成功率、产能到位率连续 6 年实现 100%。

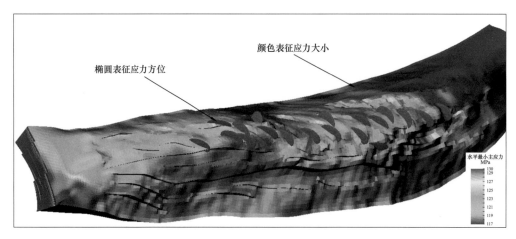

图 1　应力—应变耦合三维应力场模拟模型

超深超高压气井采气工艺技术。创新超深超高压气井测试工具和测试工艺，形成适合8000m级超深超高压气井动态监测技术，井下压力、温度等关键资料合格率达100%；揭示了"井周储层＋井筒"连续结垢机理，研发了3套针对井筒砂堵、垢堵、砂垢复合堵塞的解堵酸液体系并配套定点酸化解堵工艺，实现了超深超高压气井产能稳定、异常井高效复产，作业有效率100%。

二、主要创新点

（1）突破传统裂缝性气藏双重介质渗流理论，创新形成超深储层"孔—缝—断"三重介质渗流理论，为裂缝性致密砂岩气藏高效开发奠定理论基础。

（2）创新复杂山地高密度三维地震采集与大面积连片"真"地表TTI叠前深度偏移技术，大幅提高山前复杂高陡构造地震成像精度和超深气藏精细描述精度。

（3）创新超深裂缝性砂岩气藏精准布井技术，支撑开发井成功率、产能到位率实现100%。

（4）创新形成了超深超高压气井采气工艺配套技术，保障高压气井安全平稳生产。

三、应用成效

2013年以来，库车山前带已有23个超深超压气藏投入开发，连续6年开发井成功率、产能到位率100%，气藏年产能综合递减率小于5%，实现超深超压气田群的安全高效开发（图2），建成天然气年产能$140 \times 10^8 m^3$，2019年年产天然气$118 \times 10^8 m^3$，累计产天然气$494.3 \times 10^8 m^3$，销售总收入490.0亿元，新增税收32.8亿元，新增利润284.0亿元，有力保障了西气东输稳定供气和南疆地区民生用气，促进了新疆地区的经济发展和社会稳定。

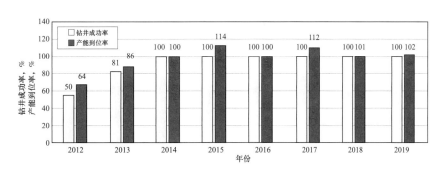

图2　库车山前带超深超压气田群历年开井成功率和产能到位率柱状图

四、有形化成果

该成果共获专利5件，登记软件著作权2件，制定企业标准4个，出版专著3部，发表论文26篇（EI+SCI检索17篇）。

中深层稠油大幅度提高采收率关键技术

中深层稠油大幅度提高采收率属于世界难题，辽河油田依托国家科技重大专项、集团公司重大科技项目，攻关形成以蒸汽驱、SAGD和火驱为主体的中深层稠油大幅度提高采收率技术，并成功进行工业化实施，采收率由20%～35%提高到55%～70%，中深层稠油大幅度提高采收率关键技术序列已经形成，蒸汽驱、SAGD和火驱等关键技术取得重大突破，整体达到国际先进水平。

一、技术内涵

中深层稠油大幅度提高采收率技术将蒸汽驱黏度界限拓宽至 $20 \times 10^4 mPa \cdot s$ 、深度界限至1600m，SAGD驱泄复合开发技术挑战超稠油75%采收率极限，深层稠油火驱技术将濒临废弃的油藏采收率再提高30个百分点。该技术可在国内辽河油田、新疆油田和胜利油田等 $10 \times 10^8 t$ 储量推广应用，新增可采储量 $2 \times 10^8 t$ 。

二、主要创新点

（1）创新提出多层蒸汽驱驱替与剥蚀联合采油、火驱富油区形成聚集2项理论。突破汽驱稳产期和采收率极限，打破国外单层火驱驱替模式，提供工业化推广理论依据。

（2）创新形成Ⅱ类油藏蒸汽驱关键技术。建立回形、直平等7种开发模式，完善汽驱调控方法，采收率由55%提至65%，挑战汽驱黏度（100000mPa·s）、深度（1600m）禁区（图1）。

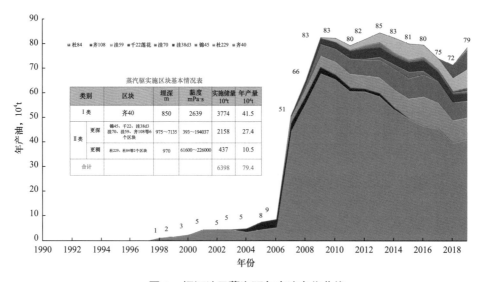

图1　辽河油田蒸汽驱年产油变化曲线

（3）完善SAGD全生命周期调控关键技术。首次实现断块级汽腔立体描述，突破薄层双水平井循环预热瓶颈，创新直井辅助双水平井SAGD井网，陆相超稠油水平井单井日产突破100t，采收率达70%，连续3年百万吨稳产（图2）。

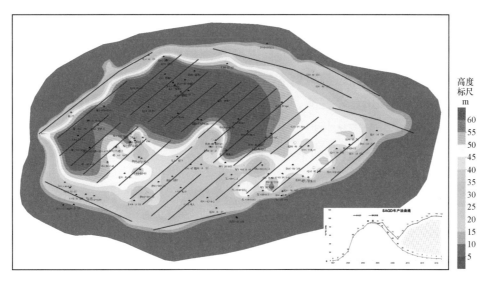

图2　SAGD蒸汽腔发育高度等值图

（4）创新形成中深层稠油火驱技术。创立选层火驱、分段火驱等3种开发模式。建立5种燃烧状态判别方法，集成设计1套系统高压注气、采出流体处理工艺，采收率由27%提升至58%，打破国外封锁。

三、应用成效

建成国内最大的中深层稠油热采示范基地。地质储量1.25×10^8t，年产油215×10^4t；建成全国最大的蒸汽驱、SAGD生产基地及火驱试验基地；蒸汽驱连续8年80×10^4t稳产，SAGD连续3年百万吨稳产，火驱年产油突破30×10^4t。

实现了开发指标大幅度提升。蒸汽驱采收率达55%～65%；SAGD采收率达70%，较"十二五"期间提高10%；火驱采收率达到55%～60%，较吞吐提高30%以上。

四、有形化成果

该成果共获国家专利26件（其中发明专利9件），发表论文14篇，该技术可在国内辽河油田、新疆油田、胜利油田等中推广应用，预计可动用储量10×10^8t，新增可采储量2×10^8t。

特高含水期层系井网优化调整技术

大庆油田已经历4次大规模调整，井网密度高，进入特高含水期后，由于剩余油高度分散，按照以往加密调整的思路，油田已无规模钻井的潜力。为落实油田调整潜力、实现规模增储挖潜、有效控制老油田产量递减，对层系井网进行优化调整，通过层系细分重组、井网重构和井网加密相结合，为大庆长垣油田特高含水期探索出改善开发效果、实现各类油层均衡驱替、进一步提高水驱采收率的高效开发新技术。

一、技术内涵

经过技术攻关与试验，解决了长垣油田特高含水期层间、井间干扰认识难度大、潜力落实不清的难题，确定了不同类型区块层系井网调整技术经济界限（图1），建立了各类区块6种个性化调整模式（表1），创新形成了特高含水期细化层系与细分对象并重、水驱与化学驱井网协同调整的层系井网优化调整技术，采收率提高2～5.5个百分点。

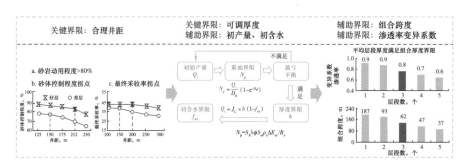

图1 层系井网优化调整技术经济界限计算方法

表1 不同区块层系井网优化调整模式

开发对象	调整模式	做法	可应用储量 10^4t	代表区块
南二三区以北高台子油层	细划层系井网加密	喇中块试验区高台子油层进一步细分为两套层系；注采井距由300m缩小到212m	15219	喇中块 北一区断西 北二东
	细划层系井网加密葡I组后续挖潜	北一二排西试验区高台子油层进一步细分两套层系；注采井距由250m缩小到175m；同时利用一次加密井补孔挖掘葡I组封存潜力	3158	北一二排西 北一二排东
南二三区以北萨葡油层	细划层系井网重构	南一区西套损区细分为四套层系，利用葡I1-4的125m井网拆分成两套175m井网分别开采萨I—萨II9和萨II10—萨III10；利用水驱井网重构200m井网进行葡I1-4后续水驱；葡I5—葡II新钻125m井网二三类油层化学驱	5694	南一区西西块 南一区西东块
	井网利用拓展对象	北一区断东利用水驱二次加密井挖和补孔萨II10—萨III10层系，释放二类油层化学驱后封存储量	13904	北一区断东 北一区断西

续表

开发对象	调整模式	做法	可应用储量 10^4t	代表区块
南二三区 以南萨葡高油层	细划层系 细分对象 井网重构	杏三区东部试验区细分为萨好、萨差和葡I4以下三套层系，两套一次加密井合成一套开采萨好油层；三次井加密到145m开采萨差层系；二次井加密到195m开采葡I4以下层系	19359	杏三区东 南五区西
	井网重组 层系互补	杏九区西部试验区二次和三次井合并开采萨Ⅲ＋葡I组，注采井距由250m缩小到150m	8495	杏八区 杏九区

二、主要创新点

（1）建立了基于注入孔隙体积倍数与含油饱和度关系的非均质多层砂岩油田特高含水期层间干扰分析方法，创新形成了基于井距变异系数的多套井网开发井间干扰描述方法，量化了喇萨杏油田剩余油潜力。

（2）确定了特高含水期层系井网调整技术经济界限，建立了多层砂岩油田层系井网优化调整模型，创新形成了特高含水期细化层系与细分对象并重、水驱与化学驱井网协同调整的层系井网协同优化调整技术（图2）。

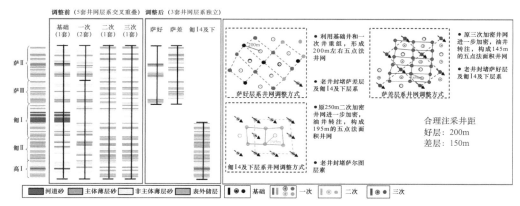

图2　杏三区东部层系井网调整方式示意图

（3）以现场试验为依托，创新形成了从调整方案设计、射孔层位优化到跟踪调整的配套技术，满足层系井网优化调整全过程技术需要。

三、应用成效

技术应用后取得较好的增油降水效果，展现良好的推广前景，已在大庆油田全面推广应用，共投产新井2192口，层系互补补孔619口，增加可采储量984.8×10^4t，累计增油402.33×10^4t，获得经济效益42.5亿元，多上缴地方税费15.7亿元。应用上述技术，大庆油田还可钻新井3040口，增加可采储量1300×10^4t。

四、有形化成果

该成果获发明专利4件、实用新型专利1件，软件著作权4项，标准规范4项，核心期刊发表论文23篇，曾获2016年中国石油天然气集团公司科技进步一等奖。

驱油用新型甜菜碱无碱表面活性剂

化学驱是我国处于国际领先水平的提高石油采收率主体技术，已实现连续19年千万吨稳产，累计产油量 2.8×10^8 t，是保持国内原油 1×10^8 t以上持续稳产的"硬核技术"。无碱复合驱是化学驱主要发展方向，关键技术瓶颈是高效 / 低成本表面活性剂研制及应用。依托国家973、国家油气重大专项和中国石油重大科技及试验项目，经过10余年攻关，在强碱重烷基苯磺酸盐、弱碱石油磺酸盐两代驱油剂基础上，研制出驱油用新型甜菜碱表面活性剂系列产品，填补第三代无碱驱油表活剂空白，现场应用潜力巨大。

一、技术内涵

新型甜菜碱表面活性剂具有高效、低成本、绿色及广泛的油藏适应性特点，突破了无碱复合驱大幅度提高采收率的核心技术瓶颈，是低油价形势下实现"双高"油田效益开发的现实途径。该技术可满足大庆油田砂岩、长庆油田中低渗透砂岩、新疆油田砾岩及高温高盐等油藏应用要求，具有广阔应用前景，该技术在中国石油覆盖地质储量 30×10^8 t以上，新增可采储量 5.4×10^8 t。

二、主要创新点

（1）创新发展了协同降低界面张力与乳化调控机理，设计研制出新型芳基烷基甜菜碱表面活性剂产品。相比于国内外同类产品，具备高效能 [浓度低至0.025%（质量分数）]、耐温（130℃）、耐盐（ 30×10^4 mg/L）特点，综合性能处于国际领先水平，解决了无碱驱油用表面活性剂在不同类型油藏条件下难以获得超低界面张力、优异抗吸附及耐盐性能的难题。

（2）绿色环保为目标，以植物油脂为大宗工业原料，创新设计了长碳链烷基化、芳基甲酯酰胺化和无水季铵化三步合成工艺路线。发明了高碳醇作为溶剂的无水季铵化工艺，不但提升了反应转化率至99%，而且有效解决了产品闪点低（大于60℃）的问题，无"三废"排放，形成了新型甜菜碱绿色合成技术。

（3）自主建设表面活性剂中试装置。建成了包括常压 / 减压回收反应、高压反应、乙氧基化和分子蒸馏系统四大反应单元的具有完全自主知识产权的中试装置，产能达到10000t/a，实现了产品的系列化与工业化生产。具有"工艺模块化、生产广普化、产品系列化"特点；专家认为：主体装置国内唯一，技术与产品国际领先，是大庆油田、中国石油乃至国内石油领域三元复合驱的一个技术飞跃。

三、应用成效

新型甜菜碱表面活性剂系列产品于 2012 年开始在油田现场应用，效果显著。其中，长庆油田北三区块油井含水量由 91.8% 降至 75.2%，增油 52560t，直接经济效益 1.314 亿元。新型甜菜碱表面活性剂万吨级生产线，已实现了工业化生产，该产品带动大庆油田萨南化工分公司实现净利润超 3000 万元 /a。

四、有形化成果

该成果获授权发明专利 22 件，发表论文 28 篇、SCI 收录 21 篇，获国家专利优秀奖 1 项、省部级一等奖 2 项、集团公司级专利金奖 1 项，获得集团公司自主创新重要产品一项、2018 年中国石油十大科技进展（图 1）。

图 1　有形化成果

注天然气重力混相驱提高采收率技术

老油田水驱后三次采油大幅度提高采收率是实现中国石油原油稳产 1×10^8t 以上的"压舱石"。针对塔里木盆地砂岩油藏埋藏深、地层压力高、地层温度高、地层水矿化度高（简称"三高"油藏）、化学驱提高采收率不适应等难题，创新形成"三高"油藏注天然气重力混相驱提高采收率技术。

一、技术内涵

基于目标油藏储层和流体性质研究，注气混相驱的微观驱油效率达到 90% 以上，比水驱驱油效率提高 40 个百分点。针对目标油藏构造倾角大、油层厚度大的特点，采用构造高部位注气、中下部采油的"顶注底采"模式，控制合理的注采速度，形成规模次生气顶，利用气体重力超覆原理，实现了气液界面稳定的重力驱效果，有效抑制注入气气窜，注入气波及体积系数可以达到 80% 以上。该技术实现了混相驱提高微观驱油效率和重力驱扩大体积波及系数的高效协同，大幅度提高油藏采收率达到 70% 以上，引领水驱开发油藏三次采油提高采收率技术方向。

二、主要创新点

（1）形成超深巨厚、稀井网条件下注气精细油藏描述技术，建立高精度三维地质模型和千万网格组分数值模拟模型，奠定了注气机理模拟、注采井网部署和注采参数优化的基础。

（2）深化注气提高采收率机理，揭示了水驱后剩余油微观赋存特征及注气混相驱的微观驱油机理（图1），创新提出顶部注气重力混相驱开发方式（图2），实现了注气混相驱提高微观驱油效率和注气重力驱扩大注气宏观波及体积的高效协同，奠定了大幅度提高油藏采收率的基础。

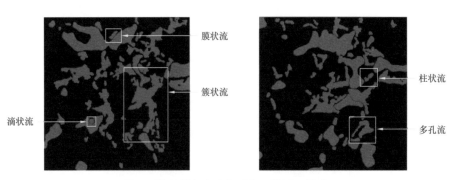

图1　微观剩余油赋存形态二维显示技术

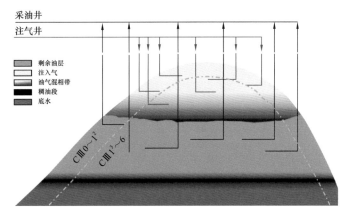

图2 重力混相驱开发模式图

（3）形成气驱开发油藏老井完整性评估及配套技术，包括深层油气藏光纤实时监测、井完整性评价治理、高气液比举升技术，保证油藏注气全生命周期内安全平稳高效生产。

（4）形成以50MPa注气压力、$20 \times 10^4 m^3$大排量注气压缩机为核心的注气工艺技术，推动国产大排量、高压注气压缩机研发、试验和产业升级，实现了国产高压注气压缩机零的突破。

三、应用成效

塔里木东河1石炭系油藏注天然气重力混相驱现场试验效果显著，自2014年7月注气以来，日注气$40 \times 10^4 \sim 60 \times 10^4 m^3$，累计注气$6.2 \times 10^8 m^3$，注气阶段产油$92 \times 10^4 t$，注气后累计新增SEC储量$145 \times 10^4 t$，已实现年产$14 \times 10^4 t$稳产7年以上，预测注气采收率超过70%，比水驱采收率提高30%（图3）。该技术目前已经在塔中油田、轮南油田和哈得逊油田等得到应用，必将对中国石油老油田提高采收率发挥重大作用。

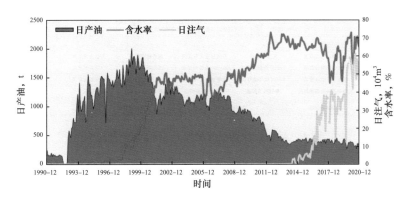

图3 东河1C Ⅲ油藏生产曲线

四、有形化成果

该成果获专利授权6件、局级奖33项，出版专著1部，登记软件著作权38项，制定企业标准4项，发表论文57篇。总体上创新1个理论、创建2套标准图版。

新一代油藏数值模拟技术

新一代油藏数值模拟软件 HiSim4.0 覆盖常规油藏水驱、气驱、稠油热采、非常规油藏压裂等各种开发方式的模拟功能，具备同类商业模拟器基本功能，并在高含水油田以及低渗透油藏水驱开发中具有明显优势，为复杂油气藏精细描述、严重非均质油藏注水开发及注气混相驱开发研究提供了重要技术手段。

该成果 2013 年入选中国石油十大科技进展，2015 年列入中国石油"降本增效"新产品；2017 年国资委以"打破国外垄断中国石油新一代油藏数值模拟软件研制成功"为题进行了报道。

一、技术内涵

HiSim4.0 集地质建模、黑油模拟、组分模拟、裂缝性油藏模拟、热采模拟、生产历史拟合、井网部署等众多功能于一体，拥有十大核心技术和十大主要模块，支撑 HiSim4.0 在计算精度、模拟规模和速度等主要性能指标方面处于国际领先和国际先进水平（图 1 和图 2）。

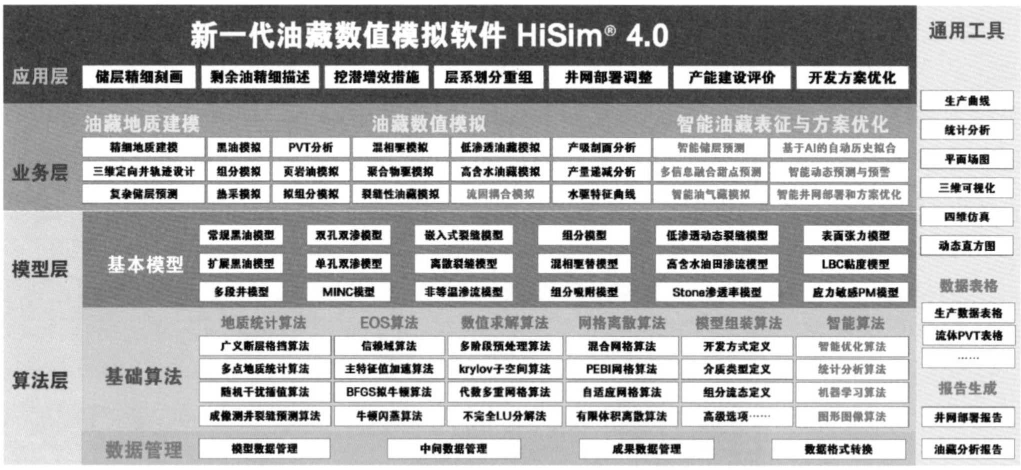

图 1　新一代油藏数值模拟 HiSim4.0 软件架构

二、主要创新点

（1）创新建立了多模态复杂渗流理论模型，提高了剩余油量化和开发方案优化的精度和可靠性，模拟符合率达到 90% 以上。

（2）创新形成了多子域多阶段预处理求解技术，实现了特大规模油藏数值模拟的快速精准求解，单机模拟速度提升 5 倍以上，单机模拟规模突破 1000 万节点。

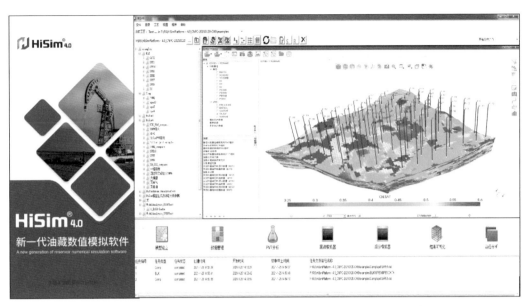

图 2　新一代油藏数值模拟 HiSim4.0 软件主界面（大规模网格体快速显示）

（3）创新研发了基于深度神经网络代理模型的流体动态属性及闪蒸计算技术，提高了组分模拟相平衡的计算和收敛速度。

三、应用成效

新一代油藏数值模拟技术与软件 HiSim4.0 已实现规模化应用，累计推广应用 300 余套，编制开发 / 调整方案百余个，应用覆盖中国石油、中国石化所属 20 余个油气田公司和海外部分项目公司，覆盖地质储量 10×10^8t，增加可采储量 1×10^8t，在油气田开发和提高采收率研究中部分替代国际商业油藏模拟软件。

四、有形化成果

该成果获中国石油天然气集团有限公司科学技术进步奖一等奖 1 项，石油和化工自动化行业应用协会科学技术进步奖特等奖 1 项，北京市科学技术进步二等奖 1 项，局级一等奖 3 项。该成果发表论文 40 余篇，出版著作 2 部，获专利 3 件，登记软件著作权 20 余件、商标注册权 1 件。

塔里木凝析油气田开发关键技术

　　塔里木凝析气田储量和产量是国内最大的，具有埋藏深（4000～6000m）、压力高（50～130MPa）、储层复杂、气藏类型多等特点，面临牙哈循环注气气田注入气波及体积小、英买力薄油环凝析气藏衰竭开发水锥快、塔中碳酸盐岩缝洞型凝析气藏高产井比例低、柯克亚衰竭开发凝析油采收率低四大难题。在国家和中国石油天然气集团有限公司重大科技专项支持下，塔里木油田与勘探开发研究院等单位通过艰苦攻关，成功攻克深层高压凝析气田群高效开发世界级难题，形成塔里木凝析油气年产 1000×10^4t 关键技术，应用该技术实现凝析油气储量当量 9×10^8t 高效开发，短短 5 年内产量当量由 300×10^4t 快速上产到 1000×10^4t 以上，并已稳产 6 年，目前产量当量已占塔里木年产量的 42% 左右。

一、技术内涵

　　塔里木凝析油气年产 1000×10^4t 关键技术是指在开发塔里木深层、超深层凝析气田过程中形成的基本开发理论、核心技术和关键技术以及采气、井筒、动态监测、地面工艺等配套技术的集成系列，属于应用技术范畴。

二、主要创新点

　　（1）创新建立超临界流体非平衡相态非线性渗流理论（图1），揭示了干气—凝析气超覆运移规律，为凝析气田高效开发提供了新理论。

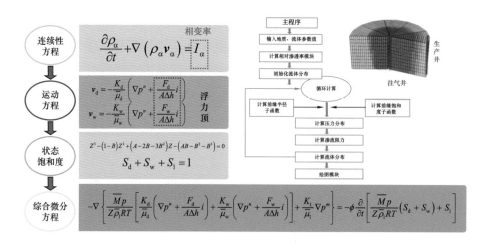

图 1　超临界流体非平衡相态非线性渗流理论数学模型建立流程及理论方程

（2）首创凝析气田开发效果评价方法体系，建立两大系列 12 类可直观表现开发效果的标准图版，填补凝析气藏开发效果评价的技术空白。

（3）攻克重力辅助气驱提高凝析油采收率、带薄油环凝析气藏油气同采提高采收率、缝洞型碳酸盐岩凝析气藏高效开发、凝析气藏开发后期复压提高采收率、考虑组分梯度地下—井筒—地面一体化千万节点精细数值模拟等 5 项提高凝析油气采收率核心技术。

（4）研发注入气储层运移监测描述、高温高压凝析气井取样—分析—监测一体化技术、高产凝析气井腐蚀评价—防腐保护一体化技术、凝析气井反凝析污染评价及解堵增产技术 4 项提高凝析油气采收率配套工艺技术。

三、应用成效

通过创新凝析气藏开发理论、开发技术，成功解决深层高温高压凝析气田开发系列世界难题，使塔里木油田 2010 年至 2016 年已实现凝析油气产量千万吨以上稳产 6 年（图 2），累计增油 $422.78 \times 10^4 t$，累计增气 $158.36 \times 10^8 m^3$，创造经济效益 242.91 亿元，成为国内成本最低、产量最高、规模最大、效益最好的天然气生产基地，同时对发展当地经济、维护民族团结稳定、改善我国能源结构作出了突出贡献，社会效益显著，也使中国石油天然气集团有限公司把握了一整套超深层高温高压凝析气藏开发技术并处于世界领先。

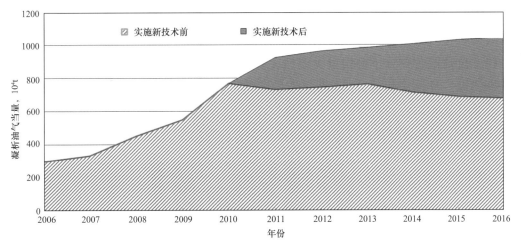

图 2　塔里木油田凝析油气产量与时间关系图（应用该技术前后对比）

四、有形化成果

该成果获专利授权 32 件，获局级奖一等奖 12 项，出版专著 4 部，登记软件著作权 5 件，编制企业规范 8 项，发表论文 51 篇。总体上创新 1 个理论、创建 1 套标准图版。

聚合物驱精细高效开发配套技术

大庆油田组织专业化研发团队，开展了聚合物驱精细高效开发配套技术研究。针对化学驱开发对象不断变差的实际，加大提质提效技术攻关力度，研制出适用于不同类型油层的 DS 抗盐聚合物；通过研究注入参数与储层物性多因素匹配关系理论、注入参数和注入方式个性化设计技术、实时跟踪调控技术等配套技术，形成了聚合物驱高效开发配套技术，实现了最大幅度提高采收率和最佳经济效益的目标。

一、技术内涵

通过引入抗盐单体、刚性单体和疏水单体，研发出适用于一类和二类油层的 DS2500 高分子量抗盐聚合物和适用于三类油层的 DS800 低分子量抗盐聚合物；在创新发展聚合物注入参数与储层物性多因素匹配理论基础上，形成的聚合物驱高效开发相关配套技术的集成应用。指导驱油方案个性化和定量化设计、"靶向定位"的跟踪调整和配注系统黏损的有效治理。

二、主要创新点

（1）创新研制出适用于不同类型油层的 DS 抗盐聚合物（图1）。明确微观结构与宏观性能关系，建立抗盐聚合物分子结构设计方法，研发出抗盐、刚性、疏水三种功能单体；研发出适用于一类和二类油层的 DS2500 高分子量抗盐聚合物和适用于三类油层的 DS800 低分子量抗盐聚合物，具有较好的抗盐性、稳定性、注入能力，可大幅降低聚合物用量，天然岩心驱油实验较同分子量普通聚合物多提高采收率 3 个百分点以上。

图1　DS 抗盐聚合物工业化产品照片

（2）创建了聚合物注入参数与储层物性多因素匹配理论。通过动态光散射建立了水动力学半径与注入参数多因素的函数关系，基于渗流实验建立了水动力学半径与孔喉半径的函数关系，创建了聚合物分子量、浓度和矿化度分别与可注入渗透率下限呈线性和半对数线性关系的多因素匹配理论，突破了仅考虑分子量单一因素的传统匹配理论局限性（图2）。

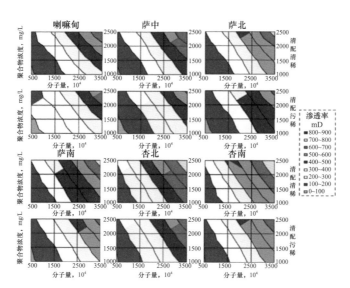

图2 不同开发区注入参数与油层渗透率匹配关系图板

（3）首创了聚合物驱注入参数及注入方式优化设计技术。建立了采收率提高值与注入参数和储层物性参数的函数关系；以新增可采储量最大化为原则，建立了非均质油层注入参数优化设计数学模型和方法。在27个区块应用，匹配率提高25个百分点，措施工作量减少1/3。首创了聚合物多段塞交替注入技术，延缓或抑制了剖面返转。现场应用多提高采收率1.5个百分点以上，降低用量25%。

（4）创新发展了聚合物驱精准跟踪调控技术。建立了对标分类评价方法，实时把握区块全过程开采特征，实现了实时评价效果、实时发现问题、实时跟踪调控。建立了聚合物驱乙型特征曲线提高采收率值预测方法，可评价中后期单井措施效果。建立了"停层不停井、停井不停站、停站不停区"的个性化停注聚方法，34个区块应用节省用量 2.8×10^4t。

三、应用成效

在大庆油田中低渗透油层28个工业化区块应用，采收率由"十二五"的12.0个百分点提高到14.5个百分点，吨聚增油由37t提高到55t。比聚合物驱原技术多增油 609×10^4t，节省聚合物干粉 14.2×10^4t，创经济效益138.3亿元。目前，大庆油田一类和二类油层剩余未开展化学驱地质储量 8.48×10^8t，三类油层可开展化学驱地质储量 13.0×10^8t，现场应用DS抗盐聚合物可增加可采储量 4300×10^4t，对延长油田开发寿命、确保国家能源安全意义重大。

四、有形化成果

该成果获发明专利4件、实用新型专利3件，登记软件著作权3件，制定标准6项，发表论文35篇，获2018年中国石油天然气集团有限公司科学技术进步奖一等奖，培养技术人才100余人。

砾岩油藏无碱二元复合驱关键技术

冲积扇沉积的砾岩储层具有典型复模态孔喉结构，水驱采收率低，亟需攻关水驱后大幅度提高采收率技术。2007 年在中国石油天然气股份有限公司支持下，在克拉玛依油田七中区克下组砾岩油藏开展采出水配液无碱二元复合驱技术攻关与矿场试验，通过 10 多年攻关，形成了无碱二元复合驱技术系列，支撑新疆油田稀油老区持续稳产和效益开发。

一、技术内涵

利用聚合物溶液为黏弹性流体的特性扩大波及体积，利用表面活性剂降低界面张力来提高驱油效率，将两者混合形成无碱二元复合驱油体系进一步加合增效，从而实现大幅度提高采收率，该技术已成为稀油老区水驱后提高采收率的主体技术之一。

二、主要创新点

（1）构建了复模态强非均质性砾岩油藏二元复合驱"梯次注入、分级动用"开发模式。针对砾岩储层孔喉分布宽、剩余油受孔喉控制，为实现剩余油充分动用，构建梯次降黏、可控乳化、提压注入、动态调控驱油方式，形成了剩余油靶向驱替技术，实现充分动用。配合地面系统分压注入，适应物性下限由 50mD 拓宽至 30mD。

（2）揭示了环烷基石油磺酸盐 KPS 大幅度提高采收率的"胶束增溶，乳化携油"机理，自主研发的 KPS 产品，0.01% 低浓度 KPS 溶液极限增溶原油能力 350kg/t，具有强大的胶束增溶原油能力；二元体系室内驱油效率达 29%，其中乳化携油增加采收率 8 个百分点。采用碳数匹配精细调控原料油，应用加氢—糠醛组合精制新工艺，研发了喷雾法连续磺化技术与设备，磺酸盐收率提高 107.8%，形成表面活性剂 7×10^4t/a 产能。

（3）研发了"多元可调、绿色高效"的注采配套工艺技术与设备。嵌套曝气工艺去除了硫化物和铁离子，配制聚合物黏度提高 35%；研发了"多元可调"分压个性化配液工艺和设备，实现了砾岩油藏强非均质性条件下的差异化分压注入，全流程黏度损失小于 10%；研发"生物法"采出水处理工艺，全程无药剂添加，水处理运行费用降低了 50%，每年可节约清水 700×10^4m³，实现绿色循环利用。

三、应用成效

现场试验提高采收率 18 个百分点，预计新增可采储量 2375×10^4t。2017 年—2018 年累计增油量为 94.8×10^4t，增加利税 14.52 亿元，净现值 11.23 亿元。成果已在中亚地区应用。

四、有形化成果

该成果获授权发明专利 12 件、实用新型专利 12 件，认定集团公司级技术秘密 4 件，制定行业、企业标准各 1 项，发表论文 62 篇，出版专著 1 部，获评 2018 年中国石油十大科技进展、2019 年中国石油天然气集团有限公司科学技术进步奖一等奖（图 1）。

图 1　获奖证书

减氧空气驱提高采收率技术

目前，我国在新发现的石油储量中，特/超低渗透油藏占了很大的比例，这类油藏将是今后相当一个时期内增储上产的主要资源基础，而注气开发技术是特/超低渗透油藏经济有效动用最具潜力的开发技术，减氧空气驱是主要发展方向。依托中国石油重大科技及试验项目，经过10多年攻关，在多因素控制下减氧界限、气驱波及控制模式以及减氧空气一体化关键装备取得突破，现场应用潜力巨大。

一、技术内涵

早期特/超低渗透油藏注空气开发试验效果不理想，这主要是由于特/超低渗透油藏注空气试验区普遍采用小井距进行开发，且地下普遍存在压裂缝，氧气在地下停留时间短，无法充分消耗。通过将注入气体中氧气浓度降到爆炸极限以下，实现了特/超低渗透油藏注空气开发的本质安全。中国石油特/超低渗透油藏减氧空气驱技术覆盖地质储量 43.7×10^8t，提高采收率可达10个百分点以上，增加可采储量 6.2×10^8t。

二、主要创新点

（1）明确了多因素控制下的空气减氧界限，奠定了减氧空气驱安全高效开发基础。建立了烃类气体爆炸临界氧含量预测数学模型，预测了高温高压下甲烷、氧含量爆炸规律，明确了减氧界限及爆炸极限；明确氧浓度对管材氧腐蚀的规律，氧含量从21%降到10%再降到5%，将消除95%氧腐蚀。在兼顾防爆、防腐和降低成本等因素，确定减氧空气的氧气含量为10%，制定《驱油用减氧空气》中国石油企业标准。

（2）完善了气驱波及控制模式，形成了不同构造类型油藏减氧空气驱技术。构建了油气界面运移模型，指导了背斜构造油藏/潜山油藏顶部重力气驱；构建了油气界面形态计算模型，指导了高倾角油藏顶部重力气驱；研发了系列泡沫波及控制体系，指导了层状平缓构造油藏面积气驱。

（3）研发了系列减氧空气一体化关键装备，为减氧空气驱技术工业化应用提供了保障。一体化装置由低压空压机、减氧装置和增压机组成，统一逻辑、联锁联控、智能集成。具有工艺流程最优，运行能耗最低，设备利用率最高、橇装灵活的优点。一体化装置按照统一技术规范已系列定型，可提供低成本、大规模的减氧空气，保障了减氧空气驱技术的工业化应用。

三、应用成效

减氧空气驱技术在长庆油田和吐哈油田等得到广泛应用，效果显著。新型甜菜碱表面活性剂系列产品于 2012 年开始在油田现场应用，效果显著。其中长庆油田五里湾一区试验区实施减氧空气驱后含水上升趋势得到控制，递减率由试验前的 19% 降到了目前的 –0.74%，减氧空气驱阶段采出程度 6%，预计提高采收率 10.3%。吐哈油田鲁克沁稠油冷采区块玉东 203 试验区实施减氧空气驱后，含水率由 77% 下降至 59%，日增油 32.1t，累计增油 $10.3 \times 10^4 t$，预计提高采收率 11.8%

四、有形化成果

该成果获授权发明专利 10 件，发表论文 15 篇、SCI 收录 8 篇，获省部级一等奖 1 项，获评 2019 年中国石油十大科技进展，获 2020 年中国石油和化学工业联合会科技进步奖一等奖（图 1 ）。

图 1　获奖证书

低渗透油田功能性水驱技术

低渗透油藏是油藏开发的重大领域，是增储上产的重要来源，水驱仍是低渗透油藏开发的主体技术，如何持续提高采收率是关键。针对低渗透油藏比表面积大、注入介质与储层介质相互作用强的特点，项目组创新性提出了离子匹配与水介质功能化的技术路径，通过近10年的潜心研究和攻关，低渗透油田功能性水驱技术取得了重大技术突破。由中国石油天然气集团有限公司科技管理部组织鉴定的评价为："该成果总体达到国际领先水平"。

一、技术内涵

（1）通过注入水中离子组成与储层和原油的离子匹配和交换，调整油、水、岩石界面的电荷密度，降低界面分子作用力，改变润湿性，降低残余油饱和度，提高洗油效率（图1和图2）。

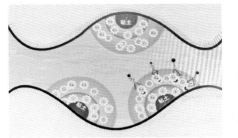 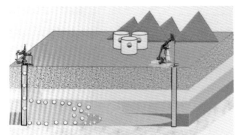

（a）离子匹配水驱油示意图　　　　　（b）微泡体系扩大波及体积示意图

图1　离子匹配与水介质功能化内涵示意图

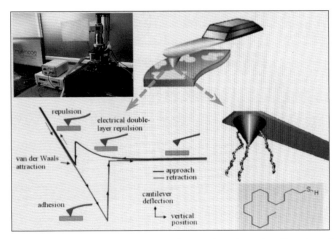

图2　原子力显微镜法原位模拟及测定油、水、岩石微观作用力示意图

（2）通过微米/纳米级气泡均匀分散在离子水中，实现注入体系的渗流主力调控和油藏纵向自适应，扩大波及体积并有效补充能量。

二、主要创新点

（1）创新了离子交换/吸附及能力差异定量评价方法，发现了电解质溶液与储层介质间离子交换和离子匹配机制，发展了离子匹配理念；揭示了 Na^+ 在交换 Ca^{2+} 后溶液界面张力变化及矿物表面润湿性影响规律，揭示了离子匹配改变润湿性提高驱油效率的机理。

（2）创新了流动状态下原油特征组分在岩石表面吸附/脱附定量测定方法和油水岩石微观作用力原位模拟与测量方法，揭示了离子调整剥离油膜提高驱油效率机理。

（3）创新发展了微米/纳米级气泡生成及扩大波及体积方法，解决了微米/纳米级气泡生成的均匀性和稳定性难题。

（4）创新形成了低渗透油藏功能性水体系设计方法。设计并研制出长庆和吉林两类低渗透油藏功能水介质体系（图3），跟常规水驱体系相比，室内评价提高采收率15个百分点以上。

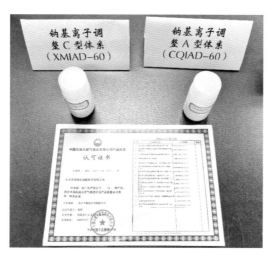

图3　两类钠基离子调整剂样品及质量认可证书

三、应用实效

已先后在吉林油田和长庆油田等3个低渗油藏进行了先导试验，覆盖地质储量 $661.7 \times 10^8 t$，试验总井数23注96采，注入性好，每立方米注入水成本仅增加4元，原油递减率均下降8个百分点以上，预测提高采收率6%以上。该技术可有效覆盖公司储量 $50 \times 10^8 t$ 以上，具有很好的应用前景。

四、有形化成果

该成果申请国内外发明专利26件，获授权发明专利11件，发表论文28篇。

复杂储层数字岩心渗流模拟及物性评价技术

随着开发对象从常规向非常规的转变，常规实验手段已无法及时、准确、全面获取油藏开发全过程的渗流特征数据，亟需发展数字化岩心渗流评价实验新方法，推动岩心实验向数字化迈进。

一、技术内涵

以"深入岩石内部，解决认识盲区，找准开发对策"为最终目标，创新提出"数字化实验室"，形成"实验多元化，计量精细化，数据动态化，应用极限化"复杂油藏全周期渗流模拟实验方法，提升基础研究对油气田开发的支撑能力（图1）。

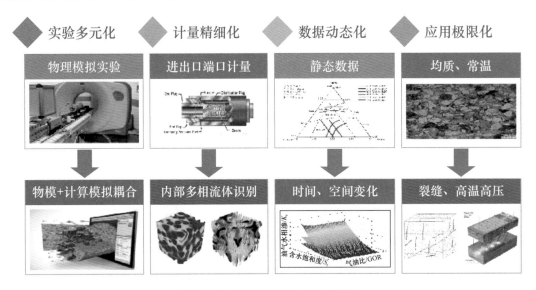

图1 数字化实验室技术发展方向

二、主要创新点

完成了数字岩心微观渗流模拟软件平台的编制，形成了复杂储层数字岩心渗流模拟及物性评价技术，实现了水驱、气驱、化学驱等驱替渗流模拟，与传统实验相比，可快速获取不同开发阶段孔喉内流体动用和剩余油分布规律，大幅度提升实验效率，推动复杂油藏开发实验研究手段由岩心表观向数字化智能化的跨越（图2和图3）。

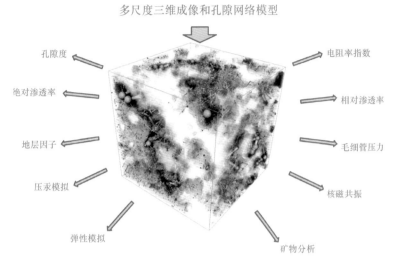

图2　数字岩心微观渗流模拟软件平台实现功能

图3　水驱油微观渗流模拟及剩余油岩心截面展示

三、应用成效

该成果已经在新疆油田和长庆油田成功应用。形成的RIPEDROCK1.0数字岩心多相渗流模拟技术应用于新疆油田的复模态砾岩油藏的水驱开发、二三结合等开发方案调整等工作，为油田有效开发提供理论支撑。

四、有形化成果

该成果登记软件著作权5件，获发明专利6件，发表论文20篇，其中SCI和EI收录15篇，获省部级奖2项。

天然气高产开发关键技术

天然气作为重要战略资源，关系到国家能源安全和人民福祉。集团公司将天然气作为战略性、成长性、价值性工程，不断创新开发技术和开发模式，挑战开发极限，2017年天然气产量首次突破$1000 \times 10^8 m^3$历史性大关，成为集团公司天然气业务发展的里程碑（图1）。"天然气上产$1000 \times 10^8 m^3$开发关键技术研究"项目作为集团公司加快天然气发展的重要战略部署与举措，由研究院与7家油气田公司共同完成，取得了重大创新成果。

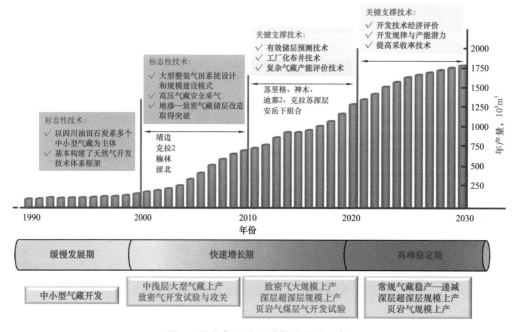

图1 天然气开发理论技术发展历程

一、技术内涵及主要创新点

项目针对新气田储量品位低、埋藏深度大、气藏类型复杂、老气田递减快、开发难度日益加大的局面，近10年来，依靠科技创新与技术进步，助推公司天然气快速上产，实现产量翻番。项目攻关形成了以提高储量动用程度为核心的"三低"气藏提高采收率技术、深层碳酸盐岩气藏高效快速建产技术、超深高压气藏动静态描述与控水开发技术、疏松砂岩气藏排水采气与均衡动用技术、火山岩气藏内幕精细刻画与规模效益开发技术、页岩气开发评价技术、天然气开发规划决策系统7项开发关键技术系列，建立了不同类型气藏开发模式与开发规律（图2）。

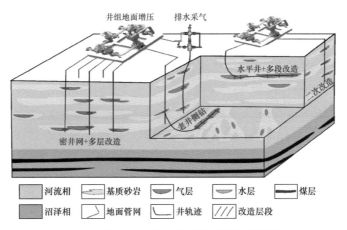

图 2 致密气提高采收率技术措施示意图

二、应用成效

该成果在公司气田开发中得到广泛应用，显著提高了储量动用率与采收率，有效降低了开发成本，使天然气成为公司上游盈利的主体。仅"三低"气藏提高采收率技术将致密气的采收率由 32% 提高到 50%，增加可采储量 $6000 \times 10^8 m^3$ 以上，不仅为公司创造巨大的经济效益，也为我国能源结构转型和天然气产量稳定增长做出了重要贡献。项目组打造了以 16 名中国石油天然气集团有限公司高级技术专家为代表的天然气开发核心技术团队，建立完善了天然气开发学科体系，形成了系列配套技术和有形化成果，支撑了公司天然气业务的快速发展，使公司天然气产量长期保持在全国总产量的 70% 以上，代表了天然气开发的国家水平。

三、有形化成果

该成果形成了以 12 套装备和工具、41 项发明专利、26 项软件著作权、25 部专著、124 篇论文和 20 篇决策参考为代表的有形化成果，获 3 项局级特等奖和 9 项局级一等奖，支撑了长庆油田、塔里木油田和西南油气田 3 个 $200 \times 10^8 m^3$ 以上大气区的持续上产和青海油田、新疆油田、大庆油田、吉林油田等气区的长期稳产，整体达到国际领先水平。

特低渗透—致密砂岩气藏开发动态物理模拟技术

　　特低渗透—致密砂岩气是公司增储上产核心领域，目前已累计探明地质储量超 $3 \times 10^{12} m^3$，其规模有效开发具有重要的战略意义。与常规砂岩储层相比，特低渗透—致密砂岩孔喉细小，渗流通道以微纳米孔喉为主，开发中存在储量动用程度低、中后期大面积产水等诸多问题。

一、技术内涵

　　以"岩石物性、气水渗流和开采模拟"三大模块30台套设备为核心，首次建成一维最长8m、二维最大1m见方、三维最多8层的大规模、多序列模拟技术和实验装置。首次攻克致密砂岩微纳米级孔喉定量评价、地层条件下压力场和气水饱和度场动态测试等关键技术难题，具有"自主研发、定量评价、系统集成、注重应用"4项特点，为揭示气藏开发规律和开发优化提供了核心技术支撑。

二、主要创新点

　　（1）自主研发"特低渗透—致密砂岩气藏开发物理模拟实验系统"，实现了"一维到三维、低压到高压、微观到宏观"系统配套。实验条件实现从常温常压向高温高压（100℃，100MPa）升级，实验模型实现从一维小岩心发展到二维、三维大模型及组合模型的配套研制，渗流机理从微观孔喉可视化到宏观复杂储层定量化全模拟，"多参数、高频率、长周期"数以万计实验数据精确到秒的智能化采集与处理，性能指标达到同领域国际领先水平（图1）。

图1　大型高温高压气藏开发物理模拟实验系统

（2）建设形成"孔喉结构、气水渗流、物理模拟、数学方法、生产应用"五位一体的气藏开发实验技术体系，实现储层物性、地层条件下压力场和饱和度等关键参数量化评价，为气藏储量动用、产水规律预测、井网加密优化等提供核心技术支撑（图2）。

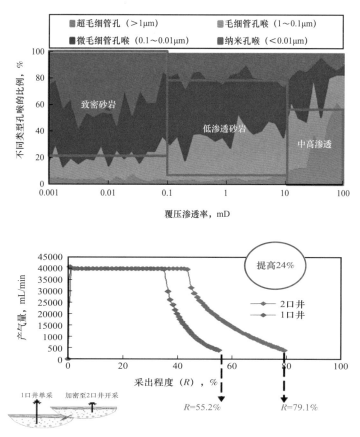

图2　致密砂岩孔喉结构定量评价及均衡动用物理模拟实验示例

（3）揭示特低渗透—致密砂岩开发规律和储层气水渗流特征，明确致密砂岩气藏界限，支持制定我国首项致密气国家标准 GB/T 30501《致密砂岩气地质评价方法》。

三、应用成效

成果助推我国特低渗透—致密砂岩气藏基础理论研究能力与实验技术水平位居世界前列，在鄂尔多斯盆地苏里格气田和四川盆地须家河组气藏开发调整方案优化中发挥了重要作用。

四、有形化成果

该成果获授权国家发明专利11件、实用新型专利8件，制定国家标准1项，修订国家标准1项，出版专著2部，SCI/EI收录论文40篇。研究成果获评2017年度中国石油天然气集团公司技术发明一等奖和十大科技进展、2019年度青年岗位管理创新大赛集团公司优秀奖。

低渗透油田纳米智能驱油技术

　　在中国石油天然气集团有限公司科技管理部顶层设计的纳米智能驱油战略思想指引下，中国石油勘探开发研究院罗健辉教授团队十年磨一剑，形成了整体达到国际领先水平并具有完全自主知识产权的纳米驱油技术。该技术可以将水注入油藏的任意角落，用于中高渗透油藏开发后期的战略接替和低渗透/超低渗透油藏的水驱有效动用。

一、技术内涵

　　从化学角度定义非吸附油与吸附油，阐明原油赋存形式和状态，确定纳米驱油技术研究发力点。创新"纳米水"驱油机理，提出水分子间强氢键缔合作用形成"大分子"网络结构（"超级弱凝胶"）是低渗透区域注水困难的主要原因，破坏水分子间的氢键缔合作用，形成"小分子水"，即"纳米水"，有望解决低渗透区域常规水驱"注不进"的问题，扩大波及体积机理取得颠覆性认识。自主研发了毛细作用分析系统，创新将驱替介质在油藏纳微米孔隙中的渗流等效为在不同内径毛细管中的注入能力，对创新提出"纳米水"驱油机理起到决定作用，成为"纳米水"驱油剂研制的"眼睛"，拥有了问鼎国际领先原始创新技术的利器（图1）。创立了水相条件下低成本双面异性修饰方法，研制出改性二氧化硅"纳米水"驱油剂 iNanoW1.0，可将启动压力梯度降低到普通水的 1/32，室内评价增加波及体积 13 个百分点，

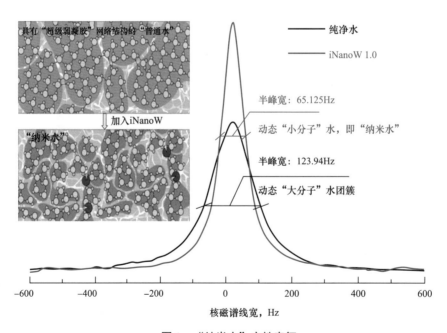

图1　"纳米水"定性表征

提高采收率10.66个百分点，且主要增量来自更小孔隙，初步实现了"纳米水"的驱油功能，为纳米驱油技术应用提供了原料（图2）。

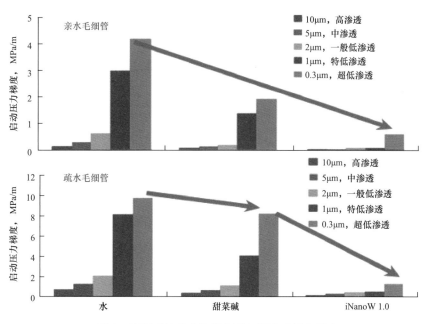

图2　验证"纳米水"降低毛细管启动压力梯度

二、主要创新点

（1）提出中高渗透油藏开发后期剩余油主要赋存于纳/微米孔隙或被纳/微米孔隙阻隔，低渗/超低渗油藏的原油主要赋存于纳/微米孔隙，常规水驱无法波及的新认识；

（2）提出破坏注入水的氢键缔合作用，可使注入水进入常规水驱波及不到的低渗区域，增加波及体积，转变了经典的提高采收率观念；

（3）研发了毛细作用分析系统，发现并验证了纳米驱油剂作用机理，为进一步大幅度提高采收率提供了理论依据；

（4）研制的纳米驱油剂可将注入水变为"纳米水"，大幅度降低注水"门槛"渗透率。

三、应用成效

长庆油田超低渗透油藏10注36采现场先导试验效果显著，遏制了产量快速递减并实现硬增油，预计比常规水驱提高采收率10个百分点，对解决长庆油田原油年产量自然递减约300×10^4t的问题，意义重大。中国石油低渗透探明储量约1/3以上无法注水开发，中高渗透储量仍有40%以上提高采收率的空间，应用潜力巨大。

四、有形化成果

该成果发表论文32篇（Angew. Chem. 上发表影响因子12.1论文1篇，9篇SCI，2篇EI），授权发明专利8件（美国3件），制定企业标准1项，呈报集团公司级决策参考1份。

非 常 规

3500m 以浅页岩气规模有效开发理论与技术

页岩气勘探开发对于确保我国能源安全、调整和优化能源结构、保障国民经济和社会持续高速发展具有重要的现实意义。项目围绕"页岩气富集规律、规模有效开发关键技术、高产井培育方法"三大科学问题开展理论技术攻关，取得了重大突破，经多位院士专家鉴定，项目成果整体达到国际领先水平。形成的创新成果对加强国家级页岩气示范区建设、引领我国页岩气高质量发展具有积极意义，对大力提升油气勘探开发力度和建设四川盆地页岩气产业基地具有重要推动作用。

一、技术内涵及主要创新点

创新建立了本土化的"沉积成岩控储、保存条件控藏、I类储层连续厚度控产"的"三控"页岩气富集高产理论，揭示沉积环境对页岩储层分布、厚度和品质的控制机理，明确深水强还原环境是"低黏高硅富碳"优质储层发育的基础，构建有机孔、无机孔"双孔隙演化"模型，明确了孔隙最发育的阶段，解决了复杂地质工程条件下有利区优选难题。创新形成了3500m 以浅页岩气勘探开发六大主体技术，创建了"高精度、多维度、跨尺度"孔隙结构定量表征技术，形成以"源岩品质、储层品质、工程品质"等为核心的测井评价技术和"高精度各向异性处理"为核心的地震储层预测技术；首次提出了"多区、多尺度、多相"非稳态流动理论，创建了不同地质工程条件下水平井方位、井距等关键参数的量化设计技术；首创了页岩气水平井双二维轨迹设计技术，创建了以"三维地质模型全过程重构"为核心的精准地质导向技术；明确了复杂地应力条件下的水力裂缝交互扩展机理及复杂缝网中支撑剂运移沉降规律，形成了"低黏滑溜水＋大排量＋小簇距＋连续加砂"为主的压裂工艺和"暂堵转向＋缝内砂塞"配套工艺技术。自主研发了4种关键工具和2套液体体系；形成了以"批量钻井与资源共享"为核心的山地工厂化钻井技术（图1）、以"拉链式压裂"为核心的山地工厂化压裂技术（图2）、以"设备橇装化"为核心的山地工厂化测试技术；创建了以"压裂返排液循环利用与达标外排、钻井固体废弃物资源化利用、地下水实时监测预警"为核心的清洁开采技术。创新形成了地质工程一体化高产井培育方法，涵盖"强非均质储层精细三维建模技术、复杂缝网精细刻画技术、非结构网格精细数值模拟技术"，实现高产井批量复制。

图 1 工厂化钻井作业现场

图 2 工厂化压裂作业现场

二、应用成效

截至 2020 年底，成果应用为提交探明储量 $1.06 \times 10^{12} m^3$，建成产能 $100 \times 10^8 m^3/a$，生产页岩气 $202.27 \times 10^8 m^3$ 提供理论技术支撑。

三、有形化成果

该成果共获授权发明专利 7 件、实用新型专利 8 件，登记软件著作权 11 件，认定技术秘密 2 项，制定标准规范 39 项，发表论文专著 52 篇。

大面积高丰度页岩气富集理论与地质评价技术

四川盆地及周缘页岩气资源丰富，开发潜力大，面临有利目标不落实、富有机质页岩储层评价手段单一、工业化建产区不落实等难题。中国石油立足国家重大专项与公司科技项目，依托国家级页岩气研发平台，创建了适合我国复杂构造区特点的海相页岩气地质勘探理论和技术体系，支撑了川南页岩气规模效益开发，已成为中国最大的页岩气规模增储区和中国石油增储上产主战场。

一、技术内涵及主要创新点

（1）创建了基于生物勃发、硫化缺氧底部水体和优质储层控制"三高"丰度分布、超压聚集与差异富集为核心的超压页岩气大面积、高丰度、连续型富集地质理论。深化富硅富钙海洋生物勃发对川南页岩气高有机质丰度分布的控制作用认识，提出富有机质页岩甜点段的形成是多地质事件沉积耦合作用的结果，志留纪早期大规模硫化缺氧和奥陶纪末期局部硫化缺氧水体有利于富有机质页岩大面积沉积发育。

（2）创新了黑色笔石页岩地层测井响应分析与工业分层划带、储层定量表征与评价、"双厚度多参数"选区评价为核心的大面积、高丰度、超压页岩气地质评价技术，结合沉积、层序、测井、生物带，形成了五峰 - 龙马溪组页岩地层综合划分对比方案和与国际接轨的黑色页岩储层工业化分层标准（图1），自主研发新型保压取心含气量测试系统，牵头制定了页岩孔隙度和渗透率测试标准，发展了微米 CT、纳米 CT、（离子束）扫描电镜等高分辨率扫描成像和表征技术，形成了页岩气储层关键参数定量表征与评价技术（图2），建立了复杂构造区页岩气"双厚度、多参数"叠合法选区评价方法。

分层方案						笔石		年龄 Ma	GR 低 → 高	海平面 低 → 高
系	统	阶	组	段	小层	带	名称			
志留系	兰多列维统	特列奇阶	龙马溪组	龙二段		LM9	*Spirograptus guerichi*	438.49		
		埃隆阶		龙一段	龙一₂	LM6-8	*Stimulograptus sedgwickii* *Lituigraptus convolutus* *Demirastrites triangulatus*	440.77		
		鲁丹阶			龙一₁ 4	LM5	*Coronograptus cyphus*	441.57		
					3	LM4	*Cystograptus vesiculosus*	442.47		
					2	LM3	*Parakidogr acuminatus*	443.40		
						LM2	*Akidograptus ascensus*	443.83		
					1	LM1	*Persculptogr persculptus*	444.43		
奥陶系	上奥陶统	赫南特阶	五峰组	五二段		WF4	*Persculptogr extraordinarius*	445.16		
		凯迪阶		五一段		WF3	*Paraorthograptus pacificus*			
						WF2	*Dicellograptus complexus*	447.62		
						WF1	*Dicellograptus complanatus*			

图 1 五峰—龙马溪组工业分层划带新方案

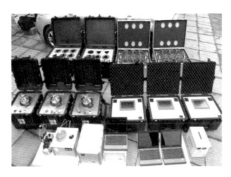

图 2　图 2 页岩储层关键参数评价装置及测试技术

二、应用成效

黑色页岩工业分层划带方案解决了页岩地层划分不一致、与国际地层划分不接轨的难题，在油田现场广泛推广应用 100 余口井，由此提出的水下古隆起，优化调整了 50 余口井部署，有效规避了建产风险。在四川盆地及周缘优选出的 36 个有利目标区，支撑了川南页岩气快速建产规模开发，使中国石油成为国内页岩气勘探开发的引领者、推动者和建设者。

三、有形化成果

该成果授权发明专利 32 件，登记软件著作权 15 件，发表论文 117 篇，出版专著 12 部，制定国家标准、行业标准 8 项。项目成果入选 2020 年中国石油十大科技进展，在第 27 届世界天然气大会（WGC）上荣获勘探开发技术创新奖。

页岩气渗流实验新方法及新型压裂液

页岩气作为一种非常规天然气资源，在我国分布广泛，其"规模、效益、清洁"开发对于降低天然气对外依存度、缓解能源供需矛盾、优化能源消费结构具有重要意义。项目针对页岩气开发中存在的"多尺度储集空间表征、非线性流动能力评价、特殊机理作用下递减规律及单井 EUR 计算方法、滑溜水关键添加剂和返排液处理"等关键技术瓶颈，自主创新，实现了多项核心技术的重大突破，填补了空白，对引领中国页岩气规模效益开发具有重要意义。

一、技术内涵及主要创新点

创建了分级量化表征页岩纳米孔隙分布的新方法，首次将页岩孔径测量下限由 2nm 降低至 0.35nm，揭示了页岩储层微观孔隙结构分布规律。充分考虑页岩气特殊流动机理，研发了页岩储层物性与含气量测试方法和装置，测试流量范围增加 4 倍，精度提高 1 个数量级（0.01%FS ～ 0.1%FS）。首次建立了页岩储层气体扩散能力评价方法，自主研发了测试系统，可快速获取广义扩散系数，测试下限可达 $10^{-10}\mathrm{m}^2/\mathrm{s}$，填补了国内外技术空白（图 1）。自主研制了高温高压核磁共振分析仪，吸附气测试范围提高了 1 个数量级（0.01ms 至 0.1ms），首次提出吸附气动用临界条件（12MPa），实现了页岩气产出量的实时监测，定量表征了吸附气与游离气比例，解决了吸附气产出临界条件及对产量贡献的核心问题（图 2）。创建了考虑解吸—扩散—滑流—应力敏感等特殊流动机理的页岩气水平井产量递减分析与 EUR 计算方法，实现了页岩气井全生命周期产能评价和 EUR 预测。发明了耐高矿化度降阻剂与低摩阻、低伤害、低成本滑溜水，打破了国外垄断，滑溜水耐 $10 \times 10^4\mathrm{mg/L}$ 矿化度和 3000mg/L 硬度，降阻剂降阻率达 75%、可自降解，成本较进口产品降低了 59%。发明了压裂返排液回收处理方法及装置，处理后水质优于 NB/T 14002.3—2015 要求，回用率达 95.8%，外排水质达到 GB 8978—1996 一级指标。

图 1　扩散能力评价实验装置

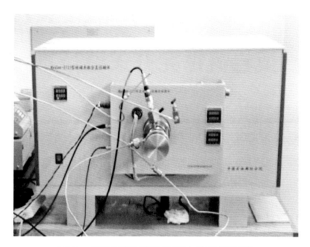

图2　高温高压核磁共振在线监测系统

二、应用成效

利用建立的页岩气水平井产量递减分析与 EUR 计算方法分析了长宁、威远页岩气田 100 余口水平井的生产动态特征，为页岩气井合理生产制度优化和开发方案编制提供理论依据，大幅提高了气井单井产量。可回收滑溜水液技术在川南页岩气开发中进行了大规模应用，累计推广应用 76 井次，使用可回收滑溜水 $204.38 \times 10^4 m^3$，取得良好的体积压裂改造效果。该项目成果为长宁、威远页岩气田万亿立方米探明储量提交和建产 $100 \times 10^8 m^3/a$ 提供了技术支撑（图 3）。

图3　返排液处理装置

三、有形化成果

该成果共获授权发明专利 12 件，其中国际发明专利 1 件，获授权实用新型专利 5 件；登记软件著作权 4 件；发表论文 18 篇，其中 SCI 收录 3 篇、EI 收录 8 篇；制定国家标准、行业标准 7 项。

页岩气钻完井关键技术

随着页岩气勘探开发的不断深入，页岩气钻完井施工向储层埋藏更深、地面与井下地质条件更加复杂的区域迈进，设计水平段长增加至 2000m 以上，压裂改造也向分段更密、压裂强度更高方向发展，对高效、安全、环保提出了更高的要求。通过技术攻关与试验改进，发展形成了新一代页岩气钻完井技术体系与标准，有力支撑了页岩气规模效益开发。

一、技术内涵

建立了基于大数据分析的钻井提速模板创建技术，支撑了钻完井持续提速提效；研制了PIPE ROCK 钻柱扭摆系统（图 1）、专层 PDC 钻头，完善了"地质工程一体化导向技术""旋转导向提速工艺技术"，创新了页岩气水平井高端导向钻井技术；升级形成了强封堵白油基钻井液体系（图 2），垮塌复杂显著降低；创新开发了顶替效率量化评价软件，研发了高效冲洗抗污染隔离液、"Ω"精准碰压胶塞，实现了长水平段固井质量持续提升；形成了以密切割高强度压裂技术、"石英砂替代陶粒"新型混合压裂改造技术为主的高效压裂技术，降本增效明显；升级了以"山地子母平台设计、钻机重载整体平移、连续自动输砂一体化装备、快速完井投产技术"为核心的山地工厂化作业模式，施工效率大幅提升。

图 1　钻柱扭摆系统

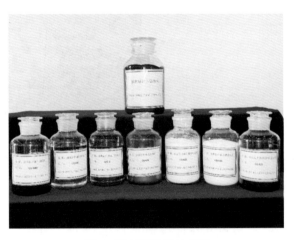

图 2　强封堵油基钻井液

二、主要创新点

（1）提出了乳化剂分子量级配—配位乳化—固液协同增强乳化稳定和刚—柔—液三元复合增强对微孔隙地层封堵的原理，研发了梳型分子结构主乳化剂，形成了强封堵白油基钻井液体系，对微裂缝和纳微米孔隙地层实现近"零滤失"封堵。

（2）研制了排砂管线角度万向调节机构与移动式无基坑岩屑分离装置，建立了工厂化表层批量化气体钻井装备拆安技术，创建了适用于工厂化作业的气体钻井地面流程，地面设备转井拆安时间降低90%以上。

（3）发明了连续往复扭转钻柱运动的安全控制方法，研制了通用性 PIPE ROCK 钻柱扭摆系统，创造了页岩气井水平段长3124m的纪录。

（4）研制了固井环空顶替效率仿真模拟试验装置，开发了考虑多因素耦合顶替效率模拟与优化软件，首次实现顶替效率量化分析，顶替效率计算精度大于95%。

（5）研制了页岩气五级分离投产装备和工艺，2000m³/d 产气量即可回收进管网，页岩气井快速投产技术填补了行业空白（图3）。

图3　页岩气快速投产技术

三、应用成效

技术成果在川渝页岩气规模应用467口井，其中2018—2019年应用282口井，在勺形井、上倾井等复杂工艺井逐年增多，水平段长持续增加的情况下，钻井周期缩短12.9%，平均建井周期缩短17.8%，单井产量提高37%，支撑了页岩气规模效益开发，保障了国内首个万亿立方米页岩气储量区与 $100 \times 10^8 m^3/a$ 产能快速建成。2018—2019年成果技术服务收入20.77亿元，实现利润1.13亿元，节约费用10.84亿元，社会经济效益显著。

四、有形化成果

该成果取得授权发明专利10件、实用新型专利24件，登记软件著作权3件，认定技术秘密2件，发布标准12项，出版专著2部，发表论文43篇。

陆相页岩油成藏理论与勘探关键技术

针对准噶尔盆地二叠系芦草沟组页岩油成藏机理与富集规律不清、常规实验手段和常规油气测井评价技术不能满足需要、甜点预测技术尚未配套、钻井压裂试油成本较高等勘探难题，2011 年起，由新疆油田公司牵头，集中国石油优势科技资源，组成页岩油攻关团队，依托国家油气专项、973 计划和中国石油重大科技专项等项目进行攻关，解决页岩油勘探开发面临的理论桎梏和技术瓶颈，推动页岩油规模有效动用。

一、主要创新点

（1）突破国外海相页岩油形成模式，初步创立了中国陆相页岩油富集理论。揭示了陆相湖盆淡水与咸水环境富有机质页岩形成主控因素（图 1），建立了陆相湖盆细粒砂岩、碳酸盐岩和富有机质页岩三种成因与分布模式，提出优质源岩、规模储集体与源储一体最优配置是甜点区形成关键因素的新认识。

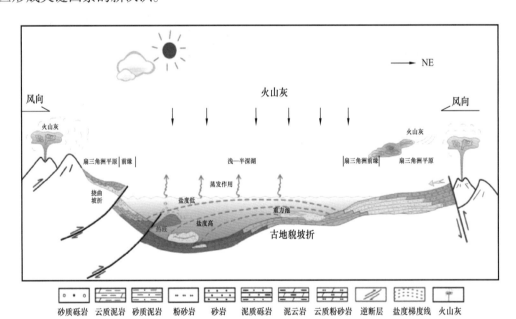

图 1　前陆背景咸化湖盆三源混积模式

（2）初步形成了陆相页岩油甜点综合评价技术。创新了以"七性关系"为核心的页岩油测井评价方法，建立了细粒区六级层序多参数划分对比，进行页岩层系细粒岩类识别和富有机质层段预测，为页岩油试油选层、储层改造提供了重要技术支撑；突破常规储层预测技术内涵，利用岩性、TOC、S1、R_o 等地质参数和岩石脆性、水平应力、裂缝发育等工程参数（图2），形成以工程地质参数及烃源岩质量预测为特色的甜点预测配套技术，为勘探部署与水平井优化设计提供理论技术支持；

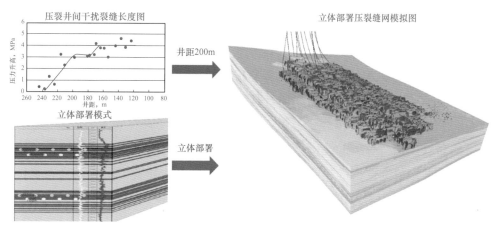

图 2　页岩油规模效益开发模式图

（3）集成创新形成页岩油水平井优快钻井、细分切割体积压裂及工厂化作业模式（图3），试验形成页岩油 200m 井距开发部署、全生命周期产量预测、生产制度优化等关键技术，实现了页岩油有效动用与资源接替。

二、应用成效

陆相咸化湖盆云质岩页岩油富集理论及技术的指导下，甜点预测符合率由 70% 提高至 100%，探井试油成功率由 35% 提高至 100%，发现了 10 亿吨级页岩油大油田。页岩油水平井高效钻井技术和水平井细分切割多簇体积压裂技术实现了页岩油水平井的高产、稳产，已成为页岩油有效动用的主体技术。累计落实三级储量 $2.28 \times 10^8 t$，落实页岩油井控储量 $11.12 \times 10^8 t$。

三、有形化成果

该成果获授权发明专利 15 件、实用新型专利 9 件，认定技术秘密 14 件，登记软件著作权 2 件，制定行业标准 1 项，出版专著 3 部，发表 EI 和 SCI 论文 12 篇；获中国石油天然气股份有限公司油气勘探重大发现一等奖 1 项；"准噶尔盆地湖相云质岩致密油测井评价方法与应用"获中国石油天然气集团公司科学技术进步二等奖。

上述理论技术成果有效指导和推动了渤海湾盆地沧东凹陷孔二段、鄂尔多斯盆地长 7 段、三塘湖盆地二叠系等陆相页岩油的勘探突破与规模建产，助推引领页岩油成为中国石油重要的战略接替领域。

陆相页岩油关键地质参数测井评价技术

在当前我国石油对外依存度居高不下的背景下，有效地开发页岩油资源，对于改变我国能源供给格局战略意义重大。我国页岩油多分布于陆相地层，与北美海相页岩油相比岩性复杂多变、多源混积矿物类型多样、非均质性强，存在以下技术挑战：一是地化参数测井定量评价参数单一，核心参数生、排烃量高分辨率连续表征方法存在技术空白；二是"游离油"含量是页岩油甜点识别与分类的关键参数，但游离油含量的定量连续表征国内外还存在技术空白，成为"甜点"精细评价的拦路虎；三是在北美页岩油开发中形成的岩石脆性表征方法存在，在陆相各向异性地层应用适应性差，技术瓶颈亟需突破。

一、技术内涵及主要创新点

（1）创建了陆相页岩油核磁共振测井评价理论方法，发明了吸附油、游离油及相对润湿性等关键地质参数的定量表征技术，填补了吸附油、游离油测井定量连续表征的技术空白，为页岩油甜点识别、分类及资源评价提供了全新的技术手段（图1）。

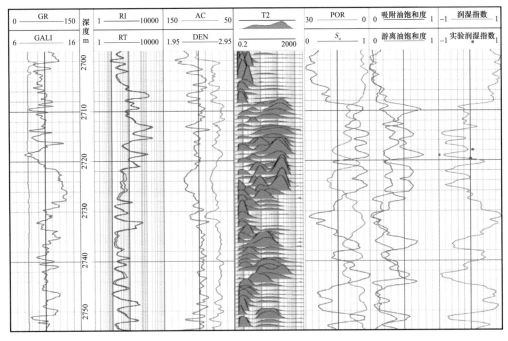

图1 吉31井上甜点段原油赋存状态及润湿性综合评价成果图

（2）发明了氯仿沥青"A"及生、排烃量测井计算方法，实现了生、排烃及滞留油含量的连续定量表征，填补了测井烃源岩参数评价的技术空白，解决了烃源岩评价的重大技术需求，为烃源岩评价、源储匹配关系及成藏规律研究提供了新的可靠的技术手段。

（3）发明了在应力环境下岩石结构校正的测井脆性评价方法（图2），填补了行业的技术空白，脆性指数表征的适应性、可靠性及精度大幅度提高。

（4）发现了动态与静态泊松比在不同应力环境下的变化特征，发明了静态泊松比、刚性系数的计算方法，实现了各向异性地层应力剖面的测井连续计算，为水平井轨迹设计、压裂分段、分簇及工艺设计提供了关键的工程地质参数。

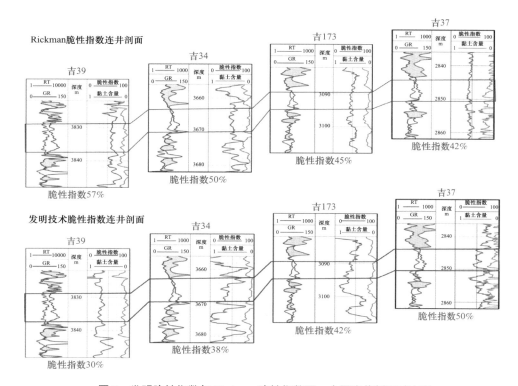

图2 发明脆性指数与Rickman脆性指数同一小层连井剖面对比图

二、应用成效

发明的成套技术在吉木萨尔凹陷页岩油勘探开发中成功推广应用，试油成功率由35%提高至100%，甜点预测符合率由70%提高至100%，有效支撑了10×10^8t级页岩油大油区预探、评价、产能一体化建设的快速推进，为国内计划建设首个百万吨级页岩油示范区提供重要技术保障。

三、有形化成果

该成果填补了7项关键地质参数表征的行业技术空白，获授权发明专利11件（含1件美国专利），发表论文17篇，其中SCI检索9篇。

源内非常规油气勘探开发技术

2011 年以来，长庆油田依托国家和中国石油重大专项，立足自主创新，形成了陆相淡水湖盆大型源内非常规石油成藏理论和勘探开发核心技术，在鄂尔多斯盆地延长组源内非常规石油勘探开发取得重大突破，发现了 10 亿吨级庆城大油田，建成了我国首个百万吨级源内非常规石油开发示范区，实现了规模效益开发。使我国成为继北美之后第一个源内非常规石油规模化开发的国家。

一、技术内涵

首次揭示了大型内陆坳陷淡水湖盆泥页岩富有机质形成机理、提出了"三古控砂"的沉积新认识、创建了源储一体成藏新模式（图 1）；实现了长 7 从"源岩"到"源储一体"认识的重大转变，拓展勘探领域 $2.5 \times 10^4 \mathrm{km}^2$，推动长 7 油藏勘探取得重大突破。

超富有机质供烃　　微纳米孔喉共储　　高强度持续富集

图 1　鄂尔多斯盆地长 7 源储一体成藏新模式

二、主要创新点

（1）创新形成了陆相淡水湖盆大型源内非常规石油成藏理论。

（2）创新形成了源内非常规地球物理预测评价关键技术。

（3）自主研发了大井丛长水平井优快钻井及体积压裂增产技术。

三、应用成效

通过非常规地质理论创新和关键技术突破，推进勘探开发一体化，实现了源内非常规油藏的重大突破。发现了 10 亿吨级庆城大油田，新增探明地质储量 $5.02 \times 10^8 t$，预测地质储量 $5.60 \times 10^8 t$；实现了规模效益开发，快速建成年产百万吨级国家开发示范基地，已建产能 $260 \times 10^4 t/a$，2020 年产油量 $93.1 \times 10^4 t$，累计产油量达到 $295 \times 10^4 t$；新增储量价值 1861 亿元，新增净现值 464 亿元，取得了显著的经济效益和社会效益。创新成果对我国烃源岩层内石油资源的勘探开发具有重要的战略意义和引领示范作用，对于保障国家能源安全、促进老区经济发展具有重要意义。

四、有形化成果

该成果获得国家授权专利 16 件，登记软件著作权 6 件；出版专著 2 部；发表核心期刊论文 70 篇、其中 SCI 收录 5 篇、EI 收录 13 篇；制定企业（集团）标准 5 项。获中国石油天然气集团有限公司石油勘探重大发现特等奖 1 项，长庆油田公司科技进步奖特等奖 2 项、一等奖 4 项。相关理论、技术及勘探开发重大突破被评定为中国石油 2015 年度十大科技进展。自主研发的 DMS 可溶球座技术（图 2），被评定为 2018 年度中国石油工程技术新利器，获得第 23 届全国发明展览会金奖。

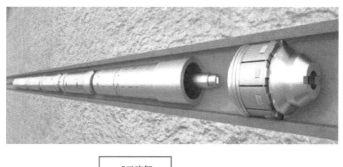

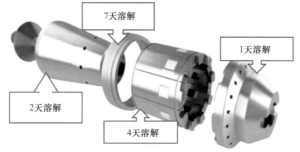

图 2　DMS 可溶球座压裂工艺及溶解模型

致密油勘探开发技术及地质评价方法

GB/T 34906—2017《致密油地质评价方法》统一规范了致密油定义，明确了地质评价内容、评价方法、评价参数和技术规范/流程。该标准填补了全球致密油地质评价标准的空白，直接解决了我国陆相致密油资源评价与"甜点区"和"甜点段"优选的技术难题，将科研成果直接转化为生产力，为我国致密油勘探开发、政策制定及科学研究等提供了依据。

一、技术内涵

围绕致密油地质评价，形成了细粒沉积与纳米油气连续聚集地质新认识，揭示了致密油非线性渗流及L形生产规律，形成了细粒沉积与致密油储层—渗流机理评价技术、致密油资源潜力评价技术、致密油"甜点区"与"甜点段"评价预测技术、致密油水平井钻完井及体积改造技术、致密油L形生产规律及开发优化技术等致密油藏勘探开发关键技术系列。

二、主要创新点

（1）建立了全球首个致密油地质评价方法标准，实现了对我国致密油定义的统一和规范，推动我国成为全球第一个建立非常规油气地质评价方法国家标准完整体系的国家，大大促进了非常规领域的理论发展、技术突破与规模生产。

（2）系统建立了致密油地质评价方法，创造性地提出并规范了致密油"甜点区"与"甜点段"确定条件、关键评价参数和方法，自主研发形成资源评价软件系统，解决了致密油有利区带优选与资源潜力分级评价的难题，促进了致密油产业快速发展，为全球致密油地质评价提供了"中国范本"。

（3）首次构建并创新发展了细粒沉积学（图1）、非常规储层地质学与非常规油气地质学理论体系，研发形成了非常规储层"数字岩石"评价技术、跨尺度非均质性评价技术体系，建立了致密油运聚模型，为推动我国非常规领域学科发展做出了重大贡献。

三、应用成效

2017年《致密油地质评价方法》（GB/T 34906—2017）发布实施后，为我国致密油地质评价、资源量评估及勘探开发战略选区提供了重要依据，应用标准研制过程中创新形成的致密油资源评价与"甜点区"和"甜点段"评价的核心技术，选准了典型盆地的致密油"甜点段"，优选了一批"甜点区"（图2），有效指导了勘探部署，推动了鄂尔多斯盆地长7段、松辽盆地扶杨油层、新疆三塘湖盆地条湖组、青海柴达木盆地古近系—新近系、四川盆地侏罗系等致密油工业化重大突破，发现了鄂尔多斯盆地、准噶尔盆地、松辽盆地等3个 $5 \times 10^8 \sim 10 \times 10^8$ t级致密油规模储量区；该标准为实现我国致密油理论创新发挥了重要作用，规范并提升了我国致密油地质评价水平，指导和促进了致密油勘探开发，推动了致密油工程技术进步。

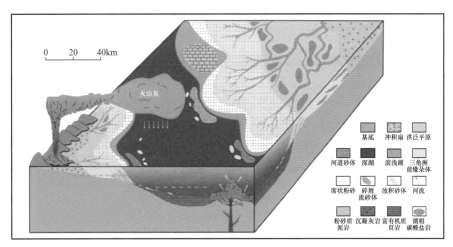

图1　鄂尔多斯盆地长7细粒沉积模式

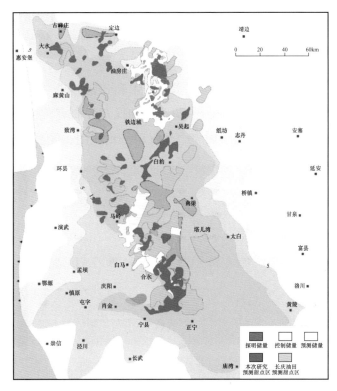

图2　鄂尔多斯盆地长7致密油甜点区分布

四、有形化成果

该成果获授权国际发明专利1件，获授权国家发明专利30件；获软件著作权登记2套；出版图书3部，国内外发表高水平学术论文86篇、科普文章2篇。

致密油气渗流基础理论

在"十二五"国家油气重大专项项目13、中国石油重大攻关课题及油田合作项目支持下，紧密围绕制约致密油气开发的瓶颈问题，利用核磁共振、高压大型物理模拟实验系统和油气藏工程等方法，开展致密油气的储层关键物性参数测试、致密油开采方式、致密气藏产水机理等方面的攻关，取得一批原创性成果，引领了该领域的研究和发展。

一、技术内涵

在致密油方面，发展了特低—致密油藏储层分级评价方法，创建了水力压裂缝与天然裂缝的耦合作用以及动态裂缝表征模型，形成了致密油藏分段压裂水平井注 CO_2 吞吐的物理模拟实验技术，探索了致密油藏补充能量新方法。在致密气方面，创建了致密气储层可动水饱和度常规测井解释方法和考虑可动水饱和度参数的气水层识别方法，形成了致密气藏储层综合评价技术。形成的特低—致密油藏储层分级评价、致密油藏考虑应力场与渗流场耦合的油藏数值模拟技术、不同注入介质吞吐的物理模拟实验技术和致密砂岩气藏可动水测试及气水层识别技术等方面达到国际领先水平，已成为中国石油勘探开发研究院的特色技术。对致密油气藏合理有效开发具有重要意义，已在国内多个油气田得到应用，经济和社会效益明显（图1）。

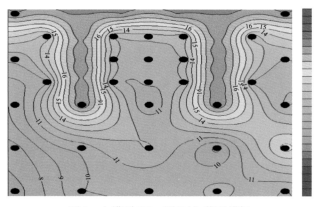

图1　大模型 CO_2 "吞吐"物理模拟

二、主要创新点

（1）精细地刻画了特低—致密油藏储层微观孔隙结构特征和流体赋存状况，编制了中国石油典型油区主流喉道半径、可动流体百分数等储层评价参数的对比图版，提出了现场可操作的储层综合评价参数体系和综合评价系数，发展了特低—致密油藏储层分级评价方法。

（2）构建了致密油气不同尺度天然、人工裂缝、微纳米孔隙介质的多尺度、多重介质渗流理论模型，建立了水力压裂缝与天然裂缝的耦合作用以及裂缝动态变化的表征模型，发展了水平井体积压裂压注采一体化的应力场与渗流场耦合模型，为致密油气藏井网部署、井距优化、技术政策制订提供了科学依据。

（3）建立了致密油藏分段压裂水平井注 CO_2 吞吐的物理模拟实验方法，揭示了分段压裂水平井 CO_2 吞吐和驱替的开采机理、微观驱油规律，形成了分段压裂水平井注 CO_2 吞吐参数优化的数值模拟方法，探索了致密油藏注水和注气动用的渗透率界限（图2）。

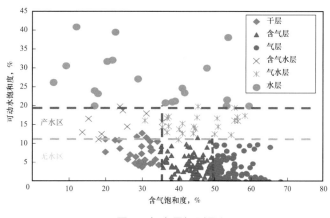

图2　气水层识别图版

（4）提出了致密砂岩气藏可动水概念，建立了可动水饱和度测试方法。创建了致密气储层可动水饱和度常规测井解释方法和考虑可动水饱和度参数的气水层识别方法，形成了致密气藏储层综合评价技术。

三、应用成效

特低—致密油藏储层分级评价方法已在长庆油田、大庆油田和吉林油田 15 个区块成功应用。致密油藏数值模拟技术及软件成功应用于长庆油田、新疆油田和吉林油田等致密油区开发方案。致密油藏分段压裂水平井注 CO_2 吞吐的物理模拟研究成果已应用于长庆油田、大庆油田和吉林油田的致密油开发试验区。致密气藏储层综合评价技术在苏里格和须家河致密气藏应用效果显著，新投产井产水井比例下降近 80%，为苏里格和须家河致密含水气藏 $2 \times 10^{12} m^3$ 储量有效开发提供技术支持。

四、有形化成果

该成果授权发明专利 4 件，登记软件著作权 6 件，出版专著 2 部，发表相关论文 150 余篇，其中 15 篇被 SCI 收录、28 篇被 EI 收录，共被 SCI 他引 41 次。在代表国际石油最高水平的世界石油大会和国际石油技术大会宣读论文 6 篇。获局级一等奖 3 项。

非常规油气测井评价配套技术

　　非常规油气主要包括致密油气、页岩油页岩气和煤层气等，其地质特征与常规油气差异较大，测井评价难以沿用常规油气评价思路与技术，严重制约了新领域的油气勘探开发。"十三五"期间，中国石油勘探开发研究院联合长庆油田、新疆油田和西南油气田等和中国石油集团测井有限公司，先后依托国家重大科技专项、中国石油重大科技专项等进行联合攻关，形成了以烃源岩品质、储层品质和工程品质为核心的三品质测井评价技术体系，取得了一系列原创性技术突破，并开发了配套的测井处理评价软件。

一、技术内涵

　　（1）非常规储层岩石物理参数测试与分析新技术；（2）七性参数的岩石物理特征表征技术（图1）；（3）生排烃效率与烃源岩品质评价技术；（4）宏观微观特征相结合的储层品质评价技术和基于常规与成像资料的煤体结构测井精细表征技术；（5）源储品质相融合的油气层识别技术；（6）动静态脆性指数测井计算技术；（7）各向异性地层地应力测井计算技术；（8）非常规储层产能级别划分与预测技术；（9）源储一体化的油气甜点优选技术；（10）水平井各向异性参数反演与压裂层段优选评价技术。

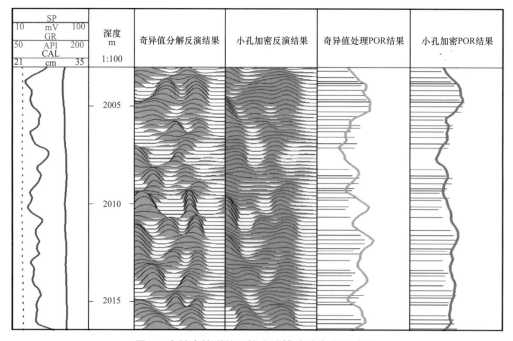

图1　高精度核磁处理技术计算孔隙度参数结果

二、主要创新点

（1）首次提出非常规油气储层的"七性参数"概念，形成了"七性参数"计算方法。特别是建立了静态脆性指数测井表征新方法，解决了静态脆性指数准确计算的世界性难题；提出了页岩气双分子层吸附理论及高压吸附气含量计算模型，有效提升了深层页岩气含气量计算的准确性。

（2）首次建立生排烃效率测井计算新模型，形成全深度剖面烃源岩品质评价新技术。

（3）形成了宏观与微观相结合的储层品质评价新技术，有效解决了致密储层精细评价及产能级别预测的技术难题。

（4）形成了以可压性指数为核心的工程品质评价新技术，形成了地质工程一体化油气"甜点"测井评价方法（图2）。

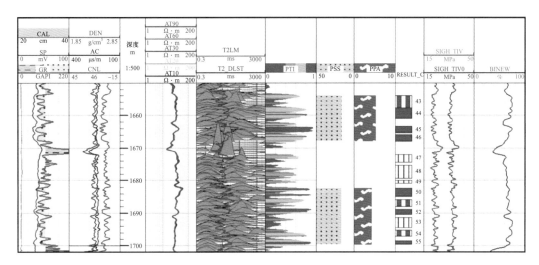

图 2   三品质测井评价技术优选甜点段

（5）建立了"富集＋高渗透＋高效"的煤层气有利区预测技术。

三、应用成效

该成果已在鄂尔多斯盆地、松辽盆地和准噶尔盆地等致密油及蜀南页岩气和沁水盆地煤层气的1000余口探井与开发井中应用，致密油解释符合率提高26%，页岩气解释符合率达到94%，煤层气含气量解释精度提高17%，为中国石油非常规油气储量发现及产能建设发挥了不可替代的作用。

四、有形化成果

该成果申报35件国家发明专利，共获得12件授权发明专利、1项中国石油自主创新产品，制定3项行业标准，发表SCI/EI检索论文12篇，出版专著3部，获2016年中国石油十大科技进展，有力地推动了我国非常规油气测井评价技术的发展。

提质增效

物 探

百万道级地震数据采集系统

针对物探技术向着超大道数采集方向发展的态势及"十二五"期间地震仪器技术等还不能完全充分满足高端物探市场需求现状，依托国家油气重大专项，研发以新型地震仪器为支撑的百万道级地震数据采集系统。该系统由新型地震仪器系统、积木式联机技术、智能化排列状态管理技术、独立激发控制技术等系列组成，进而为全面实现百万级地震数据高效采集提供基础支撑。

一、技术内涵

百万道级地震数据采集系统的核心是高精度的时间同步技术和高速度的数据传输技术。通过卫星授时和信息传输时延动态测量等专有技术使百万道级的物理点同步误差控制在 $10\mu s$ 以内。通过开发积木式联机技术和有线+节点联合采集技术，实现多个主机之间及节点与有线之间控制命令共享、执行动作同步、采集数据一体化等，使地震仪器的实时连续采集能力从以往的 24 万道水平提高到 96 万道。通过研发排列状态智能化管理技术，独创了排列状态信息数字化广播技术，使排列信息的传播速度提高 100 倍以上。通过研发自主同步控制技术，在没有卫星信息支持下确保 24h 内的同步误差小于 $20\mu s$。

二、主要创新点

（1）首次提出并研发形成了有线地震仪器多主机联机、节点+有线联合、无线节点等多模式融合的百万道级地震数据采集技术，解决了采集道数受限于 10 万道级这一瓶颈问题，使得地震勘探迈向高精度、高复杂、高密度变成现实（图 1）。

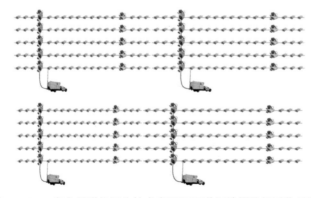

图 1　G3iHD 多主机联机同步技术实现百万道级地震数据采集示意图

（2）创新了超大规模地震仪器作业技术，研制了地震仪器排列自动管理系统，实现了排列管理由人工到智能化的转变，排列故障排除时间由小时级降低到分钟级，显著提高了生产效率，有力支撑了高效采集作业（图2）。

图2　北斗独立激发控制系统施工示意图

（3）首创了复杂区地震仪器高效作业技术，研制了北斗独立激发控制系统和井口坐标自主采集器等设备，突破了山地、密林等作业效率受限于通信技术的瓶颈，为复杂地表条件下高效激发提供了全新的解决方案（图3）。

图3　北斗独立激发控制系统在玉门油田窟窿山项目的应用

三、应用成效

在国内外70多个勘探项目中规模化应用，超大规模地震仪器作业技术保证了23.4万道科威特全数字三维地震勘探项目的顺利实施，复杂区地震仪器高效作业技术在玉门油田窟窿山地区、青海油田红山地区、塔里木油田秋里塔格地区地震勘探缩短了地震仪器排列准备时间，实现了"无障碍"控制独立激发，大幅推进了复杂区勘探进程，为国内油气发现发挥了重要作用。

四、有形化成果

该成果获发明专利6件、实用新型专利4件，软件著作权登记3件，制定企业标准2项，发表论文10篇。

陆上节点地震仪（eSeis）

针对传统有线地震仪在地震勘探中存在的施工效率低、作业成本高、安全风险大等问题，及为满足高精度勘探对超大道数、高密度的需求，自 2016 年开始，依托国家油气重大专项和集团公司重大科技项目，研发了具有自主知识产权的陆上节点地震仪 eSeis（图 1、图 2）及其高效高精度采集配套技术，并实现了高精度、高效率数据采集和低成本制造，可任意扩展采集道数，大幅提升作业效率和数据质量，降低作业成本和安全风险，广泛应用于国内各盆地，取得了显著成效，整体达到了国际领先水平。

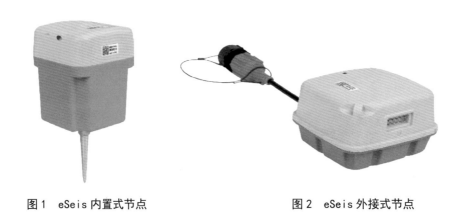

图 1　eSeis 内置式节点　　　　　　　图 2　eSeis 外接式节点

一、技术内涵

eSeis 地震仪集成现代化工业化设计，仪器体积小、功耗低、智能化程度高，首创高精度时钟同步技术，将仪器时钟同步精度提高至 10μs 以内，并融合 32 位模数转换技术，数据保真度从 24 位提高至 32 位，引领地震勘探设备向高精度和高保真度方向发展；研发节点立体化质控技术，实现了节点单元从人工、车载和无人机等方面全过程、全方位、多视角的质量控制，并创新采用无桩号节点放样技术，可实现检波点放样与节点单元质控一次完成，采集效率提高30% 以上，作业成本降低 20% 以上；建设了自动化工业制造生产线，制造成本达到同行业节点单元最低水平。

二、主要创新点

（1）首创了高精度时钟同步技术，实现了超大规模节点单元之间的同步采集；创新设计了节点高精度采集电路，节点地震数据保真度大幅提高。

（2）首次实现了节点立体化质控技术，突破了现有节点盲采的短板，实现了节点单元从人工、车载、无人机等方面的全方位、多视角的质量控制。

（3）创新了无桩号节点放样技术，实现了检波点放样与节点单元质控一次完成，简化了作业流程；研制了自动化节点布设装置，实现节点作业高效采集，提高了采集效率。

（4）研发了海量节点数据处理技术和软件，通过构建室内海量节点传输网络构架，不用借助第三方就可实现了节点数据快速下载、切分、融合和相关一体化处理。

（5）优化了节点模块高度集成设计，建立了智能化自动化生产线，采用国产高精度检波器，研制出比对国际同类产品功耗低、尺寸小、重量轻的节点单元。

三、应用成效

eSeis 节点地震仪实现了设计研发制造应用一体化，在解决勘探禁区难题上发挥了关键作用，已工业化制造 21 万道，先后在塔里木油田、长庆油田和华北油田等探区 22 个项目应用（图 3），性能稳定，数据回收率高达 99%，减少放线作业人员 50% 以上，有效提高了地震作业效率，保证了作业质量，降低了作业风险和项目运作成本。eSeis 节点地震仪改变了地震队传统施工模式，引领地震勘探从人工有线勘探向智能无线节点方向发展（图 4），对保障国家油气资源供应和提升中国石油的核心竞争力方面具有长远的战略意义。

图 3 eSeis 节点地震仪与传统有线仪器传输电缆同时进行登山作业 　图 4 地震勘探采集项目施工前 eSeis 节点地震仪进行极性测试

四、有形化成果

该成果获授权发明专利 2 件、实用新型专利 1 件、受理发明专利 3 件，商标 1 个，登记软件著作权 3 件，认定技术秘密 1 项，制定企业标准 2 项，发表论文 5 篇，2020 年被评为中国石油十大科技进展。

高精度宽频可控震源（EV56）

针对深部火成岩和浅表层火成岩等复杂勘探区域成像难问题，迫切需要一种经济有效的勘探利器。依托国家"863"课题和集团公司重大科技项目，致力于研发宽频高精度可控震源技术，突破了低频地震激发技术瓶颈，形成了一套全新的宽频高精度可控震源设计、制造及应用技术，提升了可控震源技术在油气勘探开发中的技术服务能力，实现了激发频带从常规的6～100Hz拓展到1.5～160Hz，满足了高精度、低成本的勘探需求，为提高储层分辨率、全波场地震反演、深部成像等提供了可靠的信号源，成为国际上首例实现从常规迈向宽频并规模化应用的高精度地震信号激发源（图1）。

图1 EV56高精度宽频可控震源

一、技术内涵

通过新结构的液压伺服系统和振动器，使可控震源与控制模型的吻合精度更高，输出信号的畸变得到极大地改善，低频信号更加稳定，高频信号也得到拓宽，同时结合自主研发的液压系统合流技术与脉动压制技术，极大地优化了液压系统结构，满足了系统流量需求，实现了真正意义上的线性宽频地震信号激发。主要技术指标：（1）激发频率范围1.5～160Hz；（2）最大静载荷压重313kN(70500lb)；（3）名义振动出力249kN（56000lb）；（4）重锤质量5896kg（13000lb）；（5）振动系统最高工作压力22MPa；（6）最大流量极限频率3Hz；（7）最高使用频率160Hz；（8）平板质量1919kg（4230lb）。

二、主要创新点

（1）首创了近源地震波激发波场均匀控制技术，实现了均匀地震信号场的激发，有效降低了激发的地震波信号近场各向异性影响。

（2）创新了液压合流控制系统与脉动压制技术，实现低频 1.5Hz 线性扫描信号激发，探测深度可达至莫霍面。

（3）首创了振动器扰动抑制技术，实现了稳定的宽频信号传递，提升了地震信号低频与高频段的信噪比。

（4）创新性的特殊结构振动平板结构技术，有效改善了平板低频输出信号的扰动，提高了深层地震数据成像精度。

（5）创新的隔振结构，有效提升了高精度可控震源车身结构抗低频影响及整体的稳定性，有效延长了车辆工作时长。

三、应用成效

EV56 高精度可宽频控震源现已制造 130 台，先后在尼日利亚和加纳以及中国新疆油田、青海油田、长庆油田、辽河油田等探区 40 个项目中应用（图 2），采集 200 余万炮在火成岩地区应用地震资料品质显著提高（图 3）。

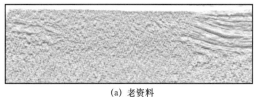

(a) 老资料

(b) 新资料

图 2　EV56 高精度宽频可控震源作业现场　　图 3　内蒙古火成岩地区应用效果明显

四、有形化成果

该成果于 2016 年被评为中国石油十大科技成果，2018 年入选中国石油天然气集团公司工程技术新产品。2016 年被中国地球物理学会评为科技进步奖一等奖。

井中地球物理光纤采集系统（uDAS）

　　针对高复杂、高精度油气勘探开发问题，以能够直接获取目的层信息的井中地球物理技术为优选解决方案，依托国家自然科学基金和集团公司重大现场试验项目，研发了井中地球物理光纤采集系统，取得了重大成功，克服了井下电子检波器对井况、井下温度、压力等严格要求的技术难题，获取了高精度、高一致性、全井段、高密度的地层属性信息，提高了目标地层的分辨能力，为复杂构造地区油气增储上产提供了新的技术支撑，增强了国际市场竞争力。该成果填补了国内空白，打破了国外垄断，达到国际领先水平。

一、技术内涵

　　光纤传感技术凭借全井段、高密度、高效率、低成本、耐高温高压等优势，形成对常规下井检波器的替代，最小空间采样密度达 0.1m，井中光纤耐高温 250℃，耐高压 180MPa，有效采集长度达 40km。uDAS 分布式光纤传感地震仪器及配套工艺、数据处理及解释技术取得突破，代表井中地震、钻井、测井、压裂评价及油藏动态监测等技术升级换代的趋势和方向，成为贯穿油气井全生命周期的前沿技术。

二、主要创新点

　　（1）突破高性能 Φ–OTDR 技术、低噪声光放大技术、频光脉冲抗衰技术、干涉仪主动稳定技术等 4 项关键技术，研发了拥有自主知识产权的超高灵敏度 uDAS® 分布式光纤传感地震仪（图 1）。

图 1　uDAS 分布式光纤传感地震仪主机效果图

（2）创新了复杂井况条件的特种光纤技术及成缆工艺，推出了高灵敏度特种传感光纤、新一代套管外光缆和耐高压超细不锈钢护管成缆技术。

（3）创新了套管内、套管外和油管外等不同布设方式的光缆布设流程及装置。设计形成20余类光缆下井组件，突破了井口高压穿越、大地应力复杂井况过接箍保护、高温高压光缆尾端保护等技术难题，实现了光纤与套管及地层的良好耦合，采集得到DAS—VSP资料与检波器资料特征一致，且分辨率与子波一致性等优势明显（图2）。

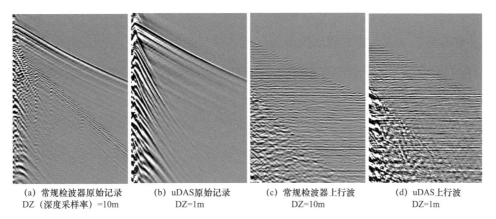

(a) 常规检波器原始记录　　(b) uDAS原始记录　　(c) 常规检波器上行波　　(d) uDAS上行波
　　DZ（深度采样率）=10m　　　DZ=1m　　　　　　DZ=10m　　　　　　DZ=1m

图2　某油田DAS-VSP与常规检波器采集零偏VSP原始记录及上行波剖面对比

（4）研制了uDAS现场采集处理质控软件、井中地震处理解释软件，基本形成uDAS配套软件序列。包括特殊噪声去除、信噪比提升、速度建模、双复杂精细成像等DAS特有处理技术，进一步突出了uDAS-VSP成像相比常规检波器VSP和地面地震在时间和空间分辨率上的优势，有效发挥了井中地球物理光纤资料在多领域的全井段、高密度优势。

三、应用成效

该成果在国内13家油气田广泛应用，实现了7500m超深井和250℃高温井下作业，地球物理点密度提高10倍，施工效率提升40%，单井施工成本较常规井中地震检波器减少30%，在井中地震、井地联合勘探等方面取得良好效果，开启了高精度井地联合立体勘探新时代。

四、有形化成果

该成果获授权及受理发明专利17件、登记软件著作权3件，制定标准2项，发表论文19篇，2019年被评为中国石油十大科技进展。

深水可控源电磁勘探系统

针对我国海洋电磁勘探技术及装备的工业化短板，依托国家"863"科技专项和集团公司重大现场试验项目，研发了深水可控源电磁勘探系统装备、数据处理解释技术和配套软件系统，形成了具有自主知识产权的深海可控源电磁勘探与装备制造技术，打破国外对我国海洋可控源电磁勘探软硬件的限制，填补了我国海洋可控源大功率电磁勘探技术空白，我国海洋资源勘探开发能力得到大幅提升，该成果整体达到国际先进水平。

一、技术内涵

研发的深水可控源电磁勘探系统包括发射系统、接收系统和工业化作业技术。研制的海底大功率电磁发射系统可实现在海底发射超过 1000A 的多频方波电磁信号，研制的海底电磁采集站可有效获得海底下 3000m 地层的电磁响应，工业化作业配套技术可以开展海深 4000m 以内的电磁勘探作业，包括海洋电磁勘探观测系统设计优化技术、发射源深海施工定位及测控技术、采集站定位回收技术、资料采集 QC 和现场监控技术、海洋电磁资料处理和解释技术等工业化作业技术（图 1）。

(a) 大功率海底电流发射系统

(b) 南海海洋可控源电磁项目组

(c) 工业化海底电磁采集站

(d) 南海海洋电磁项目采集站回收

图 1　海洋可控源电磁核心装备

二、主要创新点

（1）首次提出并研发形成海底多频大功率电磁信号发射系统制造技术。通过电磁信号大功率逆变，首次在国内实现深海海底 1140A 大功率电磁信号激发，并成功获得南海海底 2800m 气藏区的电磁响应信号。

（2）创新形成海底大功率可控源电磁勘探工业化作业技术。针对目标的观测系统设计技术，实现了复杂模型的二维、三维正演模拟；海底电流偶极源深海施工定位及测控技术，实现了海底发射系统的实时动态定位及工作性能监控；海洋电磁资料采集质量 QC 和现场监控技术，实现了现场采集资料的全面实时监控；制定了我国首个海洋可控源电磁勘探技术行业标准。

（3）创新研发"电磁场归一化异常断面""海洋电磁资料极化率异常"含油气有利区评价技术（图 2）。研发的"电磁场归一化异常断面"制作方法，实现了快速获得目标储层电阻率横向相对变化信息和定性揭示储层含油气有利区。

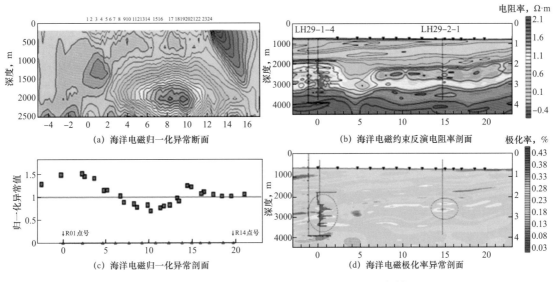

图 2　海洋电磁归一化异常及电阻率、极化率异常剖面

三、应用成效

2016 年以来，已在中国石油 CNODC 缅甸项目和中国海油南海区域推广应用，成功预测了缅甸海域 AungSiddhi–1 井，评价了中国海油南海流花构造区和荔湾构造区含油气有利区，有效推动了海洋可控源电磁技术在我国深海领域的工业化应用，使我国成为世界上第三个全面掌握深水可控源电磁勘探技术的国家。

四、有形化成果

该成果已获授权发明专利 12 件、实用新型专利 2 件，注册商标 2 项，登记软件著作权 8 件，制定行业标准 1 项、企业标准 2 项，发表论文 13 篇。

地震数据处理解释一体化软件系统（GeoEast）

针对国内"深、低、海、非"等复杂油气藏勘探开发难题及国际高端处理解释市场技术需求，"十三五"期间依托国家油气重大专项、集团公司科技重大专项，研发了具有完全自主知识产权的超大型地震数据处理解释一体化软件系统 GeoEast V4.0（图1），在软件平台、处理技术、解释技术等方面（图2）实现重大创新，在国内外应用取得重大成效，整体达到国际先进，多波处理解释等6项技术达到国际领先水平。

图1 GeoEast V4.0 体系架构

图2 GeoEast 处理系统、解释系统关键核心技术

一、技术内涵

研发了开放、协同、共享的新一代物探软件平台，能够有效管理 PB 级海量地震数据，支持 2000 节点以上大规模并行计算；研发了完整的深度域 Q 建模技术系列，其中 Q 层析反演技术与国际同类软件相比，效率提高 3～5 倍，分辨率提高约 50%；研发了高效高精度各向异性逆时偏移技术，与同类技术相比效率提升 50% 以上；研发了宽方位五维处理解释一体化技术系列，其中高效五维规则化计算效率是国外同类软件 2 倍；研发了多波处理解释一体化技术和软件，成为业内唯一具备工业化生产能力的多波处理解释软件。

二、主要创新点

（1）创新了海量地震数据高效存储与访问、插件式软件开发框架、面向处理解释的云计算等技术，具备多学科协同、云模式共享、多层次开放的特点，开创了我国物探行业技术创新和成果转化新阶段，为建设国产物探软件生态提供保障。

（2）创新了井震联合 Q 初始建场和基于峰值频率衰减的 Q 层析反演技术，克服了西方软件基于叠前数据的振幅谱参数反演，效率低、精度低、操作繁琐等不足，大幅提高了 Q 参数层析反演的精度。

（3）创新了高效高精度的各向异性逆时偏移算法，运用时变相移法数值频散补偿技术，有效解决了"双复杂"区地震各向异性的成像精度问题，显著提高了成像精度和信噪比。

（4）创新了五维噪声压制、五维规则化、叠前道集交互分析、裂缝规避流体检测等技术，突破了 TB 级叠前五维地震数据的加载、存储和管理瓶颈，在解决复杂储层的油气勘探难题、提高勘探成功率方面发挥了重要作用。

（5）创新了转换波 OVT 面元划分、转换波高精度叠前偏移等关键技术，发明基于属性的多波高精度匹配和多波联合反演技术，解决了常规 OVT 面元划分算法存在的 OVT 道集覆盖次数严重不均匀问题，在岩性和流体识别、裂缝检测、非常规勘探等方面发挥了重要作用。

三、应用成效

在中国石油处理解释项目应用率超过 80%，已经成为主力软件平台，并且在石油、石化、煤田、地质调查等行业的 57 家单位，17 家科研院所及中东、墨西哥湾等多个主要石油产区得到广泛应用，有力支撑了国内准噶尔盆地南缘和塔里木盆地秋里塔格地区等系列战略性突破以及我国海外"一带一路"油气战略顺利实施。"十三五"期间，GeoEast 创造综合经济效益超过 20 亿元。

四、有形化成果

该成果申请发明专利 40 件，登记软件著作权 16 件，认定企业技术秘密 24 件，发表科技论文 26 篇，形成企业标准 1 项。2018 年获河北省科技进步奖一等奖，其他省部级以上奖励 15 项。

地震成像与定量预测软件（iPreSeis）

　　针对复杂地表条件下的复杂构造（双复杂）地震成像和强非均质性复杂储层准确预测两项制约我国油气勘的两项技术瓶颈，自2011年以来，在国家油气重大专项、"973"和中国石油等20余项课题资助下持续攻关，取得全深度整体速度建模与成像、高精度叠前反演、地震岩石物理及定量化预测等原创性突破，在此基础上研制形成iPreSeis软件系统，于2016年12月发布，为低油价条件下提升勘探质量与效益、发展油气勘探领域的"中国芯"做出了突出贡献。

一、技术内涵

　　iPreSeis软件包括整体速度建模与成像（VI）和储层与流体定量预测（QI）两个子系统。iPreSeis.VI整体速度建模与成像软件，以复杂近地表结构反演和整体速度建模技术为核心，采用从近地表出发，浅中深兼顾的整体速度建模新技术理念，具备表层速度建模、波场保持处理、整体建模和成像4大功能（图1），在国内外率先实现全流程深度域处理，为提高复杂地表复杂构造区地震成像精度提供系统化解决方案。iPreSeis.QI储层与流体定量预测软件，以地震岩石物理为引擎，以精细储层识别与定量预测技术为核心，包括地震储层识别、岩石物理分析、非线性反演、储层与流体定量预测4大功能，实现了从实验分析、理论建模到岩石物理反演的定量化预测跨越，为强非均质性复杂储层准确预测提供解决方案。

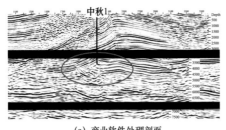　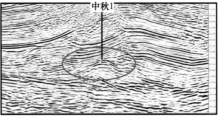

　　（a）商业软件处理剖面　　　　　　　　　（b）iPreSeis.VI软件处理剖面

图1　塔里木盆地东秋盐下构造处理剖面对比

二、主要创新点

　　（1）开发了从真地表出发联合初至波和反射波层析的全深度速度建模技术，创建了保持地震波场传播特征的真地表深度域成像技术体系，实现了从真地表出发的全深度保真成像，有效改善了复杂地质目标地震成像品质。

　　（2）创新研发非线性高精度弹性参数叠前反演技术，攻克了地震反演精度低及薄储层预测难题，引领国内地震反演技术发展。

（3）创新研发复杂储层岩石物理建模与定量化预测技术，突破复杂介质跨频段实验分析、理论建模、岩石物理反演等技术瓶颈，显著提高储层物性和流体预测精度。

（4）打造了 iPreSeis 地震成像与定量预测软件系统，形成了工业化应用标准与流程，有效推动了自研技术的生产力转化。

三、应用成效

整体技术及软件成功应用于塔里木盆地、准噶尔盆地、柴达木盆地、酒泉盆地、鄂尔多斯盆地、四川盆地、渤海湾盆地、松辽盆地等，应用面积超过 $12 \times 10^4 \text{km}^2$，支撑风险目标论证 23 口井，重点领域井位部署 60 余口，实现在中国石油规模化应用（图 2）。

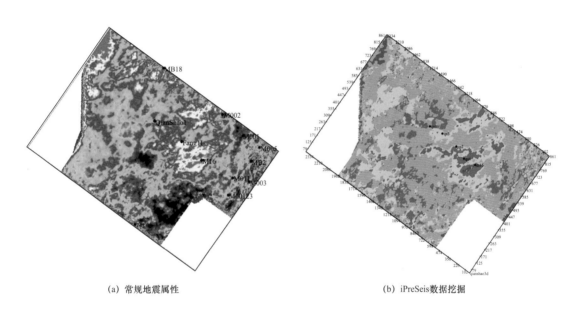

（a）常规地震属性   （b）iPreSeis数据挖掘

图 2　准噶尔盆地前哨地区储层预测对比

在中国石油 14 家单位安装许可 373 个，实现了规模化推广。软件销售收入 498 万元，近 3 年技术服务收入 4823.3 万元；节约软件购置及勘探发现成本 6.1 亿元。

四、有形化成果

该成果形成了一套地震成像与定量预测软件特色软件，成果取得授权国家发明专利 40 件，软件著作权登记 32 件，出版专著 1 部，发表论文 34 篇，其中 SCI/EI 收录论文 20 篇，制定行业标准 2 项、企业技术规范指导意见 2 项。

基于起伏地表的速度建模软件

针对由于缺乏自主化的高精度速度模型技术，导致我国"双复杂"探区地下构造高精度成像困难的现状，依托集团公司科技专项，开展了融合信号处理、空间拓扑构建、高性能数值运算、三维可视化及人机交互等多方面的高端技术研发，形成了稳定、高效的基于起伏地表的速度建模软件 GeoEast-Diva（图 1），该成果总体达到国际先进水平，叠前深度偏移速度建模中的多方法协同建模环境、等效深度速度分析法、多值界面混合模型表示法等技术处于国际领先。

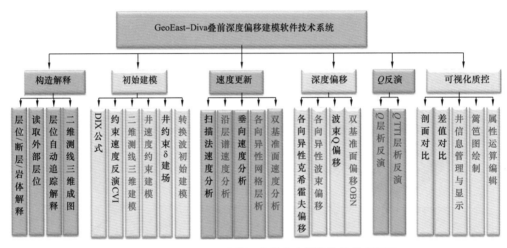

图 1 GeoEast-Diva 叠前深度偏移建模软件技术系统图

一、技术内涵

研发了多分析法协同建模速度建模技术，模型精度比传统方法提高 30%～60%；研发了基于预插值的射线走时计算技术，计算效率比常规方法提高 50% 以上；研发了基于波束偏移的自适应角道集速度反演技术，速度分析精度提高 50%；研发了 VTI/TTI 各向异性速度建模技术，高阶非线性优化参数从 1～3 个提高到 5～6 个；研发了"等效深度"速度分析技术，复杂构造地震数据的速度分析精度提高 75%。

二、主要创新点

（1）发明了基于正交拓扑的多值界面混合模型建模技术，解决了单一速度结构模型难以描述地下复杂构造实际速度结构的难题，兼顾了速度模型的细节及有效的构造约束。

（2）发明了基于预插值的射线走时计算技术，突破了射线追踪走时计算效率低的难题；

在保证计算精度的同时，满足了高密度采集数据对计算效率的需求。

（3）发明了利用精准高斯束叠前深度偏移形成自适应角道集及速度分析方法，破解了传统方法形成的角道集深层同相轴分辨率低的难题，提高了复杂高陡构造区偏移走时表的精度。

（4）创新了基于高维空间非线性优化的各向异性残差拟合技术，解决了采用正交多参数扫描法效率低的问题，在单参数相似度扫描基础上进行高维空间非线性优化，得到更加准确的拾取，残差拟合更准、拟合效率更高。

（5）创新了"等效深度"速度扫描法，解决了传统扫描方法的成像道集同相轴上下跳动、偏移结果对比不直观的问题，有效提高了复杂构造速度分析精度（图2）。

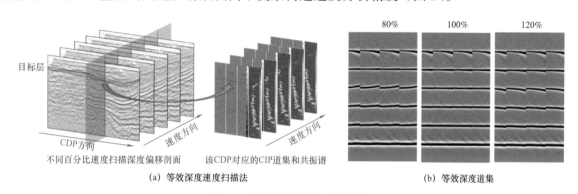

(a) 等效深度速度扫描法　　　　　　　　　　(b) 等效深度道集

图2　"等效深度"速度扫描法

三、应用成效

该成果先后为中国、美国、古巴和阿联酋等国内外知名油公司提供技术服务，累计完成二维地震资料处理 2826km，三维地震资料处理 5238km^2。其中，在准噶尔盆地齐古三维叠前深度偏移项目中，在 2519m 深度，钻井误差由 172m 减小为 20m，为正确认识油藏奠定了资料基础。在甘肃省庆阳市三维地震资料处理中，通过采用 VTI/TTI 各向异性建模技术，有效消除了各向同性速度建模造成的井震地层分层误差，为储层解释提供了可靠的数据基础。成果填补了国内相关软件空白，打破了国外技术垄断，有效满足了陆上复杂区油气勘探速度建模的需求。

四、有形化成果

该成果获授权发明专利 7 件、认定企业技术秘密 5 件、登记软件著作权 5 件，发表论文 2 篇，2017 年被评为中国石油十大科技进展。

陆上"两宽一高"地震勘探技术

针对"十一五"及"十二五"常规"低密度、窄方位"三维地震勘探技术难以准确刻画复杂储层分布状态、准确描述油藏展布特征及剩余油赋存空间的问题，2011年以来依托国家油气重大专项，研发了具有自主知识产权的陆上"两宽一高"（宽频带、宽方位、高密度）地震勘探技术（图1），在地震勘探理论、配套技术及软件装备等方面实现了重大创新，国内外应用取得重大成效，油气勘探成功率提高15%~40%，成果整体达到了国际领先水平。

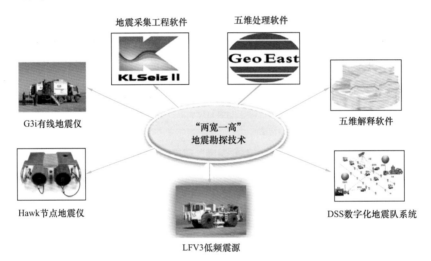

图1 "两宽一高"（宽频、宽方位、高密度）有形化技术产品系列

一、技术内涵

颠覆了国内"稀疏采样和窄方位观测"的低密度做法，突破了国外"子线接收、数字组合"高密度采样理念，构建了"充分、均匀、对称"高密度地震波场采样新理念，形成了面向叠前深度偏移成像的"两宽一高"地震勘探技术，炮道密度提高8倍以上，观测方位从0.3提高到0.8以上，频带拓宽20Hz以上，实现了1.5~96Hz的6个倍频程宽频激发和20万道级宽频接收，实现了我国陆上地震勘探技术的升级换代。

二、主要创新点

（1）首创了"充分、均匀、对称"高密度地震波场采样新理念，创新了面向叠前深度偏移成像的"两宽一高"三维地震勘探技术体系，引领了全球陆上地震勘探技术发展方向。

（2）创新了超大道数地震仪器精准同步、高速传输、排列自动管理技术，为海量地震数据采集提供了核心装备及智能管理技术，保障了全球最大道数地震采集项目顺利实施。

（3）创新了可控震源时空组合、谐波压制、低频拓展等宽频高效激发技术，奠定了"两宽一高"地震数据采集经济可行的基础，实现了可控震源大范围代替炸药激发的绿色勘探。

（4）创新了叠前五维地震数据处理、解释技术，突破了海量数据大规模计算瓶颈，形成了国内唯一具有百 TB 数据、千节点机群管控能力的地震处理系统和国际首套五维地震解释软件。

三、应用成效

在国内 15 家、国际 25 家油公司广泛应用，在科威特西实施了 23.4 万道全球最大道数项目，在阿曼项目创造了日效 38517 炮全球最高纪录，取得了显著的经济效益。支撑了塔里木盆地库车地区万亿立方米深层大气区、柴达木盆地英雄岭地区亿吨级整装油田和准噶尔盆地环玛湖百里油区等重大勘探突破（图 2、图 3），为中国石油"十二五"以来探明石油 $45 \times 10^8 t$、天然气 $3.5 \times 10^{12} m^3$ 做出了重要贡献；为获得 BP 公司、Shell 公司、沙特阿美公司、阿曼 PDO 公司、科威特 KOC 公司等国际油公司 50% 以上的高端地震勘探市场份额、业务规模持续保持全球行业第一提供了根本保障。

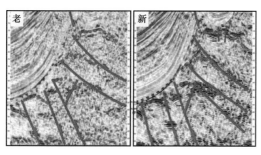
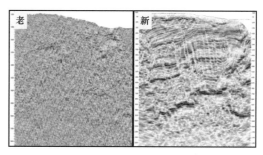

图 2　塔里木盆地库车坳陷克深构造带勘探效果　　图 3　柴达木盆地英雄岭构造带勘探效果

四、有形化成果

该成果获发明专利 36 件、实用新型专利 10 件，登记软件著作权 11 件，认定技术秘密 9 件，制定国家标准 3 项、行业企业标准 10 项，发表论文 86 篇。被国家科技部列为国家油气重大专项标志性成果，2019 年获中国石油科技进步奖特等奖。

可控震源超高效混叠地震勘探技术（UHP）

针对高密度地震资料的旺盛需求和低油价带来的巨大成本压力，为推动可控震源高效地震勘探技术的发展，依托中国石油天然气集团有限公司科技重大项目，组织科技团队进行可控震源超高效混叠勘探技术攻关，解决了超高效混叠地震采集野外作业管理、连续记录实时质控与混叠数据分离等难题，形成了可控震源超高效混叠地震采集处理配套技术、软件和装备，实现了重大创新，海外应用取得重大成效，该成果整体达到国际领先水平。

一、技术内涵

该成果是利用两套或多套可控震源及相应的软硬件，采取不同的技术方法缩短可控震源激发的时间间隔，实现提高野外地震数据采集效率的技术，并研制了专业作业管理系统和实时质控软件。主要技术包括可控震源高效激发技术、可控震源综合导航技术、谐波压制技术、信噪分离处理技术，实现了 6 万道有线地震仪器连续记录模式下对接收排列和作业震源的有效质控。可控震源超高效混叠采集作业能力大幅提高，平均日效由原来的 1 万～1.2 万炮提升至 3 万炮，创造了日效 54947 炮的全球最高纪录。

二、主要创新点

（1）创新可控震源高效采集作业管理方法，研制了新一代数字化地震作业管理系统 DSS，实现了信息化高效野外作业管理，大幅降低了作业设备、人员的投入和待工时间。

（2）首创有线地震记录仪器连续记录模式下的实时质控技术，自主研发了 KL-CSRTQC 软件模块，形成了"三位一体"的实时质控系统，解决了连续记录模式时不能根据排列状态和单炮记录进行实时质控的技术难题。

（3）创新了局部傅里叶变换域信号提取与噪声预测方法，形成了基于稀疏反演的混叠数据分离技术（图 1）。创新了基于局部相干性的信噪分离技术，实现了稳健的混叠噪声预测和压制，保证了高混叠度数据的分离精度。

（4）创建了海量混叠数据处理技术流程（图 2），提高了混采地震资料处理质量和效率。研发了混叠数据并行拆分技术，实现了连续记录数据的高效拆分；创新了无需数据分选的渐进叠加方法，实现了任意道集的快速叠加；创建了反演和去噪相结合的噪声压制流程，改善了地震资料处理信噪比。

三、应用成效

该成果推动了陆上可控震源高效采集技术的升级换代，较好地解决了高密度地震勘探经济技术一体化问题。先后在阿曼、阿尔及利亚、阿拉伯联合酋长国和埃及等多家油公司应用，总面积达 $5.2 \times 10^4 km^2$，取得了可观的经济效益，得到 PDO 公司和 Shell 公司等油公司的高度评价，提升了品牌影响力和国际市场竞争力，为稳固和发展中东等地区的高端市场做出了重要贡献，为开拓海外高端地震勘探技术服务市场奠定了坚实的基础。

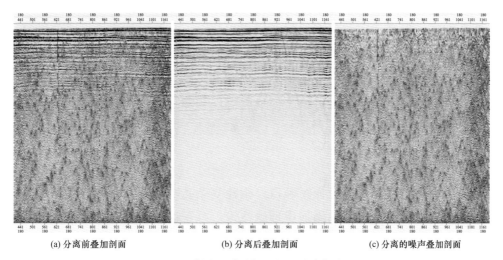

(a) 分离前叠加剖面　　　　(b) 分离后叠加剖面　　　　(c) 分离的噪声叠加剖面

图 1　稀疏反演的混叠数据分离技术

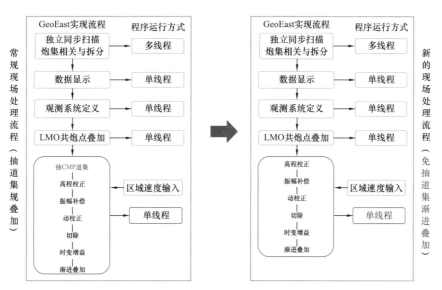

图 2　海量混叠数据处理技术流程

四、有形化成果

该成果获授权发明专利 6 件、受理发明专利 4 件，登记软件著作权 5 件，制定技术标准 2 项，发表论文 16 篇，2018 年被评为中国石油十大科技进展。

复杂孔隙储层含气性地震预测新技术

针对低孔隙度、低渗透率致密天然气储层成岩复杂、孔隙结构多样、含气性变化快、地震预测难度非常大等问题，研发了以11项专利技术、7项技术秘密为代表的含气性地震预测技术系列，解决复杂储层孔隙度和流体饱和度预测等难题，实现了对气藏的定量描述。技术成果使地震储层预测技术应用有据可依，使地震储层预测技术从定性走向定量化，降低了对国外技术的依赖度。

一、技术内涵

以地震岩石物理宽频实验研究为突破口，构建复杂孔隙介质岩石物理理论模型，建立地震波传播规律，研发了复杂孔隙结构地震预测技术、基于地震岩石物理模板的含气饱和度预测技术系列，实现了含气饱和度地震定量预测。

二、主要创新点

（1）创新提出部分饱和复杂孔隙介质地震波传播理论模型和最大弛豫饱和度模型，揭示了地震频段含气饱和度、纵波速度和储层物性间的关系（图1），使地震含气饱和度预测有据可依。

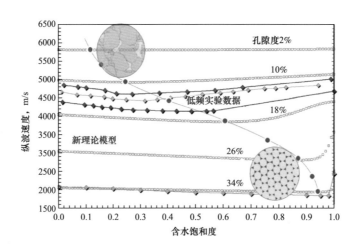

图1　建立的部分饱和复杂孔隙介质地震波传播理论模型

（2）创新形成反射系数频散气层识别技术，首次在白云石含量和孔隙度预测中得到应用，为复杂孔隙气层有效预测提供新手段。

（3）基于部分饱和双孔介质模型，建立了多尺度岩石物理模板（图2），优于国外同类岩石物理模板技术，具有更好的工业应用价值。

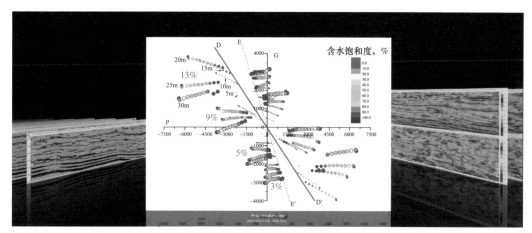

图2　PGT 含气饱和度地震定量预测技术

（4）在国内率先建成低频岩石物理测量系统，填补国内空白，测量误差小于 5%，达到国际先进水平。

三、应用成效

在四川盆地、鄂尔多斯盆地、柴达木盆地和阿姆河盆地等致密砂岩、碳酸盐岩、疏松砂岩等气藏勘探中规模应用，指导 100 余口井位部署，预测成功率整体超过 86%，比常规技术提高约 25%。支撑川中地区须家河组、龙岗地区长兴组和飞仙关组及海外麦捷让地区等千亿立方米探明储量提交，为复杂气藏勘探做出了突出贡献。复杂孔隙储层含气性地震预测新技术成果，推动我国地震定量解释技术进步，引领地震岩石物理、天然气地震技术发展，是支撑探明 $2000 \times 10^{8} m^{3}/a$ 天然气可采储量、加快天然气勘探开发的关键技术，具有广阔的应用前景。

四、有形化成果

该成果获授权中国发明专利 11 件，认定中国石油公司技术秘密 7 件，在国内外发表论文 20 余篇。获 2017 年度中国石油天然气集团公司技术发明二等奖。

复杂区高效叠前深度偏移技术

针对复杂区油气资源地震勘探中大规模高效偏移成像的难题，依托中国石油天然气集团有限公司科技专项，创新形成了以复杂区地震数据高精度叠前深度偏移和大规模高效科学计算等为核心的复杂区高效叠前深度偏移技术，形成了商业化专业软件并得到规模化应用，为我国及海外复杂区油气勘探开发提供了关键技术保障。

一、技术内涵

研发了复杂区高精度叠前深度偏移技术及相关软件，复杂区成像质量明显优于国际同类软件，与钻井深度误差小于 0.5%；研发了复杂区地震数据高效成像技术及相关软件，同等条件下计算效率是国际同类软件的 2～10 倍；研发了海量地震数据大规模并行叠前深度偏移技术，一次性可完成面积超过 2000km^2、60TB 数据的叠前深度偏移处理，最大并行集群扩展规模超过 7000 个计算节点。

二、主要创新点

（1）发明了复杂地表全炮检点射线追踪 TTI 各向异性克希霍夫偏移、变角度映射 TTI 各向异性高斯束偏移、高精度 TTI 各向异性逆时偏移等方法，解决了采用固定射线追踪、数值插值等传统方法导致的浅层成像精度低难题，显著改善了复杂区地震成像效果（图1、图2）。

（2）发明了共成像点旅行时表快速抽取、计算域动态扩展、地震波波前自适应追踪、高性能波场压缩及 CPU-GPU 异构平台异步存储等方法，有效解决了逆时偏移算法计算量大、效率低的等问题，大幅度提升整体计算效率。

（3）发明了海量地震数据分布式存储、数据异步传输、CPU-GPU 协同计算等方法，破解了常规采用主从模式，在超大工区海量地震数据成像过程中，管理难度大，运行效率低等技术瓶颈。支持复杂并行模式和非规则计算，形成了效率领先的大规模高扩展性并行计算软件，实现了不同种类 CPU 集群、CPU-GPU 异构集群等大规模集群资源的优化利用。

三、应用成效

该成果实现了地震成像能力从简单地表到复杂地表、各向同性到各向异性，并行计算能力从同步到异步、同构到异构的跨越。已在西南油气田、大港油田和新疆油田以及墨西哥湾、红海、马来西亚、泰国、缅甸等多个国内外探区进行了规模化应用。完成三维地震勘探超过 43000km^2，有力地提升了中国石油在复杂区叠前深度偏移市场上的核心竞争力，为海外高端油气勘探市场竞争提供了技术支撑。

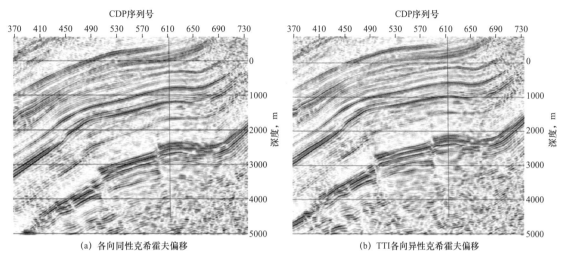

（a）各向同性克希霍夫偏移　　　　　　（b）TTI各向异性克希霍夫偏移

图1　复杂地表全炮检点射线追踪 TTI 各向异性克希霍夫偏移

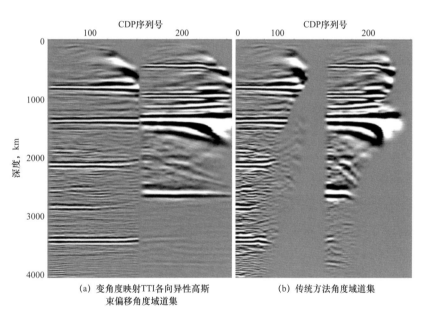

（a）变角度映射TTI各向异性高斯　　　（b）传统方法角度域道集
　　　束偏移角度域道集

图2　变角度映射 TTI 各向异性高斯束偏移

四、有形化成果

该成果获授权发明专利 6 件，登记软件著作权 1 件，认定企业技术秘密 1 件，发表论文 5 篇。被评为集团公司 32 项"技术利器"之一。2019 年获中国石油天然气集团有限公司技术发明奖二等奖。

微地震实时监测技术

针对页岩气和致密砂岩油气等非常规油气资源开发需求，水力压裂需要实时展示微地震监测成果，现场及时指导压裂参数调整的难题，依托国家"十三五"科技专项，研发了形成了微地震实时监测技术和专有软件 GeoEast-ESP 和 GeoMonitor，实现了水力压裂的缝网发育过程的实时监测，为施工参数调整、压裂方案优化提供了有力的技术支撑，该成果总体达到国际先进水平。

一、技术内涵

采用正演模拟水力压裂的微地震波场，科学合理设计采集观测系统，接收压裂工程作业诱发岩石破裂产生的地震波，从连续采集的数据流中自动识别出弱能量的微地震事件，自动拾取纵横波初至时间，利用纵横波时差、网格搜索、能量扫描等方法实时定位微地震事件，采用多核并行处理提高现场计算效率，井中监测定位延迟时间小于1s，地面监测定位延迟时间小于5s，满足了现场指导水力压裂施工的需求。

二、主要创新点

（1）采集技术突出了观测系统设计的科学性，创新了基于剪切源的微地震波场正演方法，结合地层岩石的杨氏模量、孔隙度等物性参数和压裂设计的液量、压力和排量等参数，可以评估岩石破裂产生的微地震事件能量，解决了定量分析可监测范围和定位误差的难题，实现了科学合理的设计观测系统。

（2）处理技术突出了实时性，创新地将压裂区域多尺度网格化，每个网格假设为震源，提前计算纵横波旅行时（图1），采用基于高斯分布的震源扫描搜索技术和多核并行处理技术，解决了压裂2h需要定位几千个微地震事件计算延迟的难题，实现了与压裂进程同步展示微地震成果，满足了现场指导压裂参数调整的及时性。

（3）解释技术突出了识别井旁天然裂缝的准确性，创新地利用基于微地震事件云的时空特征、能量、b值利用微地震事件数与震级大小的统计关系区分天然裂缝与人工裂缝等属性，刻画水压裂缝网形态（图2）；融合压裂曲线、地震杨氏模量、曲率、蚂蚁体特征，基于微地震的地震地质工程一体化的多属性相互验证天然裂缝（图3），解决了压裂激活天然裂缝判断不准的难题，实现了准确识别压裂井旁的天然裂缝，达到了有效降低工程风险的目的。

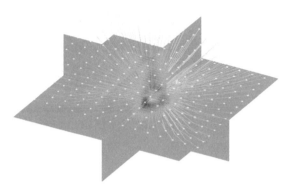

图 1　微地震地面监测射线追踪与网格扫描联合定位图

图 2　基于微地震事件的水力压裂人工缝网形态

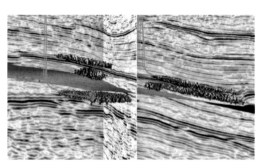

图 3　微地震事件与地震属性融合

三、应用成效

已在吐哈油田、浙江油田、新疆油田、长庆油田、西南油气田、延长油田和涪陵页岩气田等 20 多个油气田大规模应用，完成 600 多口井 7000 多层段的水力压裂微地震监测，预测套管形变 100 多处，为开发方案优化提供了可靠数据支撑。该成果已完全替代国外技术，服务价格由单井 300 多万元降低到 70 万元，对中国石油的非常规油气开发提供了有力的技术支撑。也在油田水回注、储气库等领域中推广应用，为重大工程的安全风险长期监测提供了可靠的保障。

四、有形化成果

该成果获授权发明专利 20 件，登记软件著作权 4 件，发表论文 37 篇，制定行业标准 1 项、企业标准 1 项，获 2016 年中国石油科技进步奖一等奖，同年被评为中国石油十大科技进展。

海上叠前地震数据噪声压制技术

针对海洋油气勘探特殊的地震地质条件导致的多次波、涌浪干扰和虚反射等噪声异常发育、难于压制的技术难题，依托国家油气重大专项和集团公司科技专项，发明了具有自主知识产权的海上叠前地震数据噪声压制技术，在多次波、虚反射和涌浪噪声压制等海洋地震资料处理技术方面实现重大创新，地震数据信噪比显著提高，满足了海洋油气勘探生产的迫切需求，并在国内外得到大规模工业化应用，该成果总体达到国际先进水平。

一、技术内涵

研发了基于菲涅尔带预测孔径优化的多次波压制技术并形成相应软件，与国际同类软件处理效果相当，计算效率快 1.6 倍；研发了自适应起伏海面的虚反射压制技术并形成相应软件，与国际同类软件分辨率相当，但振铃噪声更少；研发了基于概率统计的涌浪噪声压制技术并形成相应软件，与国际同类软件相比效率相当，但对噪声的压制效果更好，对有效信号的保护更佳。

二、主要创新点

（1）发明了基于多次波贡献道集孔径优化的一步法表面多次波预测（图 1）、利用部分叠加剖面和仅利用均方根速度预测层间多次波、仅利用与相位相关的伪道多次波自适应相减等方法，破解了实际采集观测系统不满足常规算法假设的难题，克服了常规表面多次波压制方法存在的计算效率低和存储资源巨大等缺点。

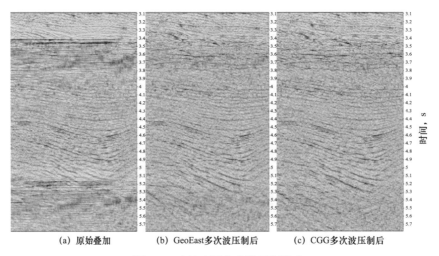

(a) 原始叠加　　　　　　(b) GeoEast多次波压制后　　　　　(c) CGG多次波压制后

图1　一步法表面多次波压制技术

（2）发明了基于优化的海面反射系数和检波器沉放深度的 FX 域隐式拖缆数据虚反射压制、水陆检检波器地震数据合并处理（图 2）等方法，消除了常规虚反射压制方法所需要的水平海面假设，更加符合实际采集情况，处理效果更好。

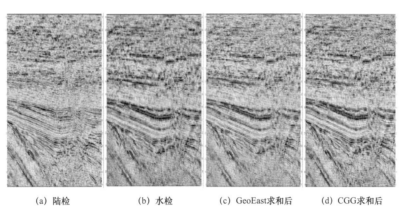

(a) 陆检　　　　　(b) 水检　　　　　(c) GeoEast求和后　　　　　(d) CGG求和后

图2　矢量匹配水陆检数据合并技术

（3）发明了基于概率统计的涌浪噪声自动检测和压制等方法，解决了常规涌浪噪声压制方法难以自适应确定空变门槛值的问题，能够准确有效地识别和压制涌浪噪声。

三、应用成效

该成果在渤海、黄海、东海和南海（图3）以及马来西亚、泰国、缅甸、波斯湾、红海、墨西哥湾和圭亚那等多个国家探区的地震资料进行了规模化应用，二维地震勘探 7459km，三维地震勘探 12982km²，得到用户好评。填补了国内同类软件技术空白，打破了国外油田技术服务公司技术垄断，极大地推动了我国海上地震数据处理技术进步，满足了国内外海洋油气勘探生产的迫切需求，显著提升了中国石油海上油气勘探的国际核心竞争力。

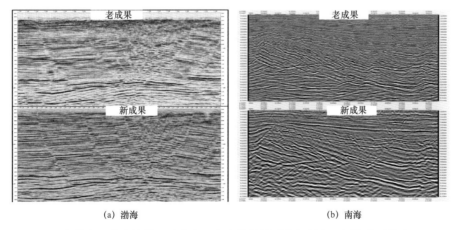

(a) 渤海　　　　　　　　　　　　　(b) 南海

图3　在渤海、南海等地区综合应用海上叠前地震数据噪声压制技术后效果明显

四、有形化成果

该成果获授权发明专利 10 件，登记软件著作权 2 件、认定企业技术秘密 1 件，发表论文 12 篇，2018 年获中国石油技术发明奖二等奖。

测 井

多维高精度成像测井装备（CPLog）

　　复杂非常规油气地质评价需要精度更高、探测更远，适应性更好的测井采集技术和装备，有效解决复杂岩性、流体准确识别和微观孔隙结构精细刻画等关键技术难题。"十三五"期间，在国家油气重大专项的支持下，历经五年攻关，成功研发了以三维感应成像测井仪为代表的多维成像测井装备，整体性能达到了国际先进水平，实现了从常规成像到三维成像的跨越和从主要依赖进口到国产化替代的转变。显著提升了复杂非常规油气评价能力，有力支撑了复杂非常规油气的勘探开发。

一、技术内涵

　　多维成像测井装备包括智能采集与传输系统、三维感应成像测井仪、方位阵列侧向测井仪、电成像测井仪、偏心核磁共振测井仪、远探测声波成像测井仪、可控源地层元素与孔隙度测井仪等（图1）。智能采集与传输平台实现了万米电缆兆级传输、智能化测井采集控制及远程测井作业服务；三维感应成像测井可精确确定地层水平电阻率、垂直电阻率，解决了砂泥岩薄互层、火山岩储层评价难题；方位阵列侧向测井提供6个方位6种探测深度电阻率曲线，解决中高电阻碳酸盐岩，盐水钻井液环境下真电阻率获取，与三维感应成像测井形成覆盖全储层的三维电阻率成像测井系列；远探测声波成像测井突破了受限空间大功率声波信号激励等技术，反射声波采集时间由7.2ms提升到65.54ms，信息量增加8倍。可控源地层元素与孔隙度测井实现一种仪器同时测量18种元素、中子、密度等参数。

二、主要创新点

　　（1）高性能传感器设计与实现技术。三分量发射和接收线圈系及复杂周向方位半线圈结构设计，实现地层水平电阻率和垂直电阻率有效探测，有效描述地层电阻率各向异性；首创近伽马探测器、远伽马探测器、超热中子探测器、近热中子探测器、远热中子探测器5个探测器阵列设计，实现多种参数同时测量，作业时效提高60%。

　　（2）高精度信号提取与多尺度数据处理技术。通过低输入阻抗信号采样、宽范围高精度自动增益、并行高速超采样，硬件快速傅里叶变换和数字滤波等处理技术，实现阵列微弱信号高精度提取。

　　（3）系统一体化集成技术。创新阵列电极密封体一体化注塑技术，实现高温条件下高绝缘承压。首创超小空间电路与换能器空间复合设计，使调幅可变频多极子发射声源和多源距方位声波接收阵列融为一体，实现宽频全波列信息采集。创新多道信号有效隔离、干扰信号抑制以及高强度机电连接技术，实现系统组合集成和性能提升。

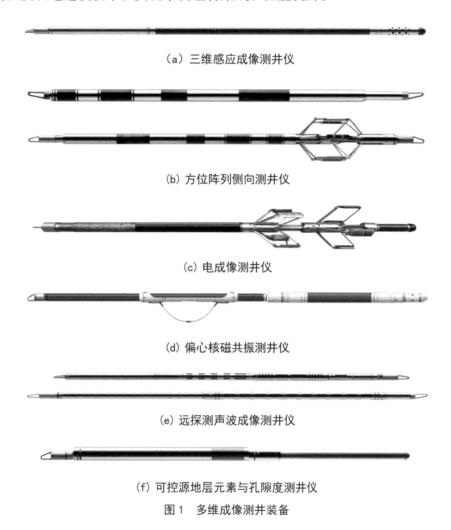

（a）三维感应成像测井仪

（b）方位阵列侧向测井仪

（c）电成像测井仪

（d）偏心核磁共振测井仪

（e）远探测声波成像测井仪

（f）可控源地层元素与孔隙度测井仪

图1　多维成像测井装备

三、应用成效

多维高精度成像测井装备在大庆、长庆、西南、塔里木、新疆、华北等油气田开展应用，可以解决复杂与非常规储层岩性识别、微观孔隙结构与流体分析、井旁缝洞刻画及储层综合评价等难题，成效显著。三维感应成像测井仪在大庆古龙页岩油应用，准确反映了薄互层储层、页岩油含油性。电成像测井仪实现在塔里木油田8882m超深井测井成功应用。远探测声波成像测井仪在华北、塔里木等油田应用，实现了80m有效探测。可控源地层元素与孔隙度测井仪在西南、吉林等油气田应用，实现了非常规油藏精细评价。

四、有形化成果

该成果申报发明专利37件（授权12件），登记软件著作权4件，制定标准/规范9项，发表论文32篇（SCI/EI检索20篇）。形成了1套机电技术资料和2个研究平台。

地层评价随钻成像测井装备

随着油气勘探开发向复杂、深层和非常规领域发展，油气资源品质劣质化、油气目标复杂化、安全环保严格化，采用常规随钻测井技术已难以满足需要。针对大斜度井和水平井中复杂储层精准地质导向和精细地层评价难题，"十三五"期间，自主研制形成了一套地层评价随钻成像测井装备。实现从随钻常规到随钻成像跨越，实现电阻率、声波、核测井随钻装备的成像化、集成化、系列化。

一、技术内涵

（1）随钻深探测电磁波电阻率成像测井仪（图1）：采用高强度套筒式结构，五发五收的常规和正交方位天线，具备储层边界探测、电阻率成像、伽马成像、随钻压力测量的功能。

（2）随钻高分辨伽马与侧向扫描综合成像测井仪（图2）：采用四发六收电极系结构方式，同时集成电阻率和伽马测量功能，可实现地层层序及岩性识别。

（3）随钻方位密度与可控中子源综合成像测井仪（图3）：基于可控源中子发生器、同位素 Cs^{137} 源及超声波井径，实现光电吸收指数 P_e、方位密度、中子孔隙度、地层元素和井径等多个参数的同时测量。

（4）随钻多极子声波成像测井仪（图4）：采用单极和四极宽频大功率发射、多源距四方位接收器、变径隔声结构，提供岩石力学参数、地层孔隙度和渗透率计算等地层评价。

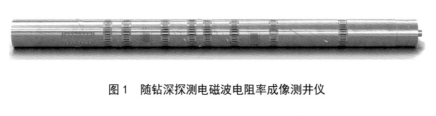

图1　随钻深探测电磁波电阻率成像测井仪

图2　随钻高分辨伽马与侧向扫描综合成像测井仪

图3　随钻方位密度与可控中子源综合成像测井仪

图 4　随钻多极子声波成像测井仪

二、主要创新点

（1）通过正交天线系统、微弱信号采集处理技术及快速反演数据处理技术，可实现6～10m 地质探边成像。

（2）通过 10mm 斜交双纽扣电极，高速数据冗余采集技术及高分辨率图像处理技术，成像图清晰度达到国际先进水平。

（3）创新"阵列探测器中子孔隙度测量技术"，包含阵列式探测器布局，环境影响校正，高速信号采集处理电路。

（4）提出"高精度随钻密度测量技术"包含密度响应图版数据库，井径时间双加权校正算法，可更换满眼扶正器。

（5）通过钻探变径隔声、大功率宽频发射换能器、一体化阵列接收条带以及能量阈值数据处理实现高效声波测量。

（6）基于低梯度、深探测的磁体设计、环形变径螺线管线圈设计、天线金属罩结构设计与实现、能量快速泄放电子线路设计等技术，为随钻核磁仪器强度高、探得深、测得准建立了关键技术基础。

三、应用成效

地层评价随钻成像测井装备在长庆油田、大庆油田、西南油气田、新疆油田、塔里木油田、渤海油田、吉林油田和青海油田等累计入井时间 5520h、进尺 16001m、最大井深 7000m、最高温度 160℃、最长作业时间 309.5h，成功获取了较为准确的测井曲线、图像 276 条 / 幅，使测井评价更精细、地导导向更精准，为大斜度井、水平井、复杂储层勘探开发提供了技术支撑。

四、有形化成果

该成果申请专利 28 件（获授权 4 件、受理 24 件），登记软件著作权 1 件，制定企业规范8 项，发表论文 17 篇。

多频核磁共振测井仪

核磁共振测井技术是目前唯一可以不受岩性影响的地层孔隙空间分布及其所含流体特性的测井方法，在复杂储层评价中具有不可或缺的作用。在国家油气重大专项、国家"863"计划和集团公司科技项目的支持下，通过联合开展技术攻关，成功研制出多频核磁共振测井仪，并建立了行业标准和产业化生产线。主要技术指标达到国际先进水平，填补了这一领域在国内的空白。

一、技术内涵

多频核磁共振测井仪包括了井下核磁共振大功率高信噪比探头、高精度多时序采集电子线路、地面实时数据采集和井场质量监控软件，以及核磁共振成像处理解释软件，并配套了各类专用辅助设备（图1）。仪器采用井内居中测量方式和梯度静磁场，使用9种观测频率同时工作并应用交替相位对方式采集回波串，具有较高的信噪比；具备完善的采集质量控制体系，通过采集参数的测前设计，实现了测量的最优化，并且支持多维核磁共振数据采集与反演，增强了仪器对油、气、水的识别能力；根据不同地质条件应用不同观测模式，实现回波间隔时间 0.6ms 测量，能够准确测量地层束缚水孔隙度、有效孔隙度和总孔隙度，同时能够获得渗透率、孔径分布、流体性质等信息。

二、主要创新点

（1）基于大量数值模拟分析和实验数据，优选磁体材料，优化黏结配方。通过微米级磁片平行度及平面度高精度研磨、永磁材料高温黏结、定量充磁、天线与磁体的固定工艺、电磁屏蔽降噪等多项技术工艺突破，实现了磁体在井下 175℃、140MPa 高温高压环境下稳定、可靠工作。

图1 MRT6910 核磁共振测井仪

（2）通过发射功率最优快速搜索算法及自适应功率匹配电路设计，实现了仪器在运动状态下发射功率自动化选择，保持发射功率始终处于对外部地层的最佳适应状态。

（3）基于大量岩石物理实验与核磁共振弛豫机理研究，开发了适应于不同类型储层和不同类型流体组合的多时序脉冲序列与观测模式系列，为复杂储层和流体的采集提供最佳测量模式选择方案，可大大提高复杂储层核磁共振测量的精度和质量。

（4）仪器配套的采集软件和处理解释软件实现了采集、处理和解释全流程覆盖，突破了依赖取心分析获取地层孔隙信息的束缚，实现了油气储层有效性划分、流体识别、孔隙结构定量表征。

三、应用成效

仪器在长庆油田、吐哈油田、华北油田和青海油田等 10 个油田推广应用，交付现场 25 支，现场测井 1200 余口，为油田复杂储层油气勘探提供有力的技术保障（图 2）。其中，在长庆油田利用 MRT 核磁共振测井解决了低阻、低对比度油藏流体识别等难题，助力国内第一个亿吨级大型致密油田新安边油田和环江整装大油田的发现，为长庆油田 5000×10^4t 稳产夯实资源基础。在吐哈油田马 T103H 井完成 1400m 的核磁共振水平井传输作业，创该类作业新纪录。核磁共振测井仪批量制造和推广应用，成为复杂油气藏和非常规油气藏精细评价的新利器。

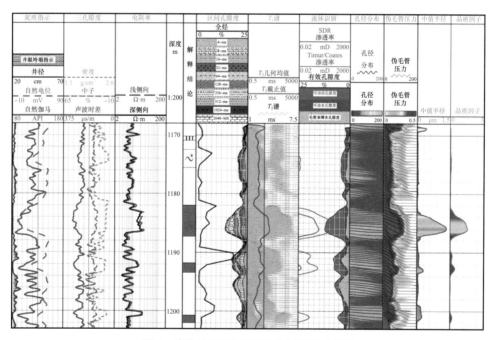

图 2　青海油田 XX 井核磁共振测井成果图

四、有形化成果

该成果取得授权发明专利 10 件，登记软件著作权 2 件，制定行业标准和企业标准各 1 项，发表论文 50 篇。

随钻方位电磁波电阻率测井仪

水平井是老油田挖潜和难采未动用储量开发的有效技术措施，但常规水平井导向钻井技术面临着无法精确探测储层边界方位和距离、近钻头测量探测深度浅、不能利用储层边界矢量参数准确判断地层变化趋势三大难题。有必要开展储层边界探测技术研究，以满足水平井钻井精确导向需求。本项目历经 10 年攻关，发明了随钻电磁波矢量探边、储层快速反演等方法，研发了具有完全自主知识产权的矢量化高精度随钻电磁波导向钻井技术和成套装备，使储层由"看得见"到"看得清""看得远"，实现了水平井井眼轨迹的精准导航，显著提高了储层钻遇率和储量动用程度。

一、技术内涵

发明了 C 形天线阵随钻电磁波探边方法，研制了随钻方位电磁波探边成像仪，实现了地层边界实时矢量探测。C 形天线阵独特的补偿功能，提供了强大的降噪能力，克服了国际上现有的 45° 斜线圈和水平线圈的缺陷，探测深度达到 6m，处于国际领先水平。首次利用复镜像理论，融合四发三收天线系测量信息，实现井下实时快速反演，提高了仪器与储层边界方位和距离的计算精度，具有井周 360° 成像功能，为精准导向钻井实时提供储层边界矢量参数。

二、主要创新点

（1）发明了 C 形天线阵天线结构。天线阵是由 1 根天线绕制的极化方向正交的 3 个线圈组成，其中一个 RZ 线圈极化方向与仪器发射线圈一致，RX1 和 RX2 两个线圈极化方向一致且与发射线圈极化方向正交。电压响应是 3 个线圈电压响应总和，天线阵的总电压 V_{total} 由两部分构成：一部分是 RZ 线圈的电压响应，另一部分是正交线圈 RX1 和 RX2 电压响应之和。仪器旋转过程中，天线阵电压随仪器旋转角度变化，不但具有探边功能，而且具有良好的降噪性能。

（2）发明了地层边界距离计算方法。仪器电极和地层模型的组合相当于单一界面的一维电磁问题，利用复镜像理论将发射线圈对地层界面的电磁反射问题简化为虚拟镜像源的散射问题。

（3）发明了地层边界距离探测方法。通过正演仿真计算得到地层边界电阻率差异、线圈 RX 电压响应和地层边界距离的转换关系，根据井下仪器阵列天线电压反演求得仪器到储层边界的距离。建立两层地层模型和仪器模型，仪器幅度比是仪器相对边界距离 d 的函数，且随着 d 的增大而减小。把幅度比测量精度为 0.025dB 时的 d 定义为对应此精度下的最大探测距离

d, 即为方位电阻率在此地层 / 边界电阻率组合情况下的最大探测距离。仿真计算结果显示，方位电阻率仪器最大探测深度可达 6m（图 1）。

图 1　随钻方位电磁波电阻率测井仪

三、应用成效

随钻方位电磁波电阻率测井技术实现了水平井井眼轨迹精准导航，最大限度地提高了储层动用程度和采收率，有效提高了老油田及非常规复杂油气田开发效果。在辽河油田和吉林油田等老油田完成了推广应用，薄油层水平井优质储层钻遇率提高 15% 以上（图 2）。

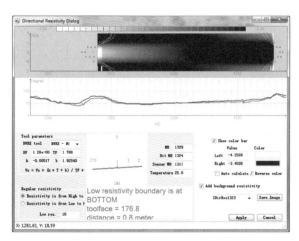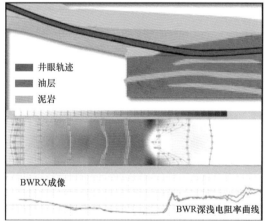

图 2　BWRX 成像

四、有形化成果

该成果于 2014 年 5 月通过中国石油天然气集团公司科技成果鉴定，2014 年获得中国石油天然气集团公司科技进步奖二等奖，2015 年获得盘锦市人民政府科技进步奖一等奖，申请发明专利 6 件，发表论文 2 篇。

方位侧向电阻率成像随钻测井仪

薄层、低孔低渗透、非均质等复杂储层的大斜度井/水平井地质导向和精准地层评价面临着重大技术挑战。依托国家重大专项和集团公司重大科技项目的支持，自主研发成功方位侧向电阻率成像随钻测井仪器。主要技术指标达到国际先进水平，已投产应用，填补了国内随钻电阻率成像技术空白。

一、技术内涵

方位侧向电阻率成像随钻测井仪（RIT）主要是针对水基钻井液碳酸盐岩高阻储层勘探开发研制的，包括 4.75in/175℃ 和 6.75in/155℃ 两种系列（图 1 和图 2）。RIT 在套筒扶正器 90° 方位上斜交分布 2 个纽扣电极，10mm 纽扣电极紧贴井壁测量，在旋转状态下提供 360° 全井周最大 128 扇区电阻率成像。同时还能够提供 3 个探深，井周 4 个方位，12 条侧向电阻率曲线用于提供流体侵入情况。除此之外，还可提供自然伽马及四象限方向性自然伽马测量、超深电阻率、钻头电阻率测量。可用于地质导向、储层评价、识别最小 0.2m 薄互层及实时井壁稳定性分析等。

图1　4.75in方位侧向电阻率成像随钻测井仪

图2　6.75in方位侧向电阻率成像随钻测井仪

二、主要创新点

（1）适应低钻井液电阻率环境方位电极系设计。仪器采用 4 环方位监督电极系结构，在主电极基础上增加钻铤电极监督和测量电极监督电极，将主电极电流采集与监督电极电位的监督分开，提高仪器聚焦能力；优化电极系材料，提高整体井下耐磨及抗振性的同时，降低监督电极接触阻抗，提高低钻井液下高阻测量适应能力；同时设计 3 级前置放大电路，通过负反馈测量及微弱信号放大和滤波，实现微弱信号采集（图 3）。

（2）电阻率井壁扫描成像图像处理技术。采用成像数据缺失扇区自动检测及修复技术，消除成像图白色斑点及条纹，提升成像图质量；采用成像数据均衡化处理技术，降低成像图噪声，提升成像图均衡显示效果；利用相阵激励定位显微技术，提升成像图清晰度及分辨率；形成了商业化成像数据预处理软件，成像数据处理及成像图出图时间较形成软件之前缩短了 3 倍。

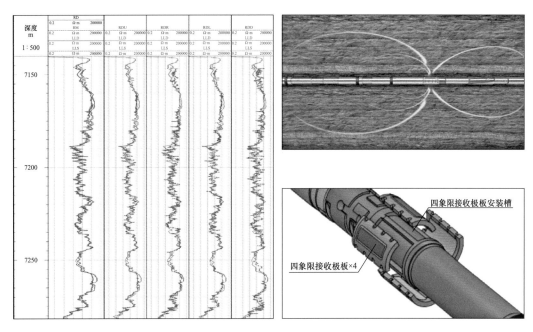

图 3 方位电极结构、工作原理及测井曲线

（3）10mm 小直径即插式斜交双电扣结构设计。直径 10mm 整体达到高分辨率物理测量要求；采取即插式安装方式，缩短走线距离，增强微弱信号采集能力，同时便于电极扣维护保养；采用斜交双电扣安装在直径最大的三翼扶正器上，实现近贴近井壁测量，降低了钻井液分流对仪器测量值的影响，保证成像图效果。

三、应用成效

该仪器在西南油气田、塔里木油田和长庆油田等累计完成 23 口井现场应用，累计入井时间 3581h、测井进尺 13356m。仪器入井最高作业温度 160℃，单支仪器连续工作时间 350h，测井成功率为 95.6%，取得了较好的应用效果。其中，在塔里木油田超 7000m1 级风险预探井英西 X 井成功获取目的层优质成像资料，实现电成像缝洞储层刻画，对储层沉积特征进行评价；在长庆油田重点井高平 X 井应用，实现精准地质导向、着陆目的层，提高储层钻遇率。

四、有形化成果

该成果申请专利 6 件（授权 3 件、受理 3 件），登记软件著作权 2 件，形成企业规范 8 项，发表论文 17 篇。获 2017 年中国石油天然气集团公司科技进步一等奖。

测井处理解释软件平台（CIFLog）

随着我国油气勘探不断加速向超深层和非常规领域发展，依托高端测井资料精准处理和多井精细评价，切实解决风险勘探和复杂油气藏、非常规油气藏的评价难题，是新时期勘探的重大需求。历经 7 年攻关，测井处理解释软件平台（CIFLog2.0）完成了从单井解释到多井评价的重大技术跨越，将我国多井评价和高端资料处理能力推向一个崭新高度。新版本软件平台的快速全面推广使用已经有效支持了中国石油勘探开发的进步。

一、技术内涵

（1）通过全交互智能感应、非线性交会增维分析和多源异构大数据云搜索引擎等核心技术研发，以及分层组件式平台架构体系，开发多井数据管理、多井地层对比和多井处理等系列模块的持续开发和完善，实现从横向到纵向，多角度、多图件的工区多井综合评价，形成CIFLog2.0 版本（图 1 和图 2）。

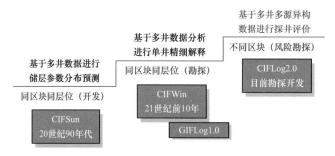

图1　多井解释评价软件发展历程

（2）全面升级元素俘获能谱测井、微电阻率扫描成像测井、阵列声波测井、核磁共振测井和远探测声波测井等高端测井处理解释方法，构建高端测井处理解释技术系列。

（3）全面构建和强化适合我国深层和非常规储层的碎屑岩、碳酸盐岩、火山岩测井评价系统软件模块，提高了复杂储层测井评价能力。

（4）研发基于 JNI 技术的多语言集成、组件和模块化注册插拔等二次开发技术，搭建增强型可扩展的二次开发通用框架，完善、丰富平台二次开发接口，建立属地化特色应用系统的技术方案，研发油田属地化特色系统，进一步推动大规模工业化应用。

二、主要创新点

（1）突破了全交互智能感应、非线性交会增维分析和多源异构大数据云搜索引擎等核心技术，建立了分层组件式架构体系。

图2　测井处理解释软件平台CIFLog2.0功能体系

（2）研发非对称刻度点对点成像精细对比关键技术，建立了基于多井多源异构数据跨区块风险勘探井评价技术系列。

（3）研发高清晰电成像测井处理、元素群逐步剥离解谱、方位远探测井壁外隐蔽缝洞体识别与评价等核心技术，实现了高端成像测井系列处理技术全面换代升级。

（4）发明了各向异性地层刚性系数及应力计算和非常规泥页岩油气藏有效储层评价技术，构建了非常规测井处理解释技术系列和软件系统。

（5）研发了多语言应用集成、组件化封装和系统模块注册等二次开发技术，建立了增强型可扩展的系统二次开发框架。

三、应用成效

CIFLog2.0在中国石油国内外油田应用覆盖面达80%以上，装机量3500余台套，平均年处理井数超20000口，为中国石油天然气集团有限公司油田增储上产、国产硬件装备研发和高校人才培养提供了重要技术支撑。

四、有形化成果

该成果获授权发明专利11件，登记软件著作权21件，发表论文15篇。获2018年度中国石油天然气集团公司科技进步特等奖。

裂缝储层含油气饱和度定量计算方法

我国碳酸盐岩及火山岩油藏一直是油气重点勘探领域之一，这两类复杂岩性油气藏的共性特征是普遍发育裂缝，而裂缝储层饱和度测井定量评价是国际公认的重大难题。国际上不少学者尝试用数值模拟方法计算裂缝饱和度，但终因问题太复杂且无法给出有效刻度方法而难以满足实际生产需要。发明专利"裂缝储层含油气饱和度定量计算方法"在国际上原创性提出了裂缝饱和度精确计算的科学思路，填补了行业空白，推动发展了测井学基本理论，成果获美国、俄罗斯和澳大利亚这三个地球物理勘探世界一流强国的发明专利授权，获 2016 年中国专利金奖。

一、技术内涵

采用高精度电阻率—饱和度实验装备对无裂缝岩心进行气驱实验（图 1），在通解方程中确定电阻率—饱和度岩心实验数据的最优特解，并以该最优特解曲线作为裂缝孔隙度为 0 的右边界；以井下同层段实际密闭取心分析得到的饱和度数据点（一个或多个）作为特定裂缝孔隙度的左边界；在左右边界"点—线"约束下，计算确定"点—线"控制区域内满足最优特解曲线变化规律的饱和度—电阻增大率数值，使有裂缝条件下得到的饱和度—电阻率关系与储层真实情况充分接近，从而首次实现了裂缝储层含油气饱和度在有约束、可验证条件下的精确定量评价（图 2）。

图 1　高精度电阻率—饱和度实验装备

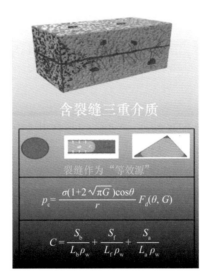

图2　含裂缝岩心电阻率数值模拟

p_c—毛细管压力，MPa；σ—表面张力，mN/m；G—形状因子；θ—接触角，（°）；r—孔隙半径，μm；
C—电导率，S；ρ_w—地层水电阻率，Ω·m；S—不同孔隙流体的截面积，m²；L—不同孔隙流体长度，m；
下标 b,f,a—中间自由流体、润湿水膜和束缚水

二、主要创新点

（1）首次提出用井下密闭取心饱和度（点）和基质电阻增大率实验（线）作为边界刻度进行裂缝饱和度计算的科学思路。

（2）发明了恒速电阻率—含气饱和度—毛细管压力联测方法和关键核心装置。

（3）创新提出裂缝"等效源"概念，构建了三维岩心孔隙—裂缝模型，发明了孔压条件下微观驱替模拟新方法。

三、应用成效

该成果在大庆油田、西南油气田和塔里木油田等重点探区，工业应用510井次，饱和度符合率比传统方法提高了12.5%，为我国东部和中西部一批大气田的准确发现和探明做出了突出贡献。

四、有形化成果

该成果获国内外授权发明专利21件（国际发明专利3件、中国发明专利18件）、实用新型专利2件，认定中国石油技术秘密12项，登记国家软件著作权10项。

岩石脆性测井方法和装置

页岩油气需要体积压裂才能有效开发，岩石的脆性指数是体积压裂设计和施工的核心参数，测井资料脆性指数的井筒连续、准确表征是页岩油气开发的关键技术。在吉木萨尔页岩油藏研究中发现，北美海相页岩油开发中形成的弹性参数和脆性矿物含量两类方法表征脆性精度严重不足，主要原因是其不能有效地反映我国陆相地层岩石结构变化和应力环境变化对岩石脆性的影响，且没有进行实验标定，准确性无法验证。针对这一缺陷，面向我国陆相页岩油气资源岩性复杂、矿物类型多样、埋深变化大的特点，研究工作立足于岩石学、岩石力学、岩石物理学参数联测实验，发现了岩石脆性指数与岩石学、岩石物理学参数之间内在的变化规律，发明了具有岩石结构、应力环境校正的全剖面测井脆性指数表征方法，突破了页岩油气开采的技术瓶颈。

一、技术内涵

通过岩石学、岩石力学、岩石物理学参数联测实验，系统研究总结了岩石脆性与岩性、岩石结构、应力环境以及杨氏模量和泊松比等岩石力学参数之间的内在关系，创新建立了表征模型、校正模型和刻度模型，有效弥补了国外技术的主要缺陷，突破了我国陆相页岩油气开采中的脆性表征技术瓶颈。

二、主要创新点

（1）提出了全新的动态脆性指数的基本表达式。岩石的杨氏模量越大、泊松比越小，岩石的脆性越好，这是用岩石机械特性参数评价岩石脆性的基础。

（2）创新性地建立了岩石结构校正模型。依据在相同应力环境下分散状黏土含量和非颗粒碳酸盐岩含量与岩石脆性指数呈不同方向幂指数关系（图1和图2）的实验发现，形成不受岩性影响的岩石脆性表征技术。在同一应力环境下，新模型脆性指数与实验结果一致性好，表征精度明显高于国外常用的 Rickman 脆性指数（图3）。

（3）首次建立了应力环境校正模型。依据随环境应力的增加，岩石的脆性指数呈幂指数降低的实验发现，形成了不受应力环境影响的岩石脆性表征技术。经校正后，表征结果与实验数据一致，与国外模型相比表征结果更加合理、可靠。

（4）优选出脆性指数刻度模型。目前，国内外同类脆性指数均未经实验刻度，仅能表征岩石脆性指数的相对值，精度无法检验。本技术成果优选性能更好的刻度模型，对表征模型和校正模型进行岩心实验数据刻度，且可用实验的方法检验表征的精度，表征方法更具科学性。

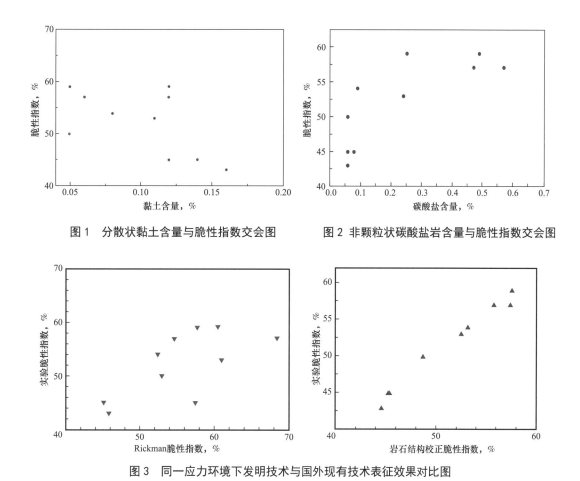

图1 分散状黏土含量与脆性指数交会图

图2 非颗粒状碳酸盐岩含量与脆性指数交会图

图3 同一应力环境下发明技术与国外现有技术表征效果对比图

三、应用成效

该成果已推广应用一千余井次，在我国非常规油气储量的发现及建产中发挥了关键性的作用。为10亿吨级世界上规模最大的砾岩油田和10亿吨级中国最具开发潜力的吉木萨尔页岩油油田的发现和建产提供了技术利器。

四、有形化成果

该成果申报国家发明专利8件，专利技术相关内容入选2016年、2018年"中国石油十大科技进展"，并被评为中国专利金奖，发表SCI论文2篇。

应用 CT 分析及核磁测井预测储层产气量的新方法

产能预测因其影响因素众多，测井评价模型中主控参数的确定一直是很大的难题，对于孔隙结构复杂、非均质性强的碳酸盐岩储层其难度更大。然而，产能预测对于复杂油气藏勘探却是必须提供的参数，至关重要。依托集团公司前沿基础研究项目，经数年艰苦攻关，发明了应用 CT 分析及核磁测井预测储层产气量的新方法，并自主研发了配套的技术体系和工业化处理软件，完整建立了以核磁测井为核心的碳酸盐岩缝洞油气藏产气量预测新方法。成果获 2016 年中国石油天然气集团公司技术发明一等奖。论文《应用 CT 分析及核磁测井预测储层产气量的新方法》获中国精品科技期刊顶尖论文奖。

一、技术内涵

通过对全直径岩心三维 CT 数据与同层位现场试气结果的对比分析，首次发现并证实了 70μm 及以上孔隙占岩石总孔隙的百分比是定量预测储层产气量的关键参数，并定义这个比值为"CT70 孔隙度"(图 1)。推导出了 CT70 孔隙度—产气量计算的理论公式，证明产气量与 CT70 孔隙度之间存在明确的指数关系。由于目前尚不能在井下进行 CT 测量（即无 CT 测井），故根据"CT70 孔隙度与岩心总孔隙度之比恒等于与 CT70 对应的核磁孔隙度与核磁总孔隙度之比"原理，发明了"CT—核磁同比转换"即利用核磁测量等效替代 CT 测量对产气量进行量化预测的有效方法，形成了预测储层产气量的实用新技术（图 2）。

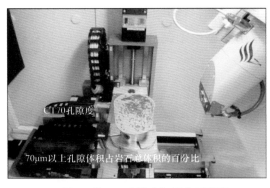

图 1 "CT70 孔隙度"概念示意图

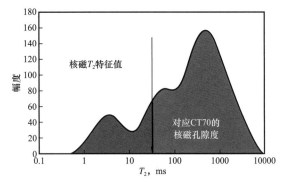

图 2 "CT—核磁同比转换"原理示意图

二、主要创新点

（1）首次提出"CT70 孔隙度"概念，证实该孔隙度为碳酸盐岩储层产气量预测的关键参数。

（2）首次导出"CT70孔隙度—产气量"计算公式，实现了对产气量的量化评价（图3）。

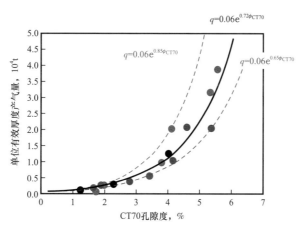

图3　考虑孔洞体系渗透率差异的产气量预测模型

（3）首次建立"CT—核磁同比转换产气量预测"新方法，形成了应用核磁测井资料预测储层产气量的实用技术。

三、应用成效

该方法在西南油气田 66 口碳酸盐岩缝洞储层探井的规模化应用证明，工业产层识别率从 80% 提高到 91%，产能预测成果为安岳气田磨溪区块磨溪 8 井区、磨溪 21 井区龙王庙组气藏的试油选层提供了重要依据，为我国 $4000 \times 10^8 m^3$ 最大单体整装海相气藏的发现提供了极为重要的技术支撑。同时，该方法也为西南油气田下二叠统栖霞组—茅口组和长庆油田马家沟组含气规模评价与风险勘探提供全面技术支持。

四、有形化成果

该成果共获国内外授权发明专利 10 件，登记国家计算机软件著作权 4 件，认定中国石油技术秘密 2 件，形成了完备的自主知识产权体系，实质性推动了行业科技进步。

地层元素全谱测井处理技术

岩石矿物种类及含量的准确评价直接影响复杂岩性油气藏的发现和探明。元素全谱测井技术是近 10 年发展起来的高端核物理测井方法，可精确确定地层元素与矿物含量、计算有机碳含量及评价含油气性，适用于裸眼井和套管井，复杂岩性地层评价和老区剩余油分析的有力技术。但其资料处理的效果往往受控于外方软件的核心技术，大面积推广和精细处理评价都遇到许多障碍。在集团公司的大力推动下，历经 10 年先后攻克了方法原理、实验装置和处理算法三大难点，自主研发了配套的技术体系和工业化处理软件，使我国地层元素全谱测井处理技术取得了突破性进展，在各油田实现规模应用。

一、技术内涵

提出并完整公开了单元素伽马能谱核物理实验测量和数值模拟方法，发明了"元素响应与测量谱优化匹配"及"交叉谱分群逐步精细剥离解谱"等关键技术（图 1），将解谱元素种类由目前国际公开报导的 12 种提升到 15 种，岩石矿物判别及含量计算更加精准。发明了基于岩石矿物组分精细变骨架最优化处理的高精度孔隙度计算方法，有效解决了致密储层孔隙度难以准确计算的瓶颈问题。

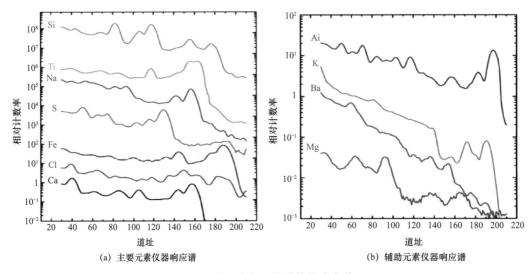

(a) 主要元素仪器响应谱　　　　(b) 辅助元素仪器响应谱

图 1　单元素伽马能谱仪器响应谱

二、主要创新点

（1）发明了"相关元素分群逐步精细剥离解谱""元素响应谱与测量谱优化匹配"和"无效本底谱分段扣除"等系列核心专利技术，构建了系统测量俘获和非弹伽马能谱的核物理实装置，实现了俘获谱和非弹性散射谱的高精度全谱解谱，为国产元素测井仪器工业化应用奠定了扎实的技术基础。

（2）采用最优化方法构建了元素测井最优化响应方程，实现了复杂岩性储层矿物含量和混合骨架的最优计算，孔隙度计算精度较传统方法提高了1倍，为低孔低渗透储层和非常规油气的测井精细评价提供了重要支持。

（3）以系列专利技术为核心集成研发出元素全谱测井处理软件模块，处理效果与国外同类软件最新版本相同，填补了中国石油的技术空白，提升了非均质复杂储层岩石矿物精细评价能力（图2）。

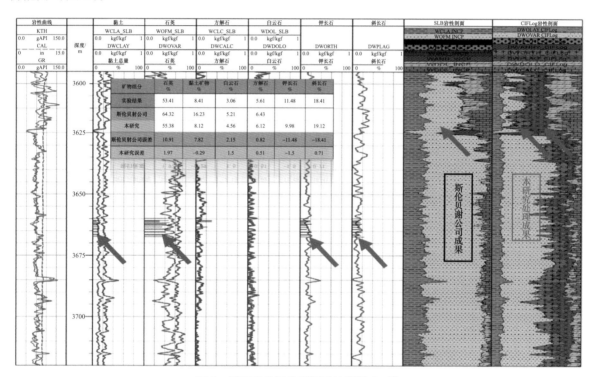

图2　岩石矿物组分判识及计算精度对比

三、应用成效

该成果在新疆油田、大庆油田和塔里木油田等重点勘探开发区块，以及巴西、伊朗和乍得等中国石油海外作业区实现规模应用，复杂储层岩石矿物评价精度由原来的78%提升到89.2%，孔隙度计算误差低至0.47个孔隙度单位，大幅提升了中国石油复杂岩性地层评价和老区剩余油分析能力和水平。

四、有形化成果

该成果以13件国内外发明专利（其中国际授权发明专利2件）、10件中国石油技术秘密和5件软件著作权登记为核心，形成了自主知识产权技术体系和软件，实质性推动了我国核测井技术进步。被评为2018年中国石油十大科技进展。

核磁共振测井实验仿真与非常规储层信息提取技术

非常规储层精确评价是当前我国石油工业面临的重大挑战。理论上，核磁共振技术评价对其有效性评价具有独到优势，但实践中却存在常规测试工艺实验精度低、机理研究分析工具少、资料反演处理能力差，进而导致其对复杂储层评价能力和效果常常不能满足勘探开发需求的突出问题。在此过程中率先系统开展核磁共振测井实验仿真与非常规储层信息提取与处理技术研究，取得的一系列发明成果为核磁共振技术在非常规储层的有效应用奠定了坚实的理论、方法和软件基础，经专家评定和检索查新，发明成果整体达到了国际领先水平。

一、技术内涵

该技术专门针对非常规超低渗透储层搭建井下环境核磁共振实验新装备，建立非常规样品核磁实验新工艺；创新研发核磁共振多维多参数联合正演新技术，奠定采集优化方法技术基础；发明基于有效降噪的核磁共振高精度反演新技术，较大幅度提升了非常规储层核磁评价精度；创新建立核磁共振关键参数处理与非常规储层信息精细提取新技术，解决了非常规储层评价的瓶颈问题。

二、主要创新点

（1）发明高温高压核磁共振实验动态仿真新技术，实现了井下温压与流体分布的核磁共振实验仿真（图1）。

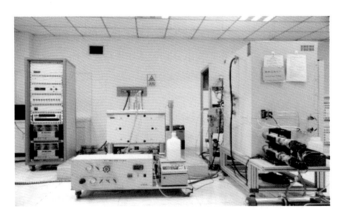

图1 高温高压驱替核磁共振实验测量系统

（2）发明多维多参数联合正演模拟新技术，有效解决了孔隙结构、流体性质、仪器类型和测量模式等因素综合影响下的核磁共振响应模拟难题，为核磁共振采集模式优化及其资料精度提高提供了基础研究平台。

（3）发明了低信噪比资料高精度反演新技术，研发基于小波分解的自适应阈值滤波处理方法显著提高了原始资料品质，小孔加密布点 T_2 谱反演新方法显著提高了微纳米级孔隙核磁共振表征能力。

（4）发明了核磁共振关键信息提取与储层精细评价新技术。表面弛豫率的确定方法实现了孔喉尺寸的精确提取，研发了基于孔喉尺寸信息发明了孔喉指数 PTI 表征新技术，实现致密储层品质准确分类，发明了 MRIL–P 型核磁共振测井仪器的二维核磁共振测井采集与流体识别新方法（图2）。

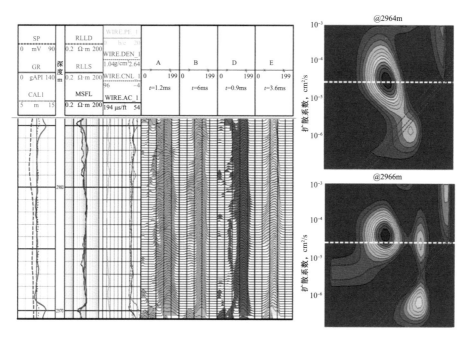

图2　核磁共振关键信息提取技术

三、应用成效

近三年，该成果已在长庆油田、青海油田、华北油田和冀东油田等 500 余口井得到检验应用，并实现了油田技术人员的规模应用，大幅提高了非常规储层测井评价精度和流体识别符合率，为非常规储层勘探开发提供了关键技术支撑，经济效益和社会效益显著。

四、有形化成果

该成果获授权发明专利 15 件，计算机软件著作权登记 1 项，集团公司级自主创新产品 1 项，发表论文 10 篇，其中 SCI/EI 论文 8 篇。

超高温超高压超深穿透射孔技术

　　油气勘探开发不断向深层发展，深层油气藏具有高温、高压、超深等特征，井筒完整性要求高，完井工艺复杂，对射孔器材及配套技术提出了巨大的挑战。低孔、低渗透、低丰度、高致密储层或高伤害地层的射孔作业，对穿孔深度、穿孔孔径等提出了新的要求。通过多年的技术攻关，研发了超高温超高压射孔器系列、超深穿透射孔器系列、动态力学分析软件以及配套的工具和作业工艺，形成了"三超井"成套射孔技术，填补了国内空白，达到国际领先水平。

一、技术内涵

　　超高温超高压射孔技术由 175MPa/210℃、210MPa/210℃ 和 245MPa/230℃ 等 3 种超高温超高压射孔器、超深井射孔管柱及套管动态力学分析软件、射孔与测试及增产措施联作等 3 套超深井射孔作业工艺以及配套作业装备和工具组成，具备超深井起爆传爆、起爆监测等功能，能够完成国内超深井射孔施工，将国内射孔作业能力推进到 9000m 井深，实现了超深井射孔技术国产化（图1、图2）。超深穿透射孔技术形成了 89 型、102 型和 127 型等 3 种型号超深穿透系列射孔器以及配套工艺技术，通过国际 API 认证，混凝土靶测试平均穿孔深度分别达到 1667mm、1805mm 和 2091mm。

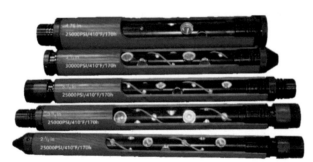

图 1　超高温超高压射孔器

图 2　超深穿透射孔弹

二、主要创新点

　　（1）创新形成了一套集地面射孔动态力学测试、数值仿真、井下射孔动态数据采集于一体的动态响应分析软件，确保超深井射孔管柱安全。

　　（2）基于超深井井下射孔数据、射孔参数、井筒参数、地质参数等与射孔爆轰参数进行研究，建立了射孔瞬间压力与相关参数的高阶数学模型，形成了超深井射孔优化设计方法，指导了超深井的高效施工。

（3）研发了超高温超高压成套装备及工艺，实现超深油气藏射孔精确定位、射孔起爆监测及射孔测试联合作业，满足 $4\frac{1}{2} \sim 7in$ 套管超深井射孔施工作业。

（4）首创了内三锥药型罩结构，发明了一种铜钨合金粉末的工业化生产方法，解决了高密度药型罩成型难、射流速度慢易断裂和炸药能量利用率低等射孔弹世界级难题，实现了射孔器穿深性能的新突破。

三、应用成效

超高温高压射孔技术在西南油气田和塔里木油田等超深井完全替代国外射孔技术，推动超深井射孔技术标准化和产业化。创造了施工难度最大、作业井深最深、作业温度最高等 10 项国内射孔纪录，有力支撑了磨溪龙王庙组气藏产气突破 $300 \times 10^8 m^3/a$ 以及我国陆上最深气藏克深 9 气藏的全面开发。

超深穿透射孔技术在中国石油、中国石化和中国海油等国内油气田广泛应用，射孔作业安全高效，获得了显著的增产效果，为我国低孔低渗透致密储层、页岩气储层及深层油气资源高效开发、油气产能建设提供了重要技术支撑。同时产品销售至哈萨克斯坦、乌兹别克斯坦和伊朗等 37 个国家和地区，取得了显著的经济效益。

四、有形化成果

该成果获得授权发明专利 5 件，登记软件著作权 2 件，制定标准 4 项，发表论文 5 篇。入选 2020 年集团公司自主创新重要产品，获集团公司科技进步二等奖 1 项。

钻完井

复杂深井超深层钻完井关键技术

近年来，塔里木盆地、川渝地区深层超深层勘探开发取得系列重大突破，已经成为集团公司增储上产的主战场之一。但深井超深井钻完井温度、压力高且普遍存在多压力系统，钻井复杂多、风险大、周期长，如四川盆地双鱼石构造井深 8000m 以上、高低压同存等；塔里木山前构造上部巨厚砾石层、下部复合盐膏层和高温高压目的层，属"全球少有、国内独有"世界级难题。针对上述难题，通过攻关与试验，突破了超深井抗高温钻井液等一批关键技术，形成了复杂超深层井身结构优化设计、一体化精细控压、复杂难钻地层钻井综合提速和复杂工况井井筒屏障提质等主体技术，为深层超深层天然气安全高效开发提供了有力的技术保障。

一、技术内涵

针对复杂压力系统，开发出一套超深井井身结构设计方法及配套技术；形成"钻、测、固、完"一体化精细控压钻完井、复杂难钻地层钻井综合提速技术；研制出满足复杂深井的多元强吸附钻井液处理剂，形成抗高温钻井液技术系列；形成了以钻柱扭摆、高效 PDC 钻头为核心的提速配套技术；创新试油与投产结合，开发了试油完井一体化技术；大幅度降低钻井事故复杂，提高钻井速度。

二、主要创新点

（1）创新形成两套复杂超深层井身结构设计技术。一是基于压力精准预测适用于库车山前多压力系统的塔里木油田非标准尺寸套管系列井身结构，能满足有 1～2 条断层、2～3 套盐层的构造。二是创新形成一体化设计平台，开发出一种高自由度井身结构设计方法，确保川西北川中等 8000m 级复杂超深井安全钻完井。

（2）创新形成"钻、测、固、完"一体化精细控压钻完井技术，显著减少了井下复杂和作业风险。

（3）创新巨厚砾石层和复合盐膏层精细描述方法，揭示井下钻具振动规律，形成了库车山前钻井综合提速技术，缩短了钻井周期。

（4）创新研究出满足复杂深井的钻井液关键处理剂，形成了抗高温钻井液技术系列，有力保障深井超深井安全钻进。

（5）形成了以钻柱扭摆、高效 PDC 钻头为核心的提速配套技术，深井超深井钻井速度大幅提升。

（6）创新了高温高酸性环境防腐技术，研发 140MPa 新型套管头（图 1），攻克了高温水泥石强度衰退难题，提升了全生命周期管外水泥环完整性和井筒屏障质量。

图 1 国内首套 140MPa 金属密封易更换的套管头在塔里木油田克深 14 等井应用

三、应用成效

相关技术成果在川渝地区应用 351 口井，经济效益 15 亿元；在塔里木库车山前应用 124 口井，钻井周期由 527 天降至 320 天，经济效益 40.6 亿元，并创造了亚洲陆上最深井纪录（轮探 1 井，井深 8882m）；有力支撑了西南油气田 $300 \times 10^8 m^3$ 战略大气田建设和塔里木 $3000 \times 10^4 t$ 大油气田如期建成。技术进步显著，经济效益和社会效益巨大（图 2）。

图 2 该成果支撑了中秋 1 勘探重大突破和轮探 1 亚洲陆上最深井钻探

四、有形化成果

该成果已取得授权发明专利 17 件、实用新型专利 11 件，登记软件著作权 6 件，认定集团公司级技术秘密 3 项、企业级技术秘密 7 项，制定企业标准 15 项，发表论文 46 篇（其中 SCI 收录 5 篇、EI 收录 5 篇），出版专著 4 部，经国内权威专家鉴定：该成果整体达到国际先进水平。

大井丛平台工厂化钻完井配套技术

鄂尔多斯盆地页岩油资源丰富,是陇东千万吨级油气区建设的重要资源和长庆油田持续上产稳产的主要接替层系,也是保障国家能源战略安全的现实目标。但页岩油藏"低渗透、低压、低丰度"的特征决定了单井产量低,在低油气价条件下,进一步降本增效是其经济有效发展的必由之路。长庆油田地处山大沟深、沟壑纵横的黄土塬地貌,生态环境较脆弱,井场征地与环境保护压力日趋严峻、储层多样性开发需求日益凸显,"大井丛 + 水平井"开发模式具有降低成本、减少土地征用、多层系开发的技术优势。

一、技术内涵

通过开展大井丛平台整体优化设计(图1)、三维水平井井眼轨迹精细控制、长水平段水平井快速钻井、强抑制复合防塌钻井液体系等关键技术研究,有效解决了征地困难、平台整体防碰、水平井机械钻速慢、井壁失稳易坍塌等技术难题,创新形成大井丛平台工厂化钻完井配套技术,为丛式水平井工厂化钻完井、工厂化压裂改造提供了技术保障。

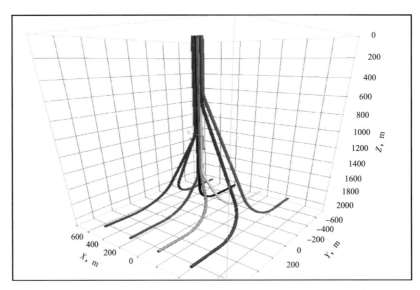

图1 丛式水平井组整体优化设计(单层系)

二、主要创新点

(1)创新大井丛平台整体优化设计、主动分离防碰及大偏移距三维水平井剖面优化技术,建立井场走向、井口位置与靶点关系模板,解决了黄土塬地貌小井场大井丛钻井施工技术难题,实现了水平井由单井单井场到多井大井丛开发方式的转变,最大偏移距达到1266m,单平台最大完钻水平井井数由 6 口增加至 31 口，控制储量面积达到 1000×10^4t，大幅节约土地面积与井场建设成本。

（2）创新"小井斜消除偏移距—稳井斜扭方位—增井斜入窗"实钻轨迹精细控制模式，研发强抑制复合盐降摩减阻防塌钻井液体系，解决了高水垂比三维长水平段降摩减阻难度大、长裸眼段轨迹控制难及水平段泥页岩坍塌等难题，实现了水平段 5000m 以上三维水平井安全钻井施工，创亚太陆上最长水平段纪录。

（3）创新钻进参数多目标优化方法，集成高效耐磨 PDC 钻头、长寿命大功率螺杆及"轴向＋径向"复合新型水力振荡器等新型提速工具（图 2），强化钻井参数，形成页岩油长水平井快速钻井技术，平均钻井周期缩短 40%，最短钻井周期仅为 7.75 天（1590m），水平段一趟钻最高进尺达 2572m，与北美钻井水平相当。

图 2　高效 PDC 钻头、螺杆及水力振荡器选型优化

（4）创新研发球型化可变形材料、聚丙烯纤维等水泥添加剂，形成低温高强韧性水泥浆体系及多凝水泥浆固井工艺技术，有效改善界面胶结，水平井固井优质率提高 20%，实现环空水泥石长期有效封隔。

三、应用成效

2018—2020 年，该技术在长庆油田页岩油全面推广，累计完钻 382 口，节约土地面积 2182 亩，节约成本 1.31 亿元；示范区水平井平均钻井周期由 29.6 天降至 18.0 天，最短钻井周期仅 7.75 天，二开条件下实现 1265.9m 偏移距、1335m 水平段安全钻进，创造了国内油田水平井偏移距最长纪录，创亚洲陆上最长水平段 5060m 及单平台水平井建井 31 口双纪录，为庆城油田 300×10^4t 页岩油建设提供了有力支撑，同时示范带动了新疆油田和吉林油田等页岩油水平井大井丛钻完井技术的规模应用。

四、有形化成果

该成果获授权国家发明专利 6 件、实用新型专利 5 件；发表论文 4 篇，登记软件著作权 1 件；获得中国石油和化学工业联合会科技进步奖一等奖；获评为 2020 年中国石油十大科技进展。

CG STEER 旋转地质导向钻井系统

旋转地质导向钻井系统是代表当今世界钻井技术发展最高水平的高端技术装备，被列入了"十三五"国家油气专项。川庆钻探公司与航天科工惯性公司和中国石油大学（华东）联合攻关，自主研发出 CG STEER 旋转地质导向钻井系统。

一、技术内涵

CG STEER 旋转地质地质导向钻井系统采用静态推靠式原理，突破了"造斜率低""能量与信号传输不稳定""工作寿命短"等技术瓶颈，自主完成了系统的研制，技术指标达到国际先进水平。

二、主要创新点

（1）创建了平衡趋势造斜率预测模型，研制出 10.5°/30m 旋转地质导向钻井系统。

（2）构建了多源、多级信号 / 能量传输体系，实现了系统信号 / 能量的高效传输，信号误码率降低到 0.01%。

（3）突破了近钻头测量技术，实现了地质导向功能，近钻头井斜测量零长 1.1m，近钻头伽马测量零长 2.1m；突破了零度造斜技术，在井斜 5° 以内，方位控制误差小于 ±10°；突破了高转速条件下精确控制技术，适应转速大于等于 210r/min。

（4）创新设计了两级节流、精确分流的信号下传装置，指令下传成功率接近 100%，检维保周期超过 2000h（图 1）。

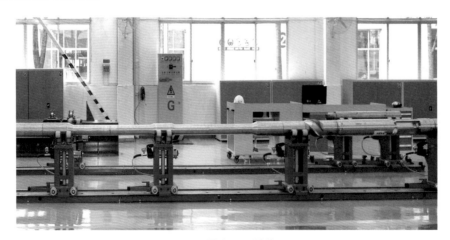

图 1　导向工具结构

（5）通过优化合力分解算法降低负荷、多级隔离防止钻井液侵入、增加液压保护回路克服冲击，提高了微型液压单元工作可靠性，液压单元现场无故障工作时间达到 390h。

三、应用成效

截至 2021 年 6 月，CG STEER 旋转地质导向钻井系统共计完成了 12 口井的现场功能验证和 42 口水平井的工业化应用试验，累计进尺达 65369.87m。系统稳定造斜能力达到 10.5°/30m 以上，页岩气水平井平均作业周期 25.51 天（2018—2020 年，长宁页岩气平均周期 24.45 天），在华 H100-28 井创造了国产旋转地质导向系统单趟进尺 2331m 的纪录，性能和功能满足页岩油气和致密油气工业化应用要求，突破了国外旋转导向关键技术"卡脖子"的封锁（图 2）。

图 2　现场应用

四、有形化成果

该成果共申报发明专利 55 件，登记软件著作权 2 件，发表论文 11 篇（其中 SCI 收录 2 篇、EI 收录 7 篇），系统国产化率达到 95% 以上，培育了集"研、产、维、用"为一体的产业化能力。建立了 10 套以上的年生产能力，具备 40～45 套 /a 的维保能力，年作业能力达到 50 口井以上。

管柱自动化钻机

按照中国石油天然气集团有限公司（以下简称集团公司）工程作业队伍"标准化、专业化、机械化、信息化"作业要求，以实现作业现场"省人、省心、省力、省时、省钱"为目标，全面改善和提升一线员工生产环境为根本出发点，宝鸡石油机械有限公司（简称宝石机械）依托集团公司相关项目，集中攻克了钻机管柱输送、建立、排放全流程自动化作业及控制技术，研制出以管柱自动化作业系统为核心的国产自动化钻机，使我国高端自动化钻机达到国际先进水平。

一、技术内涵

突破了钻机管柱自动化作业技术，包括动力猫道、浮动式铁钻工、钻台排管机及二层台排管机械手等系列自动化核心设备及集各种设备操作、显示、防碰互锁功能为一体的司钻集成控制系统、具有远程监测与故障诊断、关键设备信息识别等信息化技术；制定了钻机管柱自动化处理系统及其集成控制系统技术规范；据此研制了系列管柱处理自动化钻机。

二、主要创新点

（1）管柱自动化作业技术，实现了整套管柱从地面到钻台再到二层台的全流程自动化输送、旋扣和排管作业，提高了钻井作业效率，减轻了人员劳动强度。

（2）钻机司钻集成控制技术，实现了司钻对钻井设备的集成操作和集中管理，解决了钻机各设备远程操控与一体化协同管理的难题。

（3）管柱钻机集成配套与标准化技术，解决了传统钻机单件小批量的制造模式，提高了钻机配套设备的互换性，稳定了产品设计质量、提升了产品性能。

三、应用成效

目前，研制系列管柱自动化钻机共 70 余套（图 1 和图 2），已在新疆油田、青海油田、长庆油田、大庆油田、塔里木油田、西南油气田、大港油田、华北油田等完成 101 口井钻井，累计进尺 53.4×10^4m。采用管柱自动化钻机成果完成升级改造钻机 101 台，应用 292 口井，累计进尺 174.6×10^4m，并刷新多项作业指标。

四、有形化成果

该成果共获得授权专利 27 件，其中发明专利 19 件；登记软件著作权 6 件；制定行业标准 1 项、集团公司企业标准 1 项；发表论文 13 篇。管柱自动化钻机于 2021 年 4 月 9 日通过了集团公司组织的鉴定，成果整体达到国际先进水平。"ZJ70/4500DB 自动化钻机"获 2020 年"陕西工业精品"称号；"7000 米自动化钻机（一代）"被陕西省认定为"2020 年度首台（套）重大技术装备产品"。

图 1　管柱自动化钻机油田现场钻井作业

图 2　钻台管柱自动化装备

钻井协同减振与破岩智能优化系统

井下振动是造成钻头破岩效率低、诱发破岩工具先期破坏和钻具事故的主要因素之一。为此，依托国家油气专项、中国石油天然气集团有限公司（以下简称集团公司）工程技术与装备重大专项、勘探钻井攻关项目等，发明了"钻井协同减振与破岩智能优化系统"，实现井下振动地面分析优化、井下主动协同减振、地面参数优化与钻机联动控制的随钻优化控制，提高钻头破岩效率，延长钻头寿命。在西南油气田、玉门油田和塔里木油田等应用 20 余井次，成功规避了井下有害振动，平均机械钻速提高 30% 以上。在玉门油田施工的全部井队推广使用，在集团公司钻井实时作业中心、中油油服页岩气旋转导向维保中心、川渝页岩气部分井队成功部署应用，减振、提速效果显著，创造经济效益 2.4 亿元。获沙特阿美国家石油公司近 200 万美元资助，在其主力产区开展现场应用，未来三年将在 100 部钻机配置部署。

一、技术内涵

"钻井协同减振与破岩智能优化系统"提供了一套全新的地表与井下协同控制井下有害振动的工作模式，实现了井下振动的地面监测分析与量化评价、井下振动强度的实时测量、井下有害振动的随钻优化控制（图 1）。当井下发生有害振动时，分析系统能够实时提示司钻并告知井下钻具振动状态及钻头破岩状态，通过钻机协同控制优化系统自动提示最优破岩参数，缓解有害振动。同时，井下减振辅助破岩工具也会同步启动共同降低井下有害振动。

图1　智能导航仪司钻指示界面

二、主要创新点

（1）揭示井下振动与破岩参数、钻头破岩能效之间的内在影响机理，形成井下振动强度地面监测量化评价方法，对钻头振动状态进行实时监测并提示钻头有害振动工作区。

（2）阐明钻柱振动指数与钻头破岩能效、钻头吃入深度、摩阻扭矩及钻头工作参数的相互作用规律，形成地层自适应的钻头工作参数强化寻优技术和钻机协同控制优化系统。

（3）研发高精度、大容量、低功耗存储式新型井下振动测量短节，为完善振动规律预测模型、验证地面预测方法的准确性及评估减振效果提供数据基础和技术手段。

（4）研制井下减振辅助破岩工具，有效控制井下轴向和周向有害振动，降低钻头黏滑效应。

三、应用成效

在川渝页岩气田、玉门油田等国内油气田以及沙特阿拉伯等的油田累计提供技术服务 108 井次，节省钻井周期 236.7 天。为自 202 井技术服务，钻井周期同比设计缩短 5.7 天，节省钻头 2 只；为玉门油田青 2-80 井服务，相比邻井，节省 PDC 钻头 1 只，缩短钻井周期 16 天，创造该区块最快定向井纪录。为中国石油集团油田技术服务有限公司（简称中油油服）"钻井 630 科技示范工程"威 202H34-2 和威 202H34-4 两口页岩气示范井提供技术支持，实现全过程钻井优化，保障了复杂地质条件下长水平段（2300m）水平井顺利实施。

四、有形化成果

该成果授权发明专利 13 件、实用新型专利 4 件，登记软件著作权 6 件，在国内外核心期刊、国际会议上发表学术论文 24 篇。获得第 19 届（2017 年）中国专利优秀奖、第 45 届（2015 年）美国 E&P 工程创新奖（图 2）、第 16 届（2015 年）World Oil 最佳钻完井新技术亮点奖、第 6 届（2017 年）cippe 产品创新金奖。

图2　E&P工程创新奖获奖证书

钻井、测井、固井、完井全过程精细控压技术

　　一体化精细控压钻完井技术是在精细控压钻井装备及工艺技术的基础上发展而来，将井筒压力精细化控制延伸发展至钻井、测井、固井、完井施工过程中，有效控制建井各阶段井底压力变化，以实现安全、经济、高效钻完井的目的。基于循环流量精准监测和井筒压力快速调节与精细控制的技术优势，该项技术在储层保护、试油测试等作业和地质矿产钻探、深地钻探、大洋钻探等领域有着广泛的应用前景。

一、技术内涵

　　针对国内陆地深层和海洋油气资源建井过程中所面临的井下复杂以及"溢漏同存""窄密度窗口"等世界性钻完井难题，中国石油集团工程技术研究院研发了具有自主知识产权的一体化精细控压钻完井技术，实现了钻完井全过程压力精确控制，有效降低井下事故复杂、保障井筒完整性（图1）。

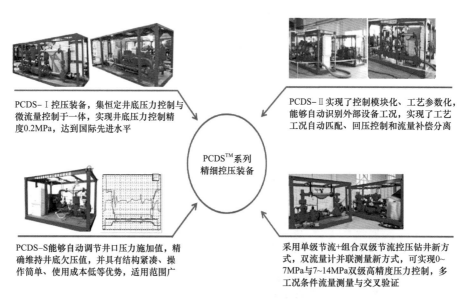

PCDS-Ⅰ控压装备，集恒定井底压力控制与微流量控制于一体，实现井底压力控制精度0.2MPa，达到国际先进水平

PCDS-Ⅱ实现了控制模块化、工艺参数化，能够自动识别外部设备工况，实现了工艺工况自动匹配、回压控制和流量补偿分离

PCDS-S能够自动调节井口压力施加值，精确维持井底欠压值，并具有结构紧凑、操作简单、使用成本低等优势，适用范围广

采用单级节流+组合双级节流控压钻井新方式，双流量计并联测量新方式，可实现0~7MPa与7~14MPa双级高精度压力控制，多工况条件流量测量与交叉验证

PCDS™系列精细控压装备

图1　PCDS控压钻井系统主要功能

二、主要创新点

　　（1）自主研发一体化精细控压钻完井大型成套工艺装备，具备控压装备设计、加工、检测、维修一体化制造与维护能力。

　　（2）建立全过程控压工况模拟装置及系统评价方法，具备一体化控压装备与工艺的测试与评价能力。

（3）建立"随钻井下测量＋水力学计算"的井底压力确定方法，实现精细控压钻完井作业现场数据一体化采集、处理与实时控制，建立触发量与状态量报警机制，大幅提升控压作业的信息化、智能化水平。

（4）创新采用"压力＋流量"双目标控制策略，同时解决了发现与保护储层、提速增效及防止窄密度窗口井筒复杂的世界难题。

三、应用成效

一体化精细控压钻完井技术与装备在国内外 11 个油气田推广应用 70 余口井，解决了窄压力窗口问题（图 2），保障井控安全；有效预防和处理涌、漏、塌、卡等井下复杂；提高钻速，大幅度减少非生产时间、缩短钻井周期；减少储层伤害、助力储层发现，大幅延长水平段长度，提高单井产量。技术与装备的规模应用创造直接经济效益 62.7 亿元，经济与社会效益显著，有力促进油服经济高水平发展，提升勘探开发整体效益。

图 2　PCDS 控压钻井系统现场应用情况

四、有形化成果

（1）形成适应于深井、海洋等不同作业环境和作业需求的系列化精细控压装备，技术指标优于国际同类产品。

（2）组建国内首家控压专业实验室，现已成为油气钻井技术国家工程实验室的重要组成部分。

（3）发布多项行业标准、企业标准和操作手册，建立国内行业标准，推动了我国复杂深井钻井行业技术与装备的标准化发展。

自动化固井技术与装备

固井质量直接关系井筒寿命、安全环保生产，影响单井产量和勘探开发综合效益。传统固井以经验和手动控制为主，自动化程度低，劳动强度大，施工质量和封固质量难以把控。中国石油依托重大科技专项，通过创新理论、升级工艺方法，形成中国石油独立知识产权的 AnyCem® 固井平台系统、自动监控固井重大装备及自动化固井成套技术，在支撑集团公司复杂深井、高压气井、非常规气井等高效勘探开发发挥了重要作用。

一、技术内涵

针对固井设计软件高端依赖进口、固井工艺核心模型受知识产权保护无法引进、固井自动化信息化程度低等问题，创新建立了固井工程四大作业单元关键数理模型与自动化固井作业控制方法，自主研发出中国石油独立知识产权的 AnyCem® 固井平台系统，研制了成套自动化固井关键装备，形成新型自动化固井工艺技术，总体达到国际先进水平，在长庆油田、西南油气田、辽河油田、大港油田和华北油田等取得规模应用，经济效益和社会效益显著（图1）。

图1　全新一代成套自动化固井作业装备

二、主要创新点

中国石油通过持续攻关，自主研发形成设计—仿真—监控一体化自动固井技术与装备。主要技术创新：

（1）突破了全生命周期固井密封完整性控制、复杂温压条件井下压力精细分析、多流体拟三维顶替模拟、复杂井型下套管预测和水泥浆混配密度自动控制等8大关键数理模型，提升了提高固井质量的科学设计能力，奠定了自动化固井的控制理论基础。

（2）研制出自动化水泥车、水泥头、稳定供水泥等5大关键固井装备，开发出现场作业数据实时采集与操作控制系统，提升了固井作业的可靠性和精准度，建立了自动化固井的硬件基础。

（3）创新形成集固井设计、仿真、自动监测与控制、大数据分析与技术管理等多功能AnyCem®软硬件一体化平台，整合了固井业务单元孤岛数据，在国内外率先实现"无人操作"固井作业，推进了固井业务数字化转型发展。

三、应用成效

该成果已在长庆油田、西南油气田、辽河油田、大港油田和华北油田等高温探井、储气库井、稠油热采井、页岩油（气）井、低渗透井、致密油（气）井等井集成应用6000余井次。AnyCem®固井软件系统支撑复杂深井、天然气井、水平井等固井优质率提升10%以上，助力高效勘探开发；自动化固井技术提升了固井连续精准施工水平，已建立5个示范队，降低现场劳动强度50%、提高作业效率30%，正引领国内固井技术发展（图2）。

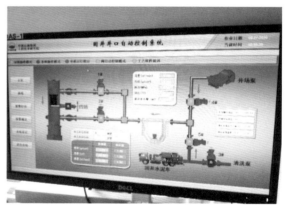

图2　新型自动化监控固井现场作业

四、有形化成果

该成果获授权发明专利11件、实用新型专利17件；发表核心论文28篇，其中SCI和EI收录12篇；登记软件著作权6件，注册商标1项，制定行业规范1项、企业规范3项。"自动化固井技术装备提升固井质量与作业效率"获2020年中国石油十大科技进展。

140MPa/200℃深井试油完井配套技术

140MPa/200℃深井试油完井配套技术为勘探开发持续向深部储层扩展起到了关键的支撑作用。我国尽管在深井试油完井技术上有所成就，但在140MPa/200℃高温高压试油完井装备技术上一直没有重大突破，都需要从国外引进，服务周期长，价格昂贵，作业成本非常高，阻碍了我国深部高温高压储层的勘探开发。经过近年来的持续技术攻关，解决了制约该技术的关键装备及技术瓶颈，形成成套140MPa地层测试工具及地面测试装备，并形成规模化推广应用，扭转了我国深井试油装备主要依赖进口的局面，实现全国产化。项目攻关研发了11种高温高压井下测试工具，4种大型高温高压地面测试装备，形成了以140MPa/200℃地层测试技术、140MPa地面流程自动控制技术为核心的试油完井关键技术，使高温高压"复杂深井"完井试油技术这一石油工程界的世界难题在国内实现由点到面、由特殊到"常规化"的广泛应用，缩小了和国际先进水平的差距。

一、技术内涵

该技术立足于高端装备的自主开发，实现对高温、高压及高含硫等苛刻作业条件的绝对的承受能力，确保作业的安全；再通过工艺效率的不断提升，进一步提高技术推广范围，增强效益。

二、主要创新点

（1）创新研发了以140MPa/200℃单向式井下关井循环阀、密封脱接阀为核心的试油—暂堵工具，形成的试油—完井一体化技术系国内首创（图1）。将试油、完井两大工序的无缝对接，有效解决了深部气层测试后易漏难堵等难题，大大提高了试油完井作业效率。

（2）基于似稳恒电磁波技术，研制国内首套井下测试数据无线直读系统，并成为国际最前沿的试油测试过程井下资料录取技术（图2）。实现了试油全过程井下压力温度实时读取，为现场试油辅助决策提供了有力支撑。

（3）自主研制了国内首台140MPa远程控制高抗冲蚀节流阀和140MPa抗硫旋流除砂器，填补了国内空白，产品综合性能达到国际先进水平。

（4）自主开发的含硫井排出液自动实时除硫配套装置和工艺技术，解决了高温高压含硫深井测试安全与排放问题（图3）。

三、应用成效

该成果在四川盆地高石梯—磨溪构造、塔里木油田库车山前、塔中等高温高压含硫气田、土库曼斯坦高产含硫气田应用广泛，产生了巨大的经济、社会效益。复杂深井测试成功率达到98%，射孔一次性发射率大于99%，压井一次性堵漏成功率达到80%，作业时效提升20%。成果应用共节约各项设备采购等费用近3亿元，服务产值连续4年均超过1亿元，年产生间接效益超6亿元。

图1　试油—完井一体化技术应用现场

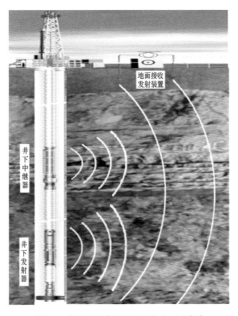

图2　井下测试数据无线直读系统

图3　140MPa/200℃系列地层测试工具

四、有形化成果

该成果获国家发明专利5件、实用新型专利共17件、中国石油自主创新重要产品1项，形成企业标准9项，出版专著1部。

高温高密度强封堵油基钻井液技术

针对塔里木油田库车山前超深井高温、高压、漏失、盐膏层和高压盐水层并存的世界性难题，开发出具有自主知识产权高温高密度强封堵油基钻井液技术，在塔里木超深层和川渝页岩气井中规模化应用。高温高密度强封堵油基钻井液技术实现了重大突破，项目整体水平达到国际先进水平，抗盐水侵能力达到国际领先水平。产品全部实现国产化，并进军国际市场，全面提升了我国油基钻井液技术水平。

一、技术内涵

发明了单链多团高效乳化剂和纳米—微米封堵剂等 6 种核心处理剂（图 1），创新形成了一套同时满足抗盐、抗高温、高密度的油基钻井液体系，抗温 220℃，最高密度达 2.60g/cm³，盐水侵容量限达 45% 以上。

图 1　油基钻井液核心处理剂

二、主要创新点

（1）基于高温高密度油基钻井液盐水侵流变性突变规律，发明了单链多团的高效乳化剂，乳化效率是传统乳化剂的 18 倍，增加了油基钻井液盐水侵容量限，解决了油基钻井液盐水污染流变性突变难题。完成了当时中国油基钻井液完钻最深井（克深 21 井），创油基钻井液在该地区井最深（8098m）、密度最高（2.58g/cm³）和温度最高（186℃）3 项纪录。

（2）发明了可变形纳米—微米封堵剂，利用树脂类材料的温敏变形特性，在地层基质内外形成致密封堵层，实现了油基钻井液对页岩地层纳米—微米孔缝的封堵，成功解决了井壁垮塌难题。

（3）发明了可膨胀性堵漏材料，形成深层油基钻井液防漏堵漏配套技术。发明了一种磺化丙烯酸树脂，复配特种无机填充材料形成膨胀性堵漏剂，抗温达175℃，在高温高盐复杂条件下膨胀性好，并形成复杂深井复合盐层堵漏技术。

（4）发明了有机土和流型调节剂，攻克了高温高密度油基钻井液沉降稳定性技术瓶颈。发明了一种复合改性有机土和聚酰胺基胺流型调节剂，能在油基钻井液体系中形成空间网架结构，提高油基钻井液动切力和低转速下黏度，具有悬浮携岩性强、高温静置沉降稳定性好的特点，在南美委内瑞拉复杂地区规模化应用，开拓了国际高端钻井液市场。

三、应用成效

在中国石油塔里木油田和西南油气田以及中国石化西北局和国外委内瑞拉等国内外6个油田推广应用200多口井，成功解决了塔里木油田库车山前超深井巨厚盐膏层和高压盐水层的挑战，保障了长水平段页岩稳定，为深层油气、页岩气和海外油气的开发提供了强有力的技术支持。

四、有形化成果

该成果获授权国家发明专利14件，获2018年中国石油天然气集团有限公司技术发明二等奖，2019年获中国石油天然气集团有限公司自主创新重要产品（图2）。

图2 获奖证书

难钻地层个性化 PDC 钻头提速技术

世界钻头市场需求巨大，每年市场规模超千亿。国内在中低端复合片和钻头方面已基本实现自给，但高品级复合片和高性能 PDC 钻头与国外差距明显，已成为影响和制约国内钻探技术突破的"拦路虎"。中国石油休斯敦技术研究中心自成立以来，一直坚持"自主研发、原始创新"的运行理念，国际首创了三维凸脊型非平面齿及 PDC 钻头，抢占了高端复合片和钻头研发的技术制高点，实现了从"0"到"1"的技术突破。

一、技术内涵

形成了 5 项高端钻头专有技术，建成了 1 个国际化钻头研发平台，整体水平比肩国际。本技术从钻井破岩方式入手，国际首创凸脊型非平面齿 PDC 钻头提速技术，开创并引领了国际异型齿 PDC 钻头的研发和规模应用（图 1）。突破了传统 PDC 钻头破岩理论，将传统的平面齿"面接触"突破为非平面齿"线接触"，耦合热力破岩、冲击破碎和切削破碎三种模式，大大提高钻头破岩效率和使用寿命。

图 1　三维凸脊型非平面齿 PDC 钻头

二、主要创新点

（1）国际首创凸脊型金刚石复合片，突破传统 PDC 钻头破岩理论。

基于传统平面切削齿破岩理论，综合提升破岩效率、减少岩屑流动摩擦、降低金刚石磨损和热降解等方面的性能，突破传统二维剪切破岩方式，创新三维凸脊型 PDC 钻头破岩理论，建立了"点挤压、线切削、面挤压"高效破岩新理念。

（2）发明了三维凸脊型金刚石复合片设计和脱钴靶向控制技术。开发了一套从原料优选、混粉处理、预处理工艺、高压元件设计、高温高压合成、关键性能分析的凸脊型复合片设计方法。采用立式车床和转塔冲击车床试验方案研究复合片耐磨性与抗冲击性，制定了一套兼顾复合片抗研磨性和抗冲击性的设计优化方法。

（3）创新实现了金刚石复合片与地层配伍定量评价。建立了基于不同岩石破碎特征的"金刚石复合片—钻头—地层"适应性评价方法和模型。该方法大大提高了工业界常规冲击塔的测试精度，国际上仅美国 Varel 公司有相关报道。

（4）创新四重平衡的 PDC 钻头设计方法，研发了高端 PDC 钻头技术系列产品。突破传统的力学平衡的设计理念，创新建立了钻头单齿受力、切削功、不平衡力、冷却效率四重平衡的设计方法，大幅度提高了钻头的稳定性与适应性。

三、应用成效

该成果已经累计在国内五大盆地（塔里木盆地、准噶尔盆地、松辽盆地、四川盆地、鄂尔多斯盆地）主力上产区域，实现了超 230 井次的现场应用，降本增效成果显著，平均单井节约钻井周期 18 ～ 20 天，累计节约超过 3886 天。该技术及其衍生产品累计创造直接经济效益 1.71 亿元和间接经济效益 2.74 亿元。

四、有形化成果

该成果获授权发明专利 4 件（其中中国 1 件、美国 3 件），发表论文 4 篇（其中 SPE 会议 1 篇、SCI1 篇、其他核心期刊 1 篇），2016 年获中国石油天然气集团公司自主创新重要产品，2017 年获中国石油天然气集团有限公司科技进步奖一等奖，2018 年获中国石油天然气集团有限公司十大科技进展，2019 年获中国石油天然气集团有限公司专利银奖，2020 年获北京市科技进步奖二等奖。

川渝高磨地区高压气井及页岩气固井
密封完整性关键技术

川渝地区天然气资源丰富，常规、非常规资源潜力大，是中国天然气工业基地。截至2017年底，高石梯—磨溪地区地区探明地质储量 $8488 \times 10^8 m^3$，川南页岩气累计提交探明储量 $3200 \times 10^8 m^3$。由于地质条件、井眼条件、运行工况复杂，高磨地区前期钻完井及生产过程中环空带压率38.2%，$\phi177.8mm$ 尾管固井质量合格率仅35.2%；川南页岩气"水平井 + 体积压裂"（压裂压力 $70 \sim 100MPa$，排量 $10.0 \sim 14.0m^3/min$）开发方式对固井技术及水泥环密封完整性提出严峻挑战，早期几乎口口井带压。固井质量低、环空带压是影响天然气安全高效开发的瓶颈问题，也是世界性难题。本成果依托国家科技重大专项及中国石油科技攻关等项目，历时7年攻关与实践，在技术上有重大创新，成果总体达到国际先进水平，在高强度韧性水泥、长水平段页岩气固井等方面实现重大突破。

一、技术内涵

针对高压气井和大型体积压裂页岩气井固井难题，创新形成了以高强度韧性水泥和以密封完整性为核心的深井超深井、高压气井固井成套技术，攻克了高压气井、大型体积压裂页岩气井等固井质量低、环空带压及气窜等问题，为高磨地区高压天然气、川南地区页岩气经济安全高效开发发挥了重大作用，并在塔里木盆地、柴达木盆地和渤海湾盆地等深井超深井固井中推广应用。

二、主要创新点

（1）创新建立了套管—水泥环—围岩组合体密封完整性力学模型，发明了水泥环密封模拟评价装置，在国内首次编制出水泥环密封完整性分析软件，制定了 SY/T 6466—2016《油井水泥石性能试验方法》，为高压气井、页岩气固井水泥石力学性能改造及体系开发、固井工艺设计提供了科学指导。

（2）创新形成了抗温200℃的高强度韧性膨胀水泥及配套技术，抗压强度可达50MPa以上。攻克了高磨地区 $\phi177.8mm$ 尾管固井难题，固井质量合格率提高117%，钻完井期间环空带压率降至0。在双鱼石构造双探3井应用，创造了川渝地区尾管固井最深（7402.74m）、悬挂最长（3953.7m）、尾管温差最大（73.6℃）3项纪录。

（3）开发了高效抗污染剂，创新形成了高性能抗污染水基及驱油型冲洗隔离液体系，抗温180℃、沉降稳定性小于 $0.03g/cm^3$、界面胶结强度提高81.17%。攻克了高磨地区高密度聚磺钻井液、页岩气高密度油基钻井液的高效驱替难题，并推广应用于中东和非洲项目。

（4）创新形成以预应力固井、大温差超长封固段一次上返为主体的 10 项关键技术，为解决复杂井、特殊井固井问题提供技术新途径，中国石油长水平段页岩气井安全下入套管和注水泥提供了保障。

三、应用成效

该成果在川渝高磨地区推广应用 125 口井（图 1）、375 井次，在川南页岩气示范区推广应用 218 口井（图 2），2016—2017 年创经济效益 7.75 亿元。项目成果提升了固井技术水平及服务保障能力，为西南油气田天然气上产 $300 \times 10^8 m^3$，以及川南页岩气井示范区 $120 \times 10^8 m^3/a$ 产能建设作出了重要贡献。

图 1　川渝高磨地区高压气井固井施工现场

图 2　川南页岩气大型体积压裂现场

四、有形化成果

该成果获授权专利 28 件（其中发明专利 11 件），认定技术秘密 6 件，登记软件著作权 3 件，发表论文 50 篇，制定行业 / 企业标准 23 项。获 2018 年中国石油天然气集团有限公司科技进步奖一等奖。

成对水平井钻井轨迹磁定位精确控制系统

蒸汽辅助重力泄油技术（SAGD采油技术）可大幅提升采收率，是稠油、超稠油资源开发的最重要手段之一。为确保SAGD开采效果，对两井水平段之间垂向、水平距离偏差控制精度要求高（垂向距离控制在5m±0.5m、水平偏移距离控制在±1m以内），中国石油集团西部钻探工程有限公司历经4年研究攻关，形成了一套具有自主知识产权的成对水平井钻井轨迹磁定位高精确控制系统，填补了多项国内技术空白，经中国石油天然气集团有限公司鉴定，总体达到国际先进水平。该技术提升了国内SAGD成对水平井钻井领域的技术能力和水平，打破了国外公司价格垄断，为采用SAGD开采技术增加稠油产量和终极采收率、延长水平井开采寿命提供了有力的技术支持。

一、技术内涵

该系统由永久磁场发生源、三轴磁场探测仪、数据传输系统及地面数据解码软件4部分组成，该技术通过正钻井内的随钻头旋转磁源，产生周期性旋转磁场（图1和图2）；参考井内的磁场探测器实时测量旋转磁场参数并传输至地面；通过定位导向软件计算确定两井相对空间位置，将井眼轨迹控制在设计目标靶窗范围内。具有静态测量、动态跟踪、套管内磁导向、偏移角实时追踪等功能。测量精度在距离3～10m范围内，误差≤2%；距离10～25m时，误差≤5%。

二、主要创新点

（1）开发形成了基于DSP架构的可同步、实时采集三轴磁场和加速度数据的三轴磁场和加速度探测器，磁场测量精度达0.1nT。

（2）研制了具有磁性强、耐温性能好、抗冲击并具有一定强度的可产生高精度磁场信号的永磁体磁场发生源。

（3）国内首创磁信号正交测量和双峰距离测量方法，建立了精确定位计算模型，实现实时跟踪测量两井眼间的相对位置，开发了井眼轨迹精确定位计算软件。

（4）自主研发了单总线井下信号发送和地面信号接收装置，形成单总线信号传输系统。

三、应用成效

"十三五"期间，在新疆油田应用147对SAGD水平井，采收率提高至60%左右，比常规水平井蒸汽吞吐开采采收率提高30%，打破国外公司技术垄断，有效降低新疆油田SAGD成对水平井的钻井作业成本（图3）。

图 1　成对水平井钻井轨迹磁定位精确控制系统工作机理示意图

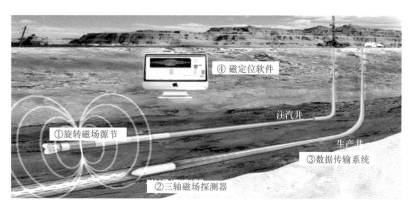

图 2　成对水平井钻井轨迹磁定位精确控制系统组成

图 3　成对水平井钻井轨迹磁定位精确控制系统现场应用

四、有形化成果

该成果授权发明专利 1 件、实用新型专利 8 件，登记软件著作权 3 件，制定、发布石油行业标准、集团公司企业标准 3 项，获 2016 年度中国石油天然气集团公司科技进步奖一等奖。

复杂结构井特种钻井液

鱼骨刺状多分支井和三维绕障井等复杂结构井是 21 世纪国际公认的高效开发低渗透、非常规及海洋复杂油气田的先进井型和主要技术发展方向，在欧美已成主流井型，其产量是直井的 3 倍以上。我国剩余油气资源的 70% 以上需采用复杂结构井钻井技术手段。井塌、高摩阻、井漏和油气层伤害是复杂结构井钻井中解决的瓶颈难题。国家与企业分别立项，经 10 年持续攻关，发明了完全自主知识产权的复杂结构井特种钻井液，形成了一批核心专利和企业标准，经验证和应用，在提高复杂结构井钻井成功率、保护油气层、提高油气产量、降低成本等方面取得突出成效。

一、技术内涵

本成果针对复杂结构井钻井中井塌、高摩阻、井漏和油气层伤害瓶颈难题，基于仿生学等先进原理，揭示关键作用机理，发明系列钻井液新材料，建立特种钻井液体系，解决复杂结构井钻井难题，为我国油气资源"安全、高效、低成本"勘探开发提供重要技术支撑。

二、主要创新点

（1）揭示了强力胶结岩石的贻贝分泌黏附蛋白有效稳定井壁、高润滑的蚯蚓分泌黏液降摩阻的机理，发明了将两种分泌物化学结构接枝到聚合物链、提高抗温性的方法和增强岩石颗粒间内聚力防塌新材料、增强金属与岩石间键合性润滑新材料（图 1 和图 2）。以两种仿生材料为核心，创建了仿生钻井液新体系。

(a)

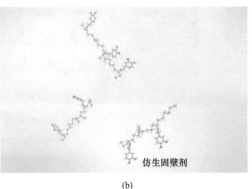
仿生固壁剂
(b)

图1　贻贝分泌黏附蛋白胶结岩石示意图（a）及仿生固壁剂分子结构（b）

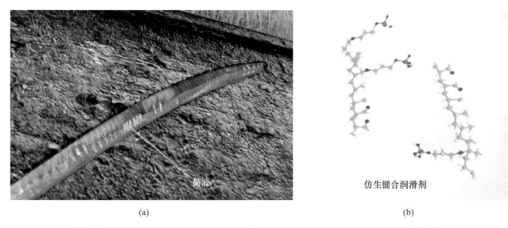

图2　蚯蚓分泌润滑黏液示意图（a）与仿生键合润滑剂分子结构（b）

（2）揭示了堵漏材料与地层裂缝壁面黏附、滑脱和压力传递机理，指导建立了基于岩心承压、破裂、裂缝重新开启和裂缝延伸压力测定的堵漏评价新方法，发明了强黏附、高摩阻改性环氧聚酯堵漏新材料，与国外先进技术相比，压力分别提高 8MPa，10MPa，5MPa 和 4MPa，井漏事故减少 80.6%。

（3）创建了油气层贴膜保护油气层新理论，建立了反映复杂结构井油气层伤害各向异性强、伤害程度大等特征的伤害数学模型和分段评价法，发明了保护油气层的成膜保护新材料。

三、应用成效

该技术共规模应用 542 口井，近三年获直接经济效益 34.96 亿元。

四、有形化成果

该成果获中国授权发明专利 44 件，申请美国发明专利 10 件，登记软件著作权 7 件，认定中国石油技术秘密 10 项，发表论文 269 篇，出版专著 9 部，制定企业标准 13 项。获省部级技术发明奖、科技进步奖一等奖各 1 项。

深水工程钻机设计和建造技术

我国海洋油气资源丰富，但勘探开发能力不足，尤其缺乏深水、特深水海底地形地貌、地质特征、水文参数等探测装备。宝鸡石油机械有限责任公司（以下简称宝石机械公司）以深水浮式平台钻机及以往地质勘探钻机为基础，紧紧围绕海洋深水石油天然气勘探开发的需要，立足国内自主研发，成功研制了一套成熟的深水海洋地质勘探钻机钻井系统，填补了我国 3000m 水深海洋地质勘探系统的空白，设备的国产化率达到了 90% 以上。打破了欧美等西方国家的长期垄断，提升了我国石油装备制造业国际竞争能力，促进了我国海洋石油天然气勘探技术的发展。

一、技术内涵

（1）深水工程钻机理论研究、概念设计、参数分析。

（2）深水工程钻机集成设计和匹配性研究。

（3）钻柱自动化、智能化处理系统技术研究。

（4）大通径顶驱与钻杆导向装置研究。

（5）海洋动态井架、遥控海底基盘、升沉补偿装备等关键配套设备结构特征及实现方式研究。

（6）适应海洋特定环境下的防腐技术、检测试验技术、产品制造工艺方法研究。

二、主要创新点

（1）基于设备特点及空间优化设计模型的深水工程钻机设计方法。

（2）具有冗余、互补特性的钻机升沉补偿系统。

（3）具有声呐远程遥控性能的海底基盘设计技术。

（4）遥控操作 KDQ40DB 型大通径顶驱开发技术。

三、应用成效

深水工程钻机作为勘察船的核心装备，目前已经在南海进行了数口井的勘察取样作业工程。自 2011 年 12 月投入使用以来，累计完成 10 余个海洋工程勘察项目共计 355 口井的勘察取样作业，为"十二五"国家科技重大专项"荔湾深水油气田地质灾害风险评价及开发工程设计"课题，作出了重要的贡献。该系统的理论设计在实际应用中得到了验证，达到了设计预期目的。历经了多口深井的工业验证，该钻机总体表现了良好的性能和技术先进性，满足现场海洋钻探各作业工艺要求，获得了用户的好评。另外，作为该研究成果的多项研究成果，如：适应深水作业能力的钻机井架技术、具有自动化管柱操作系统、海洋水下勘察基盘、钻井补偿装置、钻杆导向装置、月池活动门等技术已先后在宝石机械公司近年来开发的多套海洋钻机上获得了推广应用（图1）。

图1　深水工程钻机设计和建造技术应用

四、有形化成果

该成果获科技奖励2项，获得专利授权9件（其中5项为发明专利），发表论文9篇。

特殊环境用油井管

石油天然气行业标准 SY/T 6857《石油天然气工业特殊环境用油井管》是针对高含硫油气田勘探开发用油井管开展的相关科学技术研究成果在石油行业的标准化应用，该标准采纳了国家安全生产监督管理总局 2007 年重大专项"高含硫气田勘探开发安全关键技术研究"和中国石油集团 2006 年科研攻关项目"复杂工况钻柱构件优化设计及安全可靠性技术"、中国石油集团 2008 年科研项目"高含 H2S 气田油套管的腐蚀机理和腐蚀防治技术研究"中有关抗硫油套管、钻杆的研究成果，该技术达到国际先进水平，2016 年获国家标准创新贡献奖三等奖。

一、技术内涵

第 1 部分 SY/T 6857.1—2012《石油天然气工业特殊环境用油井管 . 第 1 部分：含 H2S 油气田环境下碳钢和低合金钢油管和套管选用推荐做法》规定了含 H2S 油气田环境下用碳钢和低合金钢油管和套管选用原则、质量控制要求和检验方法，提出了普通抗硫和高抗硫油管或套管在制造工艺、力学、金相组织技术指标，以及建立了管材抗硫化氢应力腐蚀开裂性能试验方法与技术指标体系，规范了抗硫油套管的制造、产品质量检验以及安全可靠性使用。第 2 部分 SY/T 6857.2—2012《石油天然气工业特殊环境用油井管 . 第 2 部分：酸性油气田用钻杆》针对含硫化氢酸性环境安全需求，基于"先漏后破"断裂准则和酸性环境下韧性损失规律，全面优化材料强度、韧性、硬度等力学性能指标。针对钻杆长期大载荷服役特征，引入恒应力下抗硫化氢应力腐蚀开裂性能指标及应力环试验方法。依据材料环境断裂敏感性机理，引入材料纯净度、晶粒度、组织类型及淬火相含量、成分偏析等微观性能技术指标，以及相应的试验检测评价方法，保障钻杆材料具有适用的服役性能，为酸性气田钻杆制造和工程选用提供了技术支撑。

二、主要创新点

（1）基于"先漏后破"断裂准则，建立力学条件下钻杆强度、韧性合理匹配模型，形成钻杆韧性指标计算方法。

（2）获得硫化氢环境下钻杆材料韧性损失规律，采用韧性叠加原理，形成抗硫钻杆强韧性匹配关键指标计算方法（图 1 和图 2）。

（3）自主设计开发了抗硫钻杆新产品，建立石油行业新标准，全面修订了 ISO 11961 标准，增加了抗硫钻杆新品种（图 3）。

（4）建立了抗硫油管或套管选用原则、产品质量控制要求以及抗硫化氢应力腐蚀开裂性能试验方法与技术指标体系。通过对多种抗硫性能评价方法筛选，筛选出了单轴拉伸法、C形环法、双悬臂梁法组合方法对不同钢级管材进行抗硫化氢应力开裂评价的做法及相应技术指标，兼顾了经济性和安全可靠性。

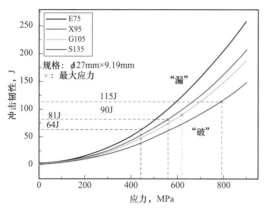

图1　基于先漏后破断裂准则的钻杆强韧性匹配计算方法

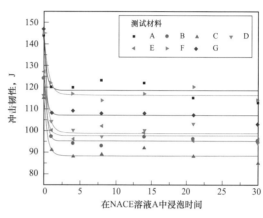

图2　饱和硫化氢环境钻杆韧性损失规律

图3　抗硫钻杆新产品开发

三、应用成效

该成果作为石油天然气行业唯一的酸性环境用油管、套管选用与钻杆技术规范，用于抗硫油管、套管与钻杆产品开发，全国各大油田和钻探公司订货选用及控制失效的技术依据，在行业推广应用。该成果在石油行业各大钻探公司推广应用，有效遏制了酸性气田钻杆断裂事故，成果转化为 ISO 11961—2018 国际标准，在全球推广。

四、有形化成果

该成果获得国家授权发明专利 10 件，开发了抗硫钻杆新产品，制定石油行业新标准 1 项，修订国际标准 1 项，发表论文 10 余篇。

新型气密封特殊螺纹套管

长庆油田"三低"油气藏开发单井产量低,依赖水平井和大型压裂储层改造和多打井实现上产,需要大量高性能螺纹套管适应大型压裂和大弯曲狗腿度工况。套管使用中存在的主要问题是:(1)标准化及降低管理成本需要。非API套管螺纹类型种类多(长庆油田共使用7种)。由于螺纹类型的特殊性,现场管理困难,套管附件不能互换,加工成本高、浪费很大;检验工具无法满足现场及时检验的需要。(2)经济可靠性需要。采用大量的高端气密封螺纹接头套管,性能过剩,价格高,油田成本居高不下。采用API长圆螺纹套管加特殊螺纹脂技术,上扣速度慢、易黏扣,不能满足多段体积压裂和大弯曲狗腿度对密封性需要。因此,需要新型气密封特殊螺纹套管能够实现快速上扣、承受大弯曲/拉伸/压缩载荷、过扭矩,不需使用特殊密封脂,实现高压液体密封和低压气密封、且价格经济,满足低压气田低成本高效率开发需要。

一、技术内涵

本技术研发两种新型特殊螺纹套管:(1)金属/金属气密封特殊螺纹连接套管,采用内螺纹球面对外螺纹锥面,密封面距台肩6mm以上,密封效率95%,易于清洗、加工、检测、对扣;良好抗黏扣(10上10卸)。(2)低压用经济型气密封螺纹连接套管,采用基于API圆螺纹改进内螺纹小端变锥度,密封效率80%,无需使用特殊螺纹脂,无台肩和密封面且与API标准圆螺纹互换有效降低螺纹制造和使用成本。2015年经中国石油天然气集团公司成果鉴定,达到国际先进、国内领先水平。

二、主要创新点

(1)建立新的特殊螺纹密封和金属对金属密封判据,形成螺纹结构及密封结构优化设计方法;

(2)开发了两种气密封特殊螺纹连接,实现了低压低渗透气田水平井作业的套管螺纹连接标准化,满足了油气田开发不同储层直井和水平井需要,具有显著提速效果和降低成本的效果(图1)。

三、应用成效

该成果在中国石油宝鸡石油钢管有限责任公司、中国石油渤海石油装备制造有限公司、达利普石油专用管有限公司、山东墨龙石油机械股份有限公司钢管公司和延安嘉盛石油机械有限责任公司等厂家获得转化，实现规模化生产；在长庆油田、新疆油田、延长油田和大庆油田等地区获得批量推广应用（图2）。截至 2021 年已生产销售 13.8×10^4t，销售额 12 亿元以上，签订技术转让许可合同 5 份，直接经济效益 1000 万元。

图 1　螺纹生产检测照片

图 2　螺纹现场下井使用

四、有形化成果

该成果 2017 年获中国石油天然气集团公司技术发明二等奖，2015 年获中国石油天然气集团公司自主创新产品，2019 年获陕西省创新创业大赛银奖，入选国家安全先进适用产品名录，获发明专利 4 件。

采 油

系列电驱动压裂装备

为保障国家能源安全，需持续加大国内油气勘探开发力度，非常规油气作为天然气上产的增量主体，开发规模持续增大。宝鸡石油机械有限责任公司在中国石油天然气集团有限公司的大力支持下，以页岩气"效益规模开发、绿色低碳开采"为目标，以大功率电驱压裂技术为支撑，研制了系列电驱压裂装备。

一、技术内涵

（1）高集成电驱压裂车结构设计技术。

（2）大功率、长寿命电驱压裂橇设计与制造技术。

（3）自适应自动控制与在线监测预警技术。

二、主要创新点

（1）成功研制了全球首台2500型电驱压裂车，在重载底盘上集成供配电、变频驱动、电动机、压裂泵和压裂泵润滑及润滑油散热等部件或系统，相比柴油动力2500型压裂车质量减少2.5t，转弯半径减少1.5m，重心降低0.2m，移运方便安全。

（2）自主设计、制造了全球单机功率最大的电驱压裂设备，整机功率达到7000hp，压裂泵具有长冲程（11in），低冲次（115冲/min），大排量（4.22m³/min）的特点。

（3）设计了并联高效率的压裂泵润滑系统，润滑系统由两套润滑油箱和电动机泵组并联而成，两套系统对称布置在传动轴的两侧，实现大排量润滑，解决了单系统电动机功率大、润滑油预热效率低和润滑油箱体积大难以布置等难题。

（4）系列电驱动压裂装备具有在不同工况下的排量快速精确控制、实时监测和故障诊断与预警、一键盘泵等功能，提高了设备自动化操控能力和维保水平，降低了作业风险。

三、应用成效

迄今，研制了系列化电驱压裂设备（图1至图3），在四川威远、长宁、泸州页岩气示范区，进行了压裂施工，最高压力113MPa，单机施工排量1～2.6 m³/min，其中7000型电驱压裂橇最大施工排量2.6m³/min。性能稳定可靠，满足页岩气压裂作业要求。

图1　7000型电驱压裂橇

图2　5000型电驱压裂橇

图3　3000型电驱压裂橇

四、有形化成果

该成果于 2020 年 12 月 3 日通过集团公司科技成果鉴定，达到国际先进水平。利用该技术成果编制团体标准 2 项，企业标准 1 项；获得国家专利授权 7 件，其中发明专利 3 件；登记软件著作权 1 件；发表论文 3 篇。

全可溶桥塞水平井分段压裂技术

分段压裂技术是低渗透和非常规油气藏开发的主要增产措施，压裂工具性能好坏直接决定了压裂施工的成功率。因此，围绕低渗透、非常规油气藏开发的生产需求，针对多段压裂工具存在的风险高、效率低等问题，开展全可溶桥塞技术研究。开发了 4 个温度梯度的可溶解金属和橡胶材料，满足国内多个油田地区需求；研制了 6 种型号的可溶解桥塞分段压裂工具，降低了压裂施工成本，提高了施工效率；发布了 2 项标准，推动了行业进步和技术升级。

一、技术内涵

在速钻桥塞基础上，根据油气田现场需求，以可溶解金属和橡胶材料为主体，开展可溶解桥塞压裂工具研发工作。完成了 6 种规格型号的可溶解桥塞产品，满足了国内大多数油气田需求；发布了 2 项标准，推动了行业进步和技术升级。

二、主要创新点

（1）高强可溶材料技术，可溶金属材料体系抗压强度达 600MPa，可溶高分子密封材料体系耐温 50～150℃、耐压 90MPa。

（2）预制破片可溶卡瓦技术，确保桥塞承压可靠、压后自行破碎。

（3）仿生结构和材质组分优化技术，桥塞溶解速度精准可控，风险低、溶解产物对储层无伤害、对环境无污染；遇卡可快速溶解，作业效率提高 50%，施工成本降低 1/3；规模化生产后，制造成本与传统桥塞价格基本相当。

三、应用成效

在威远 204H11 平台完成首次页岩气全可溶桥塞压裂，最高 25 段、泵压达 86MPa，压后平均日产气达到 $27.5 \times 10^4 m^3$。仅钻塞费用就节省近千万元，同时大幅降低作业风险。该项创新成果打破了国外公司的技术垄断。

在中国石油勘探开发研究院研发的全可溶桥塞产品的引领下，国内外多个油田技术服务公司加大了这项技术的研究工作，推动了这项技术进步和应用规模，目前国内可溶解桥塞压裂段数为 15000～20000 段，每年节约钻塞费用 15 亿～20 亿元。

四、有形化成果

该成果制定并发布行业标准 1 项、企业标准 1 项；获得 2017 年度"集团有限公司自主创新重要产品"称号（图 1 至图 4）。

图 1 可溶桥塞行业标准

图 2 可溶桥塞企业标准

图 3 集团公司自主创新重要产品

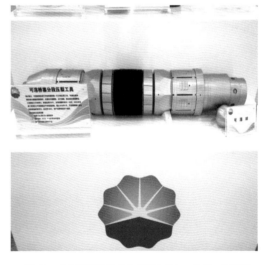

图 4 全可溶桥塞参加国家"十二五"成果展

电缆电动液压桥塞坐封工具

电缆桥塞封层方式因其具有施工快捷、可靠、经济、卡封位置准等优点，被国内外各油田广泛应用。但传统坐封桥塞工艺主要采用火药爆燃作业方式，存在管控难度大、可控性差和无连续作业能力等不足，而创新研发的电动液压式坐封桥塞工艺以电能替代火药爆燃作业方式，解决了上述传统作业方式的不足，具有安全高效、操作便捷、性能稳定、易维护等优点。

一、技术内涵

该技术首次提出以电能为动力源的设计理念，攻克了有限空间内能量与坐封力转换的技术瓶颈，研制出能量转换、坐封力输出、回油复位等核心部件，发明了电缆电动液压桥塞坐封工具（图1和图2）。与传统的火药爆燃作业方式相比，该技术以电能为动力源，具有安全、环保、节能等优势，消除了火药在储存、运输和使用等方面的重大安全隐患，是油气井封层工艺的重大技术突破，引领了井下工具机电一体化技术的发展方向。该工具由电源输入、动力转换、回复复位和坐封机构等模块组成。

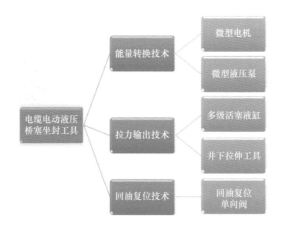

图1 电缆电动液压桥塞坐封工具原理设计图

二、主要创新点

（1）创新研制出电动液压桥塞坐封工具，应用"微电机＋微型液压泵"组合提供动力源，实现了以电能替代传统火药爆燃作业方式。工具动力源为直流电源48V，具有耐温150℃、耐压70MPa和小尺寸等特点，适用于直径127mm以上套管内作业。

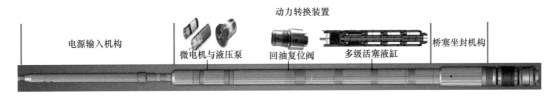

图2　电缆电动液压桥塞坐封工具结构图

（2）设计出"多级活塞"液缸结构，解决了输出高坐封力的难题，降低了工具作业负载，实现了工具本质安全的目的，提高了技术的安全性和稳定性。

（3）独创"回油复位单向阀装置"，经推广应用，工具即时恢复工作状态，保证了连续作业，降低维护保养频次及成本，使用效率提高10倍。

三、应用成效

自2013年研制成功以来，至2020年12月，在新疆油田和青海油田规模化应用2626井次，施工成功率达99.5%（图3），其中在翼探1井：ϕ244.5mm套管内作业井深3186m、井温160℃；在玛湖5井：ϕ139.7mm套管内密度1.86g/cm³钻井液中作业井深4155m；在浅井B17344井：ϕ177.8mm套管内作业井深458m，能满足ϕ127mm，ϕ139.7mm，ϕ177.8mm和ϕ244.5mm等套管桥塞坐封作业能力。

图3　电缆电动液压桥塞坐封工具现场应用施工图

四、有形化成果

该成果获发明专利3件、实用新型专利1件，制定企业标准1项，发表论文1篇，获2016年度中国石油天然气集团公司技术发明奖二等奖。

EM 系列高性能可回收利用压裂液体系

以长庆油田"二次发展"为契机，致密油气储层改造工艺的变革和油田公司清洁化生产对压裂液性能提出更高的要求。压裂返排液回收再利用不但较好满足新的安全环保形势要求，同时液体回收利用也是降低作业成本的重要方向，具有显著的提速增效、节水环保优势。EM系列是基于结构流体理论，研发自缔合的可回收压裂液体系，该体系随着浓度的增加，高分子之间通过表面活性官能团自缔合作用形成超分子三维网状空间结构，实现体系非交联黏弹性携砂和全程低摩阻施工。施工过程中可通过现场实时调整主剂使用浓度，实现降阻水、低黏液及携砂液的功能转换（图1）；同时大幅度简化返排液处理流程，提高返排液重复利用率（图2）。

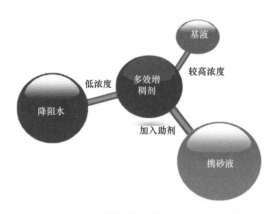

图1　增稠剂功能示意图

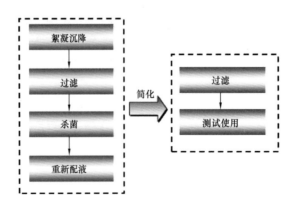

图2　返排液回收处理流程简化示意图

一、技术内涵

EM 系列可回收压裂液具有低伤害 (岩心伤害率 < 15%)、低摩阻 (降阻率 ≥ 75%)、低成本（30～100 元 /m³）、高携砂（携砂浓度达 650kg/m³）、易回收（重复利用 7 次以上）等优点，表现出良好的技术性能和储层适应性，不但有效缓解环保压力，同时节约了配液用水和入井材料的成本，2016 年经中国石油天然气集团公司成果鉴定，整体技术达到"国际先进、国内领先水平"。

二、主要创新点

（1）一套压裂液实现了滑溜冰、线性胶、携砂液 3 种功能。

（2）研发了 EM 系列可回收压裂液体系，实现了非交联黏弹性携砂和全程低摩阻施工，满足油气田不同储层直井和水平井改造需求，具有显著的提速增效、节水环保优势。

三、应用成效

2016—2020 年，在长庆油田累计应用了 1500 口水平井、3000 口定向井，累计施工 30000 余段 / 次，入地液量约 3000 × 10⁴m³，返排液回收利用近 1200 × 10⁴m³，产生经济效益累计 35 亿元。EM 系列可回收压裂液体系的进一步推广应用，不仅有效缓解了环保压力，还大幅度节约了配液用水和入井材料的成本，支撑了长庆油气田的经济有效开发。

四、有形化成果

该成果 2016 年荣获中国石油天然气集团公司科学技术进步奖一等奖，2017 年荣获中国石油天然气集团公司自主创新重要产品，2020 年荣获中国石油天然气集团公司优秀专利奖，发明专利 4 件。

深层油气藏靶向暂堵高导流多缝改造增产技术

该项目属于油气田开发与开采工程领域。我国深层油气资源丰富，已在塔里木盆地和四川盆地等发现 10 余个深层油气藏，是油气增储上产的重要领域。深部储层普遍致密，自然产能低，迫切需要提高储层改造程度和保证裂缝有效性的高导流多缝改造增产技术，大幅提高单井产量，实现高效勘探开发。深井高温高压下，常规机械封隔分层分段多缝改造风险高，形成的裂缝有效性较差。经过 10 年攻关，发明了深层油气藏靶向暂堵高导流多缝改造增产技术，突破了深层油气藏改造形成高导流多裂缝的难题，为深层油气藏安全经济增产开辟了一条新的途径。

一、技术内涵

使用化学方法进行靶向暂堵分层分段，实现深层油气藏多缝压裂改造（图 1）：改造时先期压开的裂缝会成为液体流向的靶点，由液体将暂堵材料携带至靶点，形成暂堵，整开新缝，多次重复形成多条裂缝；同时通过强化纵向铺置和降低伤害提高人工裂缝导流能力。

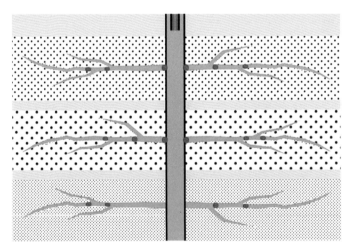

图1　靶向暂堵高导流多缝改造示意图

二、主要创新点

（1）研发了全降解高强度纳米酯类系列暂堵材料。系列暂堵材料包括暂堵片、粉末、颗粒和暂堵球（图 2），可实现对不同尺寸孔眼 / 裂缝的高效封堵，材料耐温 180℃，抗压差 34MPa，降解率大于 99%，降解时间可控（3～10h），确保施工中封堵，施工后降解，恢复流动能力。与国外先进技术相比，材料耐温提高 30℃、抗压差提高 14MPa。

图2　全降解高强度系列暂堵材料

（2）发明了提高支撑剂铺置效率的高导流压裂技术。针对深层改造人工裂缝导流能力低、支撑效果差的问题，发明了三维成网、增弹托举强化悬砂的支撑剂高效铺置方法，研发了长链多头交联低伤害压裂液，裂缝纵向铺置率提高32.2%，导流能力提高25.7%。

（3）建立了靶向暂堵物理及数值模拟方法。研制了不同井型射孔炮眼和裂缝封堵模拟装置，实验揭示了井筒内暂堵材料运移与封堵炮眼规律，确定了暂堵材料与不同尺寸裂缝实现有效封堵的级配关系。

三、应用成效

该技术在国内主要深层油气田进行了推广，仅2014—2016年间，成功应用211井次，累增产天然气 $99.71 \times 10^8 m^3$、原油 $50.85 \times 10^4 t$，产生直接经济效益55.92亿元。该技术在平均井深达7000m的塔里木克深气田全部应用，增产效果是常规技术的3.5倍。

四、有形化成果

该成果获中国发明专利28件、美国发明专利1件，登记软件著作权5件；发表论文152篇（SCI/EI收录59篇）；作国际会议特邀报告4次；获国家技术发明二等奖1项、省部级一等奖1项。

智能化分层注水技术

水驱开发对中国石油工业高质量、效益开发具有重大战略意义，中国石油水驱累计动用储量 $152.5 \times 10^8 t$，占总动用储量的 75.6%。开发后期常规钢丝投捞分注工艺难以满足高质量发展需求，有限测试队伍、实时精准数据需求、开发成本压力之间形成不可调和的矛盾；地质模型准确性、油藏分析诊断实时性、快速优化科学性没有根本解决。智能化分层注水技术及工业应用实现了井下测调自动化、状态监测实时化、分层注水定量化、油藏开发方案智能化，助力我国精细分层注水保持国际领先水平。

一、技术内涵

智能化分层注水技术实现了井下层段流量和压力精准实时监测、层段调整、油藏智能分析诊断及优化（图1和图2），完成"边注边测边调"的数字化、智能化升级跨越，推进我国水驱开发由"滞后调控"向"实时优化"的重大转变。

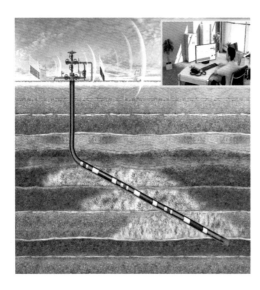

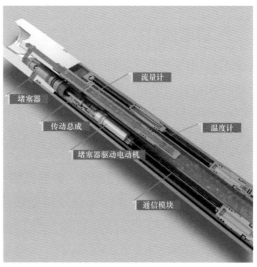

图1　智能化分层注水实时测控工艺技术　　　　图2　井下一体化配水器
　　　　原理示意图

二、主要创新点

（1）发明了以地面直读方式为核心的注水测调技术，颠覆了钢丝投捞测调模式，实现"边注边测边调"的升级跨越。

（2）攻关了井下永置式流量检测、调节系列技术，突破了井下强干扰环境下流量检测高信噪比和小直径电动机驱动的长效高压密封技术瓶颈。

（3）发明了井下钻捞一体化桥塞密封技术，实现了层间压差大、腐蚀结垢严重等2~4段测调困难井的精细分层注水。

（4）发明了高含水分层注采流动关系、水流优势通道识别等方法，形成基于分层注水井筒工程数据的水驱智能油藏分析与优化技术。

三、应用成效

已应用的井数为4.5万余口，建设了26个示范区，国内油田应用规模上，占分层注水井比例均超过了一半。成果实施10年期间，有效动用水驱储量16.7×10^8t，连续9年助力年产增油量超过1000×10^4t、累计生产原油增量突破1×10^8t，水驱提高采收率6~8个百分点；同时，节省测试班组380个，在测试、节水、节电等方面累计创效高达34亿元左右。成果推动了油田水驱开发管理模式的转变，对我国石油工业现代化管理起到了示范作用；国内水驱油田中均已规模化应用，同时还出口哈萨克斯坦、印度尼西亚、伊拉克和蒙古国等多个国家。

四、有形化成果

该成果形成了发明专利＋软件著作权＋标准"三位一体"的完全自主知识产权体系。获发明专利47件，其中美国发明专利2件、中国专利优秀奖2件；登记软件著作权21件；编制标准17件，其中国家标准1件、行业标准2件、企业标准14件；出版著作3部，其中1部入选建国70周年2019年出版百种科技新书；发表论文60篇，其中SCI检索8篇、EI检索40篇，1篇入选中国顶尖学术论文F5000。

低液量水平井分段找堵水技术

水平井是提高单井产量重要手段，已成为中国石油不同类型油藏经济有效开发的关键技术之一，应用规模逐年扩大，产能占比不断攀升，截至 2020 年底，长庆油田累计投产水平井近 3000 口。但在开发过程中部分区块受储层微裂缝发育和注水开发影响，含水上升较快，产能和储量损失严重，需针对性地采取找堵水措施恢复产能，长庆油田从 2008 年开始开展了低液量水平井找堵水方法研究。

一、技术内涵

常规生产测井找水技术测试流量下限高（$5\frac{1}{2}$in 套管启动流量大于 $30m^3/d$）、含水测不准、仪器输送困难、测试成本高（80 万元 / 井次）；常规直井隔采技术无法直接应用于水平井。针对上述难点，提出了"井下封隔，分段生产"找堵水技术思路，以"工艺针对性、管柱安全性、找水准确性、堵水高效性"为原则，创新研究形成了智能控制水平井分段生产找堵水管柱（图 1）及微电脑控制式封隔器（图 2）和水平井井下电控取样器（图 3）等关键工具。

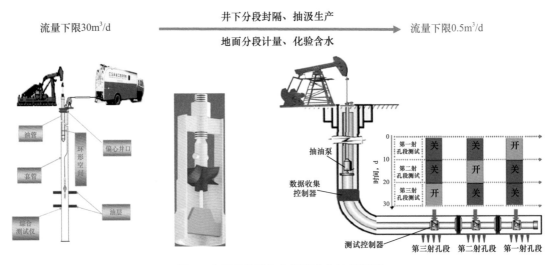

图 1　水平井分段生产找堵水方法示意图

二、主要创新点

（1）发明了不动管柱和拖动管柱分段生产找水方法，解决了常规产液剖面测试方法找水

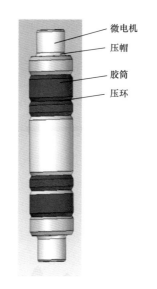

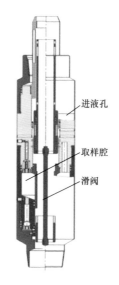

图2 微电脑控制式封隔器　　图3 水平井井下电控取样器

启动流量下限高的问题，单段测试流量下限由 30m³/d 延伸到 0.5m³/d。

（2）创新设计了水平井分段生产找水管柱，采用油管传输，测试仪器下得去、起得出、找得准，解决了爬行器在水平段不能通过的问题，单井测试成本由 80 万元下降到 10 万元。

（3）发明了多段压裂水平井机械选择定点封堵方法及管柱，下得去、封得住、起得出，解决了常规直井隔采技术无法直接应用的问题，平均堵水有效期 453 天，较常规方法提高 3 倍。

（4）发明了电动取样器、微电脑控制式封隔器、井下射线式含水监测仪、自动控水装置、冲砂及防落物等水平井分段找堵水关键工具。

三、应用成效

该技术现场应用 115 口井，累计增油 5.79×10⁴t，创造效益 8749.91 万元；累计降水 19.9×10⁴m³，降低水处理费 758.36 万元；单井测试费由 80 万元下降到 10 万元，节约成本 8050 万元，创造直接经济效益 1.76 亿元。30 口水淹井恢复产能，增加 360×10⁴t 控制储量；累计降水 19.9×10⁴m³，相当于 5 口水源井的年产水量，30 口注水井年注水量。目前已成为长庆油田高含水水平井综合治理的主要手段，对其他油田同类水平井治理具有指导和借鉴意义，应用前景广阔。

四、有形化成果

该成果获授权发明专利 21 件，其中美国发明专利 1 件、中国发明专利 20 件，制定企业标准 2 件，发表核心期刊论文 13 篇。

产水气田高效低成本排水采气技术

集团公司已开发气田中 80% 以上为有水气藏，随着开发时间延长，产水气井逐渐增多（占比 59.4%），产水将导致产气量、采收率大幅下降，危及集团公司天然气发展的基础。排水采气是出水气田稳产和提高采收率的主体技术，其中泡排措施占 90% 以上。泡排存在三大技术瓶颈：一是缺乏井筒实际条件下泡排剂模拟评价手段；二是高温 / 高盐 / 高酸性 / 高凝析油及寒冷条件下泡排剂适应性差、成本高；三是缺乏系统的积液诊断预测、工艺优化及效果评价技术。因此，开展高效低成本排水采气技术研究与应用，提升泡排措施效果与效益意义重大。

一、技术内涵

针对泡沫排水采气存在的问题，集团公司先后设立相关课题，开展产水气田高效低成本排水采气新技术、新材料攻关。历经多年研究，突破多项技术瓶颈，自主形成了三大系列 7 项关键技术，引领了该领域技术发展方向，创建了出水气田高效低成本排水采气技术体系，有效解决了目前泡沫排水采气面临的多项技术难题，并开展了工业化应用，降本增效作用显著，为老气田稳产、不同类型产水气田增加开发效益与提高采收率提供了有力的技术支撑。

二、主要创新点

（1）建立了 1 套高温高压泡排剂模拟评价装置与方法，实现了全过程自动化测控，为高效泡排剂研发、现场质检提供了可靠评价手段。

（2）发明了 2 种适应不同类型气田的高效低成本泡排剂体系：①耐高温 / 高盐 / 高酸性纳米体系（图 1），解决了深层气田泡排久攻不下的技术瓶颈；②耐高温 / 高凝析油 / 防冻体系，攻克了苏里格气田泡排剂抗凝析油性能差 / 不抗冻 / 成本高的技术难题。

（3）研发了 1 套系统的排水采气分析决策与优化设计技术及软件，创建了气井积液诊断预测、工艺优化、技术经济效果评价一体化平台，为现场实施提供了科学手段。

三、应用成效

该成果在长庆油田、大庆油田、青海油田、塔里木油田和西南油气田的 5 个气区开展了 575 口 /3846 井次的应用，降本增效效果十分显著（图 2），累计增产天然气 $2.17 \times 10^8 m^3$，新增效益 2.39 亿元，取得了显著的经济社会效益。随着下一步的全面推广，将为集团公司各大气区出水气田保持产量稳定、降本增效以及提高采收率提供重要的技术保障。

图1 纳米粒子泡排剂体系照片

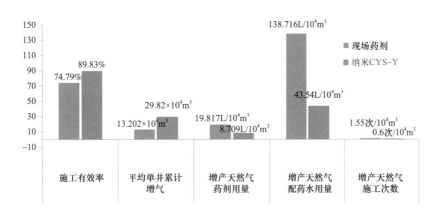

图2 长庆苏里格气田纳米泡排剂与现场常规泡排剂效果对比

四、有形化成果

该成果申报发明专利 14 件；登记软件著作权 2 件；发表论文 22 篇，其中 SCI/EI 收录 3 篇；编制发布中国石油集团公司企业标准 1 项。成果整体达到国际先进水平，其中纳米泡排剂达到国际领先水平。

火烧油层移动式高温电点火关键技术

火驱是稠油蒸汽热力开发方式的重要接替技术之一，点火技术直接关系到火驱开发的成败，因此，研发火驱移动式高温电点火工艺技术是非常迫切的。本成果通过高温点火室内实验模拟技术、高温点火工艺设计方法、大功率移动式电点火器及智能温控系统和电点火器配套起下装置的研究，有效解决了蒸汽热力开发油藏高温点火的难题。

一、技术内涵

移动式电点火技术是将电加热器与动力电缆制成等径连续小直径整体，可自由起下，重复使用（图1）。点火器在注气过程中带压下入到预定位置，通电对注入的冷空气加热至原油燃点之上实现油层的高温点火。点火器可根据点火需要自由移动，实现油层的高温、分层/段点火，有效地提高油层纵向动用程度，该技术较传统电点火技术可降低点火成本60%以上，整体技术达国际领先水平。

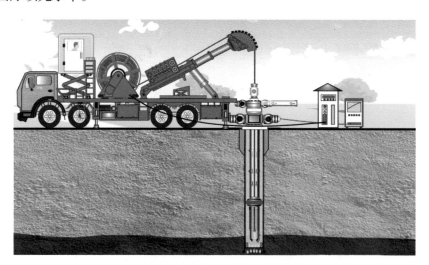

图1　移动式电点火工艺原理示意图

二、主要创新点

（1）首创高温点火实验模拟装置及方法，包含高温高压自燃点测试装置及实验方法和高温高压动态腐蚀速率测试装置及实验方法；

（2）发明高温点火工艺设计方法，包含高温点火方法、高温点火管柱设计、点火参数设计、井筒、油藏温度场模拟软件；

（3）首创出小直径、大功率、耐高温的移动式电点火器及智能温控装置，包含电点火器设计和智能温控系统设计；

（4）发明用于点火作业的连续管线起下装置，包含连续管线起下装置和排缆装置。

三、应用成效

该技术从 2013 年至 2020 年底，已成功实施 56 井次（图 2）。点火器出口温度均在 450℃以上，均达到了高温氧化燃烧，实现了稠油油藏的笼统、分层 / 段高温点火。措施增油 46750t，增加利润 1482.5 万元，节省支出 871.5 万元，经济和社会效益显著。

图2　移动式电点火施工现场

四、有形化成果

该成果目前已获授权专利 83 件（其中技术发明专利 45 件、国外发明专利 1 件），发表国际 / 国家核心期刊论文 4 篇，2020 年与新疆油田分公司、勘探开发研究院共同制定企业标准 Q/SY 01868—2020《稠油火驱点火工艺技术规范》。获得中国石油天然气集团公司技术发明二等奖一项，中国石油天然气集团有限公司优秀专利奖一项。

双水平井 SAGD 微压裂启动关键技术

新疆油田超稠油资源丰富，但黏度高，无法采用常规热采方式开发，且新疆浅层稠油为全球稀缺的优质环烷基原油，是生产火箭煤油、冷冻机油等国防军工及重大工程建设高端特种油品的稀缺原材料，其规模高效开发意义重大。为经济有效动用该类资源，新疆油田自2008 年起开展双水平井蒸汽辅助重力泄油即 SAGD 试验，采用注蒸汽循环建立上下注采水平井井间的热力及水力连通通道。与国外典型超稠油油藏相比，新疆油田超稠油油藏黏度高、渗透率低、非均质性强，SAGD 井组井间连通启动周期过长，严重制约了经济高效规模开发。

一、技术内涵

根据地质力学扩容理论，在微压裂条件下油砂可发生剪切及张力扩容，体积增大，渗透率提高，将此扩容理论应用于 SAGD 启动，发明了双水平井 SAGD 微压裂启动技术，突破了传统的 SAGD 启动方式，现场应用潜力巨大。双水平井 SAGD 微压裂启动技术具有缩短预热周期、节约蒸汽用量、减少蒸汽锅炉排放和循环产出液处理量等技术特点，形成了 SAGD 井高效建产的启动方式，是 SAGD 开发"降本减排"的现实途径。该技术可满足新疆浅层陆相非均质稠油油藏应用要求，还可推广至稠油老区接替开发、中国石油同类油藏和海外矿区，具有广阔的应用前景。

二、主要创新点

（1）发明了 SAGD 微压裂启动方法（图 1）。突破了双水平井 SAGD 注蒸汽循环预热的传统启动方式，创新建立了陆相沉积油砂地质力学扩容理论，揭示了陆相沉积强非均质油藏油砂体积扩容特性及规律，建立了表征非固结油砂扩容过程力学特性的本构模型及孔渗模型，开发了 SAGD 水平井微压裂模拟分析软件，实现了 3～5m 半径扩容高渗区带。

（2）发明了 SAGD 微压裂作业精细控制技术。建立了"循环洗井—低压挤注—提压扩容—连通判断—深化改造"5 阶段控制方法，开发了平均有效应力与体积扩容关系图版，优化设计 SAGD 井组微压裂作业参数，实现注采井快速均匀连通，SAGD 注采水平井连通率达75% 以上，促进蒸汽腔均匀稳定扩展。

（3）发明了 SAGD 微压裂现场作业系统（图 2）。研发配套了地面注入系统，开发了施工数据实时采集系统及监测软件，创建了标准化地面工艺流程，形成了完整的现场作业工艺配套系统，实现了上下水平井压差、扩容半径精准调控，用于不同物性超稠油油藏，作业成功率 100%。

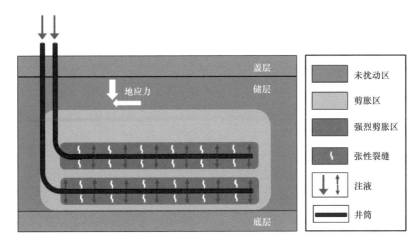

图1 双水平井SAGD微压裂启动关键技术原理

图2 双水平井SAGD微压裂启动关键技术现场应用照片

三、应用成效

该成果解决了双水平井 SAGD 启动周期过长的关键技术难题，大幅提升了 SAGD 开发效益，推动了新疆油田双水平井 SAGD 实现工业化开发，截至 2019 年 12 月，累计应用 150 井次，缩短了 SAGD 双水平井启动周期 60%，减少了蒸汽用量 56%，经济效益达 21769 万元，有效保障了新疆油田 SAGD 年产量连续三年突破 $100 \times 10^4 t$，为新疆油田稠油上产稳产提供了重要技术支撑，为国防民生持续提供了优质环烷基原油。根据规划，SAGD 作为新疆油田稠油稳产主体开发方式，该成果将规模用于部署的 357 对 SAGD 井组中，并推广至新疆油田油砂矿、稠油老区，新建产能 $300 \times 10^4 t/a$，保障新疆油田稠油稳产 10 年以上，同时还可推广至中亚地区和加拿大等稠油油藏，具有广阔的应用前景。

四、有形化成果

该成果获授权发明专利 6 件，公开发明专利 3 件，授权实用新型专利 3 件，发布企业标准 1 项，登记软件著作权 2 件，认定技术秘密 3 件，发表论文 15 篇；其中一项发明专利获 2019 年中国石油天然气集团有限公司专利奖银奖。

稠油蒸汽热采井套管柱设计方法及工程应用技术

本项目针对稠油蒸汽热采井套管柱大量损伤，明确其失效原因为大温差循环诱发套管发生热弹塑性变形，导致断裂、脱扣等失效机制，建立基于应变的套管柱设计及管材选用新方法，形成国家及石油行业新标准，获得油田推广应用，大幅降低套损率。

一、技术内涵

本项目基于材料热弹塑性变形规律，以应变为主控参数，允许套管发生均匀塑性变形，释放注汽采油作业造成的循环应力。采用耐热钢、控制蠕变速率和均匀延伸率等关键指标，确保全寿命塑性变形可控。采用经济型气密封螺纹连接，确保蒸汽不泄漏，避免泥岩吸水膨胀造成套管剪切失效。采用管体—管端—螺纹连接强度错配新方法，确保管体塑性变形过程中螺纹连接完整性。

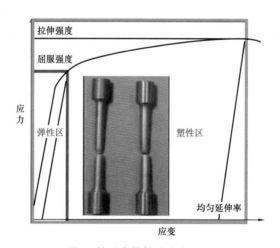

图1　热采套管管体应变设计

二、主要创新点

（1）明确热采井套损机理为注蒸汽生产阶段的热弹塑性失效，主要模式为变形、缩颈、断裂、脱扣、剪切及泄漏，主控因素为注采大温差（260～330℃）。

（2）突破美国API体系限制，允许套管发生均匀塑性变形。引入材料均匀延伸率、蠕变速率、低周疲劳寿命等新参数，建立了管体应变设计三准则，形成基于应变的管柱设计新方法（图2）。

（3）突破当前套管性能均一化特征，建立"管体—管端—螺纹"强度错配新方法（图2），形成"结构镦粗"与"两次热处理"两种新工艺，确保管柱螺纹连接全寿命安全。

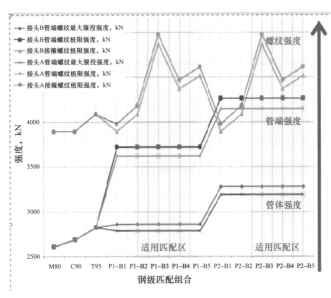

图2 热采套管管体—管端—螺纹强度错配设计

（4）建立了80SH，90SH和110SH三种新钢级，形成两次回火及镦粗两种强度错配新技术，设计了两类新型螺纹结构，开发了系列化产品，覆盖国内主要稠油田工况。

（5）建立了材料性能测试、螺纹检测、全尺寸实物模拟试验、现场焊接模拟试验、工程现场探伤等套管柱适用性评价方法，取消传统的预应力固井工艺。

（6）首次实现热采井套管标准化，形成热采套管"设计—选材—评价—应用"全流程支撑体系。

三、应用成效

该成果在新疆油田完成了8口井全套技术现场试验，实现了9年注汽24轮次零套损佳绩。截至2018年底，累计在新疆油田完成680口井推广应用。

四、有形化成果

该成果获得国家授权发明专利15件、实用新型10件；建立套管新钢级3项、新工艺2项；制定国家新标准1项、行业新标准4项；开发工程应用软件1套；发表论文25篇，其中SCI/EI收录15篇。成果获得2016年中国石油天然气集团公司技术发明奖二等奖、2019年陕西省技术发明奖二等奖。

新型高效无杆举升及配套技术

无杆举升技术能够解决有杆采油能耗高、定向井杆管偏磨严重及维护费用高等难题，适应油田开发中平台井、定向井不断增加的新形势。2006年开始，在中国石油天然气集团公司（以下简称集团公司）科技管理部、勘探与生产分公司支持下，组建了由中国石油勘探开发研究院、大庆油田和新疆油田等单位组成的科研团队，经过10多年艰苦攻关，形成了具有中国石油自主知识产权的新型高效无杆举升及配套技术成果，其内涵是适用于集团公司中低产井的两项高效无杆举升技术，其中包含了电潜直驱螺杆泵、电潜柱塞泵等四项重大创新。随着技术不断成熟，该成果目前在大庆油田、新疆油田和大港油田等建立了6个示范区，近两年经济效益3.39亿元，并在研究和应用过程中形成了标准、专利及论文等多项有形化成果。

一、技术内涵

"新型高效无杆举升及配套技术"成果内涵是电潜直驱螺杆泵和电动潜油柱塞泵两大无杆举升技术（图1和图2）。该成果实现了从无到有、从室内试验到现场试验、从单井应用到规模推广，目前可适应集团公司5in及以上套管、泵挂2500m、日产液≤80t油井举升，为集团公司十几万口定向井、平台井提供了高效举升新技术。

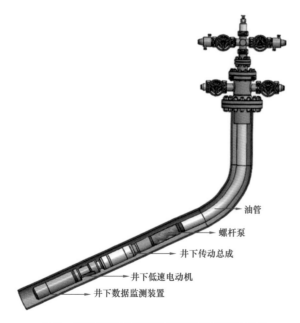

图1 电潜直驱螺杆泵无杆举升技术管柱结构

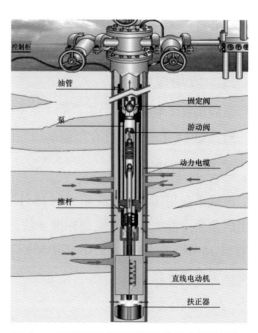

图2 电动潜油柱塞泵无杆举升技术管柱结构

二、主要创新点

（1）国内外首创电潜直驱螺杆泵无杆举升技术，发明了井下低速旋转电动机、低扭矩螺杆泵以及滑片采油泵等关键装备。

（2）国内外首创电动潜油柱塞泵无杆举升技术，发明了潜油直线电动机、柔性闭环控制技术及双作用减载抽油泵等关键装备技术。

（3）形成了3项无杆采油关键配套技术，助力延长检泵周期和智能化发展。

（4）形成了2套井下机组检测与评价技术，解决了行业内缺乏性能评价及检测手段难题。

三、应用成效

成果引领和推动了无杆举升技术的发展，成为平台井、定向井人工举升的技术方向，相比传统抽油机节电30%～60%，检泵周期延长2倍以上，在大庆油田、新疆油田和大港油田等建立了6个无杆采油示范区（图3）。近两年，在提高原油产量、降低运行能耗、维护费用以及定向井节约征地投资等创经济效益3.79亿元。

图3　整齐、安全、环保的无杆采油示范井场

四、有形化成果

该成果获得专利14件，其中发明专利8件；发表论文19篇，制定行业标准1项（SY/T 7331《潜油电动柱塞泵机组》）。其中SCI/EI检索14篇。该成果获得的局级科技成果奖励有："电潜直驱无杆举升技术"获得2019年中国石油勘探开发研究院科技进步一等奖、"吉7井区无杆泵采油平台建设与管理关键技术研究与应用"获得2018年新疆油田公司科技进步奖一等奖。

大庆油田智慧指挥系统

大庆油田按照"数字油田—智能油田—智慧油田"三步走战略，围绕油田数字化与生产指挥开展科技攻关，2017年完成大庆油田智慧指挥系统的平台集成建设，形成大庆油田公司智慧指挥系统技术研究与应用成果，并实现规模化应用。

一、技术内涵

通过两级架构指挥体系建设，创建了以公司智慧指挥中心为核心、区域级管理中心为前端的两级管控模式；通过数字化协同有效促进油田精细勘探，通过智能化应用有力支撑油田精准开发；运用大数据和经验分析助力生产保障业务高效运行；通过全方位监控和智能化分析提高应急处置效率；通过数字化新技术研发，解决油田数字化建设成本高、环境适应性差的问题；集成运用多项先进的信息技术，实现融合通信和多系统集成。大庆油田智慧指挥系统体系架构如图1所示。

图1 大庆油田智慧指挥系统体系架构图

二、主要创新点

（1）两级架构设计，优化"油公司"模式指挥体系。打破传统的"矿/作业区—厂—公司"三级生产指挥管理模式，创建了以公司智慧指挥中心为核心、区域级管理中心为前端的两级管控模式。

（2）业务管理智汇融通，打造油田"智慧大脑"。集成勘探开发业务，掌控油田生产设施设备，形成了业务高度融合、信息高度集成的智能化集中管控系统。

（3）数字化新技术研发，助力油田指挥直达现场。陆续开展了试验区建设，研究形成了低成本数字化建设产品和技术工艺。

（4）平台集成技术应用，实现智慧指挥系统一体化。集成运用了多项先进的技术平台，实现多系统集成应用，解决了系统多、应用分散的问题。

（5）网络技术融合创新，建设安全的超宽网络。实现了跨网络、跨业务的信息资源汇聚，实现融合通信；建设一套定制化的分级分域网络安全防护框架和策略模型，牢固网络安全防线。

三、应用成效

大庆油田智慧指挥系统建成投用，建立了四大体系（水、电、路、信生产保障体系，运行调度指挥体系，应急指挥管理体系和资源共享管理体系），实现了八大成效：（1）油田总体生产态势宏观掌控；（2）油田勘探、开发等生产工作的运行情况全面监管；（3）区域级生产单元的整体运行态势智能分析；（4）油气集输、生产保障等业务全局调控；（5）应急抢险工作科学指挥；（6）集中调度指挥体系得到强化；（7）矿区安全管控全面提升；（8）油田生产运行管理手段得到强化。智慧指挥体系的稳步应用，带来了生产运行管理和应急指挥水平的全面提升，资源利用效率进一步提高，油田精细化和专业化管理水平显著提升。

四、有形化成果

该成果获得专利授权3项（ZL2013100665423.0"一种实时记录和控制抽油机姿态的控制系统"；ZL200620000538.3"一种SCDMA系统通信模块"；ZL201320811401.6"一种控制抽油机姿态的控制系统"）、科技奖励5项；国内外核心期刊发表论文12篇，其中EI收录1篇获2020年中国石油天然气集团有限公司科技进步奖一等奖。

储 运

第三代大输量天然气管道关键技术

集成中国石油天然气集团有限公司内部管道管材、设计、施工和运行管理等优势科研力量，完成了第三代大输量天然气管道包括管材关键技术指标研究及标准制定，管材、弯管及管件制造技术及产品开发，数字化设计、施工工艺及装备等关键技术研究，有力支撑了中俄东线建设，代表了当前油气管道建设运营的最高水平。

一、技术内涵

完善高钢级高压输气管道的止裂韧性预测理论和方法，确定母材止裂韧性指标；对OD1422mm X80管材化学成分设计、包申格效应、板材和管材韧脆转变行为等进行研究，制定管材系列技术条件；研发OD1422mm X80管材弯管和管件的成分设计、成型、焊接等制造工艺，形成工业化制造技术和质量评价技术。开展OD1422mm X80钢管施工工艺及施工装备研究，对冷弯管机进行优化设计、加工制造和安装调试，形成冷弯管技术规范和制造工艺；对直缝和螺旋焊缝钢管进行半自动焊和自动焊的环焊试验，确定环焊接头的焊接工艺。完成OD1422mm X80管道内焊机、管端坡口机、外自动焊机、机械化防腐补口装备、山地综合运管车、山地布管机、步进式挖掘机的设计及校核，形成系列施工工艺技术及装备（图1）。开展管道数字孪生体构建，实现数字化设计、智能工地建设及全数字化移交，与完整性管理系统直接对接。

图1　OD1422mm X80管道内焊机

二、主要创新点

（1）建立了 OD1422mm X80 管道止裂韧性预测模型，确定了管道止裂韧性指标。

（2）国际上首次针对 OD1422mm X80 管材提出了强度和韧性等关键技术指标，优化了化学成分，制定了系列管材技术标准。

（3）攻克了 OD1422mm X80 管材、弯管、管件制造工艺技术，研制出螺旋/直缝埋弧焊管、管件等系列产品，形成了批量生产能力。

（4）制定了 OD1422mm X80 施工技术系列标准，形成了管道焊接、冷弯管弯制及吊装下沟等施工工艺。

（5）自主研制了 OD1422mm 管道内焊机、外焊机、坡口机、机械化防腐补口及山地施工等配套装备。

三、应用成效

该成果形成了 OD1422mm X80 钢管研制与应用成套技术，研发出的 OD1422mm X80 直焊缝、螺旋焊缝钢管和施工装备及配套技术在宝鸡石油钢管公司、渤海石油装备制造公司等单位实现工业化生产（图 2），并大量应用于中俄东线管道建设工程，应用效果证明研究成果完全符合大输量管道建设工程需求，未来将具有广阔的推广价值。近两年经济效益 25.5939 亿元，成果提升了高强度大口径油气管道建设的技术水平，填补了我国 OD1422mm X80 管材开发应用技术的空白，为国家天然气管道的发展起到了巨大的推动作用。

图2　OD1422mm管道产品

四、有形化成果

该成果获发明专利 15 件、实用新型专利 9 件；编制发布产品和试验技术标准 14 项；发表论文 21 篇；形成管材、弯管、管件等系列产品，累计供应钢管近 $80 \times 10^4 t$，形成大口径（低温）管道自动焊施工系列装备，租赁及销售研制施工装备 97 台套。

管道桥设计施工及地质灾害防治关键技术

中缅天然气管道是我国第三条陆上能源战略通道，在云南瑞丽进入中国境内。管道所经区域具有高地震烈度、高地应力、高地热，活跃的新构造运动、活跃的地热水环境、活跃的外动力地质条件、活跃的岸坡再造过程等"三高四活跃"不良地质特点，复杂的地质和自然环境条件及油气管道并行敷设，为设计的本质安全、安全施工和运行带来了极大挑战，被世界公认为最难的管道工程。为降低不良地质和恶劣自然环境条件给工程设计、施工带来的风险，结合中缅天然气管道建设的技术需求，着力解决工程地质、地形地貌、自然条件等给工程在设计和施工中带来的世界级难题，保障国家能源战略通道的顺利实施。

一、技术内涵

为解决中缅管道工程面临的世界级难题，组织开展技术攻关，历时 6 年。主要内容包括：大跨度悬索管道桥抗风技术、管道桥健康监测、油气管道地质灾害防治、九度地震区管道设计技术、X70 大变形钢的国产化及配套施工工艺、油气管道多管并行敷设研究，山地高效安全施工及验收检测装备的研制。

二、创新点

（1）针对大跨度悬索管道桥的窄柔特性，首次开展风洞试验，发明了 π 型弹簧连接装置和干扰基频止振方法，精确模拟管道桥的结构动力学特性，突破了峡谷风引起的大跨度管道桥振动设计的瓶颈；提出管道桥多因子监测和判定准则，自主研发了健康监测系统，实现了大跨度管道桥安全运行状态的实时远程监测。

（2）基于管道全生命周期管理理念，首次建立了复杂地形管道地质灾害"识别评估—主动防治—施工监测—安全维护"防治体系，实现了地质灾害动态监测和趋势预测，解决了地质灾害频发地区管道建设与运行的安全问题。

（3）首次提出针对地震动峰值加速度 0.4g 以上地区的设计方法，采用 X70 大变形钢管，设计了一种减少摩擦的抗大位移沟壁结构，保证了 4m 地震水平位移条件下的管道结构安全。

（4）研究确定了 X70 大变形钢管力学性能与变形能力的关系，制订了稳定的 X70 大变形钢生产工艺，保障了国产化的顺利实施；开发了适应大变形要求的弯管、焊接、低温防腐涂覆等配套工艺，解决了 X70 大变形钢的应用技术难题。

（5）建立了基于失效弹坑和故障树模型的管道并行敷设间距确定方法及标准，实现原油、成品油、天然气三管并行，在空间受限区段同沟、同桥、同隧敷设，有效降低工程投资和建设用地。

（6）自主研制了具有自装卸、双操作功能的双管运输车和带液压支腿、调平装置的步进式挖掘机，实现了35°山地施工安全角；研制的新建管道验收检测器，采用探头减震结构、辅助探头和里程轮系统，提高了检测和定位精度（图1）。

图1　自主研制的山地施工装备

三、应用成效

该成果自2011年开始，在中缅天然气管道建设中陆续得以应用，保障了工程顺利实施。管道桥抗风设计技术在澜沧江跨越、怒江跨越等三个跨越中进行了全面应用（图2）；管道桥健康监测系统应用于澜沧江悬索跨越、怒江悬索跨越中；油气管道工程地质灾害防治体系及防治技术指导了云南省、贵州省和广西壮族自治区沿线32段共计628.5km天然气管道易诱发地质灾害高风险段的设计和施工；九度地震区管道设计技术和X70大变形钢及配套施工工艺应用于管道经过的56km高地震烈度区；并行管道设计技术应用于1100km的油气管道并行段；双管山地运输车、步进式挖掘机等特种山区管道施工装备应用于中缅第二和第三标段；新建管道验收检测器完成管道检测5200km。因使用该技术节省工程投资278922万元，减少临时征地14000亩；研发的产品创造直接效益6亿元。

图2　中缅澜沧江悬索跨越

四、有形化成果

该成果获授权专利8件；制定技术标准7项；2016年获中国石油天然气集团公司科技进步奖特等奖。

油气管道超长距离穿越和大跨度悬索跨越关键技术

　　针对油气管道非开挖穿越和悬索跨越工程面临的高地震烈度超高水压作用下管道盾构隧道的安全运营、窄柔管道悬索跨越工程的风致灾变机理及制振措施等技术难题，形成了用于油气管道强震区超高水压条件下的抗震及防水体系，抗震设防水平由 0.4g 提升到 0.63g，强震作用下防水能力由 0.72MPa 提高到 2MPa，提出了油气管道窄柔悬索跨越风洞试验专用试验方法，并首次揭示了窄柔悬索跨越结构风致振动机理，指导了大跨度悬索跨越抗风工程设计及实施，形成多部国家、行业及企业标准，为油气管道穿（跨）越江河提供了设计和施工方法。

一、技术内涵

　　盾构方面，提出采用管片柔性耗能的设计方法，揭示了柔性管片与普通管片耦合后对地震作用的影响规律，探明了单节管片最大变形幅度为 40mm 轴向变形和 10mm 剪切变形。针对实际工程 120m 水头的超高水压作用下防水要求，控制防水结构填充比率在 1.05～1.08 之间，使结构既能满足强震作用下的结构变形，同时也能满足超高水压条件下的防水要求。悬索跨越方面，针对宽跨比在 1/150～1/80 之间窄柔悬索跨越结构，揭示了悬索跨越结构静力三分力系数和颤振导数随断面形式和结构尺度的变化规律，建立了精细化的窄柔悬索跨越结构的抗风设计方法。

二、主要创新点

　　（1）发明了盾构隧道柔性管片（连接）及其防水方法，形成了油气管道强震区超高水压条件下的抗震及防水体系，抗震设防水平的地震加速度由 0.4g 提升到 0.63g，强震作用下防水能力由 0.72MPa 提高到 2MPa，工程应用达到 1.2MPa（图1）。

图1　盾构隧道抗震技术应用

（2）发明了油气管道大跨度窄柔悬索跨越高精度风洞试验方法及试验装置，首次揭示了窄柔悬索跨越结构风致振动机理，并指导形成了大跨度悬索跨越结构风振控制方法，提升了油气管道工程防灾减灾能力。

（3）首次揭示了水平定向钻钻井液成分、黏度和流速等因素对钻屑运移效率的影响规律，研发了适用于超长距离水平定向钻穿越的反循环钻进方法及核心技术装备。

三、应用成效

该成果支撑了楚攀天然气管道勐岗河悬索跨越（图2）、崇明岛长江穿越、5200m机场穿越、斯里兰卡盾构等国内外49个控制性工程的顺利实施，累计穿（跨）越长度350多千米，近两年新增合同额约13.2亿元，新增利润约1.8亿元，取得了显著的社会和经济效益。专家鉴定认为该成果总体达到国际先进水平，其中反循环钻进方法处于国际领先，项目成果推动了世界非开挖技术和悬索跨越技术水平的进步，为中国油气管道技术由跟随转为领跑起到了不可替代的作用。

图2　楚攀天然气管道勐岗河跨越

四、有形化成果

该成果获发明专利7件，实用新型专利9件，登记软件著作权2件，国家级工法1项，发表SCI收录论文21篇，出版专著1部，2019年荣获中国石油天然气集团有限公司科技进步奖一等奖。

应变设计和大应变管线钢管关键技术

应变设计技术是为了解决国家能源通道建设过程中管道通过不良地质作用地段可能产生大变形，以及大口径、高钢级管道变形能力有限的难题而开发的技术。2007年在建设西气东输二线管道工程中采用应变设计方法，引进了日本生产的X80大应变钢管，成功地解决了管径1219mm，X80钢级管道经过强震区和活动断层的难题，填补了国内设计技术的空白。随后在建设中缅油气管道工程中将应用范围拓展到地震设防峰值加速度0.56g地段以及煤矿采空区，推动了国内X70钢级大应变钢管的国产化。研发了大口径钢管全尺寸弯曲、宽板拉伸等配套试验装置和方法，开发了X70/X80大应变钢管环焊缝过强匹配焊接技术。2018年基于系列课题成果和大量工程实践形成的SY/T 7403—2018《油气输送管道应变设计规范》发布并实施，标志着此技术取得了重大进展。

一、技术内涵

应变设计技术针对地面位移作用下管道变形可能导致的失效模式，通过控制管道的设计应变来避免失效的发生，即保证管道的设计应变小于许用应变（图1）。此技术包括地面位移预测技术、管道设计应变的计算模型、管材性能测试技术、环焊缝焊接工艺及性能测试技术、管道应变能力预测模型、管道应变能力验证技术等。

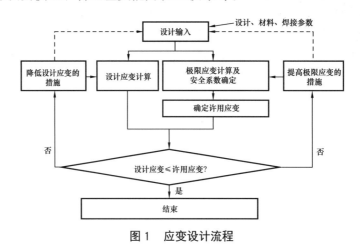

图1　应变设计流程

二、主要创新点

（1）建立了基于应变的管道设计方法，突破抗震规范的适用范围，合理预测9度区的应变需求，提出控制管道失效的应变准则，形成 SY/T 7403—2018《油气输送管道应变设计规范》。

（2）建立了 X70/X80 关键技术指标与钢管临界屈曲应变的关系，发明钢管临界屈曲应变能力预测方法，创新提出多参量联合表征评价和控制钢管变形行为方法；提出大应变管线钢和钢管新产品技术指标体系和标准，被纳入美国石油学会（API）管线钢管标准附录。

（3）自主研发 X70/X80 大应变 JCOE 直缝埋弧焊管成型、焊接、涂覆等关键技术，形成大应变管线钢管生产工艺和质量性能控制技术。

（4）研发钢管内压＋弯曲大变形实物试验装置，形成钢管实物模拟变形试验技术，发明了钢管特定截面弯曲角及应力应变实时测量装置和方法（图2）。

图2　全尺寸弯曲试验

（5）研发了 X70/X80 大应变钢管环焊缝补强覆盖焊接工艺，2000t 宽板拉伸试验装置，形成了环焊缝拉伸能力验证试验技术。

三、应用成效

应变设计技术已成功应用于西气东输二线、中缅油气管道、西气东输三线、漠大二线、中俄东线等工程的强震区、活动断层、采空区、多年冻土区的管道设计，保证了工程的顺利实施，节省了工程投资约 5000 万元。推动了国内管线钢冶炼、大应变钢管制造技术进步，实现了大应变钢管国产化。应用效果良好，经济效益显著。

四、有形化成果

该成果授权发明专利 3 件，实用新型专利 2 件；登记软件著作权 2 件；发表论文 20 余篇。制定石油行业标准 4 项；获省部级科技进步奖 3 项。

OD1422mm X80 管线钢管及应用技术

在中国石油重大专项的支持下，围绕 OD1422mm X80 管材关键技术指标研究及标准制定，管材、弯管及管件制造技术及产品开发，施工工艺及装备等方面开展系统化的研究，取得了五项重大技术创新成果。

一、技术内涵

（1）通过对现有止裂预测模型进行系统评价和分析，综合考虑流变行为、DWTT 能量、CVN 能量与材料断裂行为之间的关系，对预测模型进行修正，进一步完善高钢级高压输气管道中的止裂韧性预测理论和方法，并确定母材止裂韧性指标。

（2）结合西二线 X80 管材及关键技术指标研究成果，对 OD1422mm X80 化学成分设计、包申格效应、板材和管材韧脆转变行为等进行研究，提出 OD1422mm X80 钢管用管线钢的成分设计技术路线，掌握板／管性能变化规律，在此基础上制订管材系列技术条件。

（3）通过技术开发及工业试制，掌握 OD1422mm X80 管材、弯管和管件的成分设计、成型、焊接等制造工艺，开发出合格的 OD1422mm X80 管材、弯管和管件产品，形成工业化制造技术和质量评价技术。

（4）开展 OD1422mm X80 钢管施工工艺及施工装备研究，对冷弯管机进行优化设计、加工制造和安装调试，形成冷弯管技术规范和制造工艺；对直缝和螺旋缝钢管进行半自动焊和自动焊的环焊试验，确定环焊接头的焊接工艺。

（5）完成 OD1422mm X80 管道内焊机、管端坡口机、外自动焊机、机械化防腐补口装备、山地综合运管车、山地布管机、步进式挖掘机的设计及校核，形成系列施工工艺技术及装备（图 1）。

二、主要创新点

（1）建立了 OD1422mm X80 管道止裂韧性预测模型，确定了管道止裂韧性指标。

（2）国际上首次针对 OD1422mm X80 管材提出了强度、韧性等关键技术指标，优化了化学成分，制定了系列管材技术标准。

（3）攻克了 OD1422mm X80 管材、弯管、管件制造工艺技术，研制出螺旋／直缝埋弧焊管、管件等系列产品，形成了批量生产能力。

（4）制定了 OD1422mm X80 施工技术系列标准，形成了管道焊接、冷弯管弯制及吊装下沟等施工工艺（图 2）。

图1　坡口机施工现场

图2　吊装下沟

（5）自主研制了OD1422mm管道内焊机、外焊机、坡口机、机械化防腐补口及山地施工等配套装备。

三、应用成效

该成果形成了OD1422mm X80钢管研制与应用成套技术，研发出的OD1422mm X80直焊缝、螺旋焊缝钢管和施工装备及配套技术在宝鸡石油钢管公司、渤海石油装备制造公司等单位实现工业化生产，并大量应用于中俄东线管道建设工程，应用效果证明研究成果完全符合大输量管道建设工程需求，未来将具有广阔的推广价值。近两年经济效益25.5939亿元，成果提升了高强度大口径油气管道建设的技术水平，填补了我国OD1422mm X80管材开发应用技术的空白，为国家天然气管道的发展起到了巨大的推动作用。

四、有形化成果

该成果获发明专利15件、实用新型专利9件，编制发布产品和试验技术标准14部，发表论文21篇，其中SCI 1篇，获得中国石油天然气集团有限公司技术发明奖特等奖。

高钢级管道断裂控制技术

高钢级、高压、大输量长距离输送成为我国天然气管道技术发展的必然趋势。随着管道钢级的提高，管道断裂及裂纹长程扩展的风险也随之增加。然而高钢级管道裂纹扩展的调控技术为世界研究的热点和难点问题。API 5L 和 ISO 3183 中规定的 4 种钢管延性断裂止裂韧性预测方法均无法准确预测高韧性（100J 以上）、高钢级（X80 以上）、高压力（12MPa 以上）、大口径（ϕ1219mm 以上）管道的止裂韧性。

一、技术内涵

本项目通过开展：X90/X100 管线钢断裂阻力曲线重构；BTC 模型改进；裂纹扩展有限元模拟；止裂器设计开发；X90 管道全尺寸气体爆破试验五方面研究内容，攻克了 X90/X100 超高强度天然气管道断裂控制技术，为 X90/X100 钢管在我国管道工程中的应用提供了技术支撑。

对于 X90/X100 超高强度管线钢管，必须对原有 Battelle 模型进行修正或者发展新的基于有限元的计算方法，才能够准确预测高钢级管道的止裂韧性。同时，国外已开展的全尺寸气体爆破试验表明：在富气、高设计系数、低温等苛刻条件下，高钢级管道难于依靠自身韧性进行止裂，必须攻克止裂器设计、制造、安装等关键技术，实施外部止裂。

本技术关键在于建立高钢级管道止裂韧性预测方法及开发外部止裂器。

二、主要创新点

（1）在国际上首次开展了一次单管空气、两次三管空气及一次全尺寸天然气 X90 爆破试验，证明了 X90 管道可以依靠自身韧性进行止裂，填补了国际全尺寸爆破试验数据库无 X90 试验数据的空白（图 1）。

（2）在国内首次建立了 X100 全尺寸气体爆破试验数据库，改进了 BTC 断裂阻力曲线。基于单管止裂韧性计算、止裂概率计算和止裂器设计研究成果，分别提出了 ϕ1219mm X90 和 ϕ1219mm X100 断裂控制方案。

（3）采用单位面积损伤应变能作为 X90 钢断裂准则，采用有限元方法计算得到了含初始裂纹 X90 管道的裂纹扩展及止裂过程，计算结果与全尺寸爆破试验结果吻合（图 2）。

（4）国内首次攻克了高钢级管道整体和外部止裂器设计、制造、施工关键技术。开发了玻璃纤维止裂器、碳纤维止裂器、钢套筒止裂器系列产品，制定了高钢级管道止裂器设计导则。

图1 X90螺旋埋弧焊管及直缝埋弧焊管全尺寸气体爆破试验

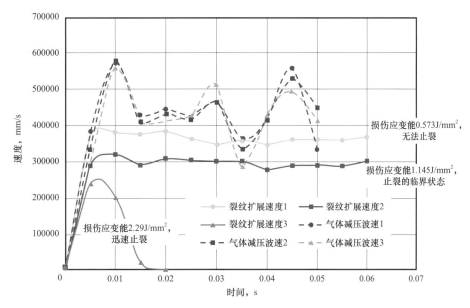

图2 基于损伤应变能参数计算得到的X90钢管裂纹扩展速度

三、应用成效

该技术完成的世界首次 X90 全尺寸气体爆破试验，验证了 X90 直缝埋弧焊管和螺旋埋弧焊管的止裂韧性，为 X90 管道的应用奠定了基础。确定的 X90/X100 钢管止裂韧性指标已纳入管材技术标准，并应用于 X90/X100 管材的试制、检验和质量评价。开发的 X90/X100 延性断裂止裂预测模型和计算软件可应用于未来超高强度高压输气管道止裂预测。

四、有形化成果

该成果获得发明专利 8 件、实用新型 5 件，制定标准 2 项（其中行标 1 项、企标 1 项）。发表论文 6 篇（其中 SCI 1 篇、EI 2 篇），形成软件 1 套。

天然气管道全尺寸爆破试验技术

对于 X80 及以上级别高钢级管线钢，全尺寸实物爆破试验是世界上公认的确定止裂韧性最为有效、最为准确的方法。本项目之前，世界仅有三个发达国家建有全尺寸爆破试验场，西二线全尺寸爆破试验由意大利 CSM 公司完成。历时 5 年，解决了试验场建设、全尺寸爆破试验、管道爆破（爆炸）危害效应测试等一系列技术难题，成功实施了系列 X80，X90 焊管天然气全尺寸爆破以及 X80 同沟敷设焊管全尺寸爆破试验，准确掌握了管道止裂韧性指标，取得了一系列创新成果。经集团公司组织的专家鉴定：该技术成果填补了我国在该领域的技术空白，整体达到国际先进术平。

一、技术内涵

自主完成试验场的设计、建设、运行，建成了国内首个可开展最高压力 20MPa 最大直径 1422mm 的天然气管道全尺寸爆破试验场。开展了 12MPa、OD1422mm×21.4mm X80 直缝埋弧焊管，13.3MPa、OD1422mm×21.4mm X80 螺旋缝埋弧焊管，以及 12MPa、OD1219mm×16.3mm X90 螺旋和直缝埋弧焊管天然气全尺寸爆破试验，验证得到了管道止裂韧性指标及爆炸危害（图 1 至图 3）。

图1　全尺寸爆破试验场爆破区

二、主要创新点

（1）创新形成了天然气管道全尺寸爆破试验场设计建设成套技术。包括全尺寸爆破试验建设技术、总平面布置、储气管锚固技术、安全间距模拟计算方法、多通道并行同步高速连续数据采集系统、适合上下游大压差及压力大幅度波动条件下的供气及调压装置。

图2　全尺寸爆破试验场辅助生产区

图3　全尺寸爆破试验

（2）研发了天然气管道全尺寸爆破试验技术和方法，包括线性聚能切割器、管道爆破初始裂纹引入技术、管道断裂速度和减压波等试验测试方法，实现了不同类型信号数据的高速海量采集和存储，建立了全尺寸爆破试验流程、规范和标准。

（3）开发了管道爆破试验场天然气管道爆破（爆炸）冲击波、地震波、热辐射危害效应及对同沟敷设管道影响的测试技术和方法。

三、应用成效

2015年在哈密市建成了"石油管材及装备材料服役行为与结构安全国家重点实验室管道断裂控制试验场"，并先后完成了12MPa压力下OD1422mm X80直缝埋弧焊，13.3MPa压力下OD1422mm X80螺旋缝埋弧焊管，12MPa压力下OD1219mm X90焊管全尺寸气体爆破试验。

通过OD1422mm X80管道全尺寸爆破试验，验证了中俄东线用X80管材技术条件中材料止裂韧性指标的合理性和安全性，为中俄东线管材制造和采购提供了依据，为管道安全运行提供了技术支撑，目前OD1422mm X80管材已在中俄东线试验段应用6.7km，规划应用约1080km，预计使用管材约85×10^4t，价值约63亿元。

四、有形化成果

该成果申报发明专利7件、授权实用新型专利2件，认定集团公司级技术秘密4件，制定企业标准1项、规程2项，发表论文7篇。

石油管材及装备防腐涂镀层关键技术

随着我国油气资源开发战略的深入推进，石油管材及装备面临着前所未有的高温、高压、高含 H_2S/CO_2、交变载荷、高流速、复杂作业工艺等苛刻服役环境带来的腐蚀难题，腐蚀安全风险不断增加。涂镀层防腐技术因其具有性价比高、可设计性强、应用工况范围广等特点而成为解决石油管材及装备腐蚀问题的研究热点和攻关方向。然而，涂镀层防腐技术在石油管材及装备的应用尚存在缺乏高性能的涂镀层产品、标准体系不完善、设计选材技术匮乏等技术难题，极大地制约了其应用范围和应用效果。

一、技术内涵

该项目通过理论研究、产品开发、技术攻关和现场应用，突破了影响石油管材及装备防腐涂镀层开发及应用的系列瓶颈技术，形成了防腐涂镀层系列产品、测试评价技术、标准规范及应用关键技术，并取得了良好的应用效果，经济效益和社会效益十分显著。

二、主要创新点

（1）全面、系统分析了涂镀层在多因素交互作用下的防腐和失效机制，提出了涂镀层失效退化模型。

（2）开发了系列高性能涂镀层产品，自主研发的抗 CO_2/H_2S 环氧酚醛涂层、高耐蚀 Ni-W 合金镀层、环保型无溶剂防腐涂层、平台长效聚氨酯涂层等产品（图1和图2）在国内首次应用于多元热流体、CO_2 驱、高含 CO_2/H_2S 油气井以及高温、高湿、高盐雾海洋环境等苛刻工况，性能指标处于国际先进水平。

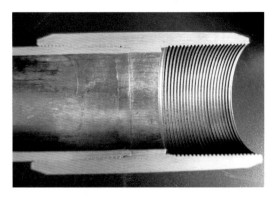 

图1　新型Ni-W耐蚀合金镀层管材　　　图2　抗CO_2/H_2S环氧酚醛内防腐涂层管材

（3）建立了涂镀层检测评价技术体系，形成了涂镀层全尺寸实物试验方法（图3），自主设计的国内首套实物拉伸腐蚀系统以及冲刷腐蚀环路试验系统试验能力处于国际领先水平。

图3　涂镀层内防腐油管全尺寸实物应力腐蚀评价装备

（4）建立了涂镀层应用技术体系，确立了涂镀层关键性能指标，规范了涂镀层设计、选材、施工、验收的应用过程管理，创建了涂镀层防腐技术多层次、多元化、全方位的标准规范体系，填补了国内空白。

三、应用成效

该成果在塔里木油田、新疆油田和长庆油田等重点油气田以及大港石化、海洋工程公司、冀东油田、大港油田等临海石化企业和油田成功进行了应用（图4），突破了制约涂镀层开发及应用的系列瓶颈技术，提高了防腐效果，延长了石油管材及装备的使用寿命，创造了良好的经济效益和社会效益，累计创造经济效益约 6.7 亿元，应用前景极其广阔。

图4　涂镀层内防腐油管现场应用场景

四、有形化成果

该成果科技成果丰硕，修制定国家、行业和企业系列标准 21 项；授权专利 18 件，其中发明专利 10 件；发表学术论文 22 篇，其中 SCI/EI 收录 7 篇；出版专著 2 部。

复杂地质条件气藏型储气库关键技术

我国建库目标储层埋藏深、构造破碎、储层低渗透，储气库建设面临"选址无理论、设计无方法、建设无技术、管控无手段"四大挑战。2000年以来，中国石油组织24家"产学研用"单位协同攻关与实践，创立了复杂地质条件气藏型储气库建库理论与技术体系，指导在京津冀、东北等地区建成22座储气库，形成了$111 \times 10^8 m^3$调峰能力，高峰日采气量超$1 \times 10^8 m^3$，形成我国地下储气库新型产业。专家鉴定认为：动态密封理论、分区动用设计方法、四维风险预警与管控技术达到国际领先水平。

一、技术内涵

（1）发明了多周期交变应力盖层模拟实验装置，揭示了盖层和断层动态密封性弱化机理，创建了以断层柔性表征为核心的四维地质力学建模方法；构建了以6项动态密封量化指标为核心的选址评价方法。

（2）研发了储气库多周期注采仿真模拟实验系统，揭示了"多轮相渗滞后、分区差异动用"气水交互渗流机理，创建了多因素库容分区预测方法和短期高速不稳定流数学模型，形成了复杂地质条件气藏型储气库优化设计方法。

（3）创新了高分子塑化增韧和紧密堆积的设计方法，发明了晶须纳米韧性水泥浆体系，研发了具强吸水膨胀与氢键吸附能力的复合凝胶堵漏材料；研制出我国首台6000kW、43MPa往复式注气压缩机组（图1）。

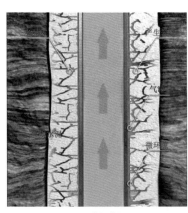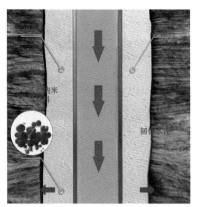

(a) 常规水泥　　　　　　　　　　**(b) 韧性水泥**

图1　常规与韧性水泥浆固井机理与效果对比图

（4）创建了储气库微地震矩张量震源参数波场模拟方法和典型微地震事件信号识别模式，建立了以拉伸和压缩效率为主的管柱螺纹接头密封评价模型，形成了基于全井段测井数据的管柱剩余寿命预测技术。

二、主要创新点

（1）首创了复杂断块储气库断层和盖层动态密封理论，揭示了注采交变应力盖层和断层密封性弱化机理，构建了动态密封6项定量评价指标，指导突破储气库选址"禁区"，筛选出58个复杂断块库址目标，潜力储气规模超千亿立方米。

（2）创建了储气库高速注采渗流理论和分区设计方法，首次揭示了复杂储层短期高速注采渗流机理，首创了多因素库容分区预测方法和短期高速不稳定流井网优化模型，工作气利用率提高20%以上。

（3）创新了储气库工程建设关键技术，研发以晶须纳米韧性水泥浆固井、复合凝胶堵漏为核心的储气库钻完井技术；研制的我国首台高压高转速往复式注气压缩机组摆脱了进口依赖。

（4）创新了长期运行风险预警与管控技术，实现了地质体—井筒—地面三位一体风险实时管控（图2）。

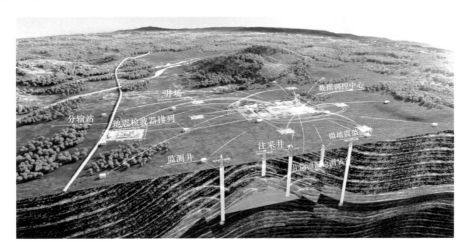

图2　储气库"三位一体"风险管控体系示意图

三、应用成效

指导建成22座储气库，形成 $111 \times 10^8 m^3$ 调峰能力，创造了"断裂系统最复杂"等4项建库世界纪录。近三年调峰采气 $225 \times 10^8 m^3$，创造直接经济效益238亿元；储气库调峰占中国城镇燃气调峰总量45%，惠及10余省市近4亿人，特别是为北京提供了90%以上的冬季调峰气量；在中亚进口气减供、西气东输管道因自然灾害中断等突发事件中发挥了应急保障关键作用。形成的成套技术和标准体系将为我国未来大规模储气库建设、保障国家能源安全做出重要贡献。

四、有形化成果

该成果获发明专利58件，认定技术秘密13件，登记软件著作权34件，制定标准20项，出版专著11部，发表论文154篇。

油田地面工艺重组技术

大港油田进入高含水开发阶段后，传统的地面工艺系统庞大、腐蚀老化严重、生产运行维护成本高、安全环保隐患大等问题逐渐显现，制约着油田的效益开发和可持续发展。通过开展油气集输、供注水工艺重组技术攻关，研发系列化的一体化集成装置，建立数字化分析管理系统，形成了与复杂断块油藏特征和复杂地表环境相适应的地面工艺重组技术系列。

一、技术内涵

通过系统性开展油气集输和供注水系统的工艺重组和流程再造，创造性建立了以枝状化流程、一级布站为特点的新工艺模式；研制了系列化的一体化集成装置，替代大中型站场工艺单元，变革了传统地面建设模式；创建了基于大数据和物联网的地面数字化集成分析优化技术，变革了生产管理方式。最终建立了与"双高"油田的开发阶段相适应的全新的地面工艺模式。

二、主要创新点

（1）研发了油气集输工艺重组技术。研发了以功图综合诊断为基础的油井远程在线计量技术，淘汰了传统分离器人工量油，形成了以枝状工艺流程为主体的集输新工艺；研究应用单管常温集输工艺，创新就地切水、就地回掺工艺，实现稠油掺水工艺流程的简捷化、减量化（图1）。

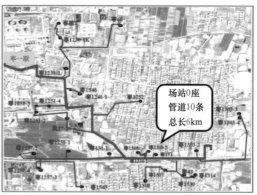

（a）传统模式　　　　　　　　　　（b）新模式

图1　油气集输传统工艺模式与新工艺模式对比图

（2）研发了供注水工艺重组技术。研发注水井远程调控技术，替代传统配水站调配工艺，形成以一级布站、枝状化流程的注水工艺模式；采用泵到泵直供水工艺，降低系统损耗（图2）。

（3）研制了系列化的一体化的集成装置（图3）。自主开发了覆盖油气集输、原油脱水、采出水处理等工艺单元的一体化集成装置，形成以集成化、模块化为特点的场站工艺单元组建模式。

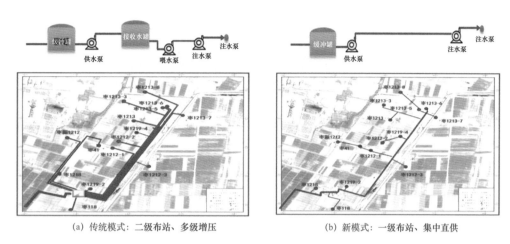

(a) 传统模式：二级布站、多级增压   (b) 新模式：一级布站、集中直供

图2　供注水传统工艺模式与新工艺模式对比图

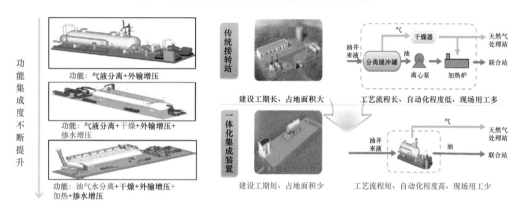

图3　一体化集成装置应用效果图

（4）创建了基于大数据和物联网的地面数字化集成分析优化技术。建立油田地面系统技术经济关键指标分析系统，研发了基于量价分离、动态管理的油田地面工程投资估算平台，实现了项目前期到工程后评价的全过程、数字化管理；建立集数据管理、工程分析、故障诊断、远程监控、动态预警等功能于一体的"王徐庄模式"，打造扁平化、数字化管理方式。

三、应用成效

大港油田全面完成了老油田地面工艺重组，在中国石油首次全面撤消全部计量站，减少各类设备设施586台套、老旧管道2566km；带动管理方式变革，管理结构由四级变为三级，优化用工1902人；累计减少各类成本费用19.0亿元，减少能耗 32.8×10^4 t标准煤，实现 CO_2 减排 81.9×10^4 t，实现集约用地425亩。

四、有形化成果

该成果获发明专利2件、实用新型专利3件，登记软件著作权2件，形成企业标准2项，发表核心期刊论文9篇，获中国石油天然气股份有限公司"一体化集成装置研发与推广优秀项目"等奖励3项，大港油田公司科技进步奖一等奖3项。

油气田集输管线内腐蚀控制技术

随着塔里木油田("三高")和长庆油田("三低")等西部重点油气资源的深入开发,复杂苛刻采出介质导致集输管道腐蚀泄漏频发,严重影响油气正常生产和油田经济效益。本项目针对油气田复杂苛刻环境中油气管道腐蚀泄漏难题,突破关键技术瓶颈,最终形成油气田管道"腐蚀失效识别→实验研究方法→防腐技术产品→腐蚀检测技术→现场防腐治理技术"体系,大大降低油田地面集输管道腐蚀穿孔频次,对保障我国"西气东输"主要气源安全输送具有重要战略意义。

一、技术内涵

(1)基于油气生产工艺,立足管道材料特性,结合管道的化学环境、受力状态以及电场干扰,系统研究了碳钢、双金属复合管、双相不锈钢、内涂层管在复杂工况环境中"材料—化学—工艺—力学—电学"多因素耦合腐蚀失效机理。

(2)研发了集环境、应力、流态、结构于一体的全尺寸油气管道腐蚀实验系统和油气现场管道试验段橇装装置,建立了油气管道"小试样—全尺寸—现场实验段"腐蚀评价技术(图1)。

图1 全尺寸油气管道腐蚀冲刷装置

(3)采用量子化学计算优化了缓蚀分子自组装结构,借助在线红外和量热合成技术精准合成了以桐油松香咪唑啉曼尼希碱、蓖麻油酸咪唑啉聚氧乙烯醚等为主剂的高H_2S、高CO_2、含氧污水等系列缓蚀剂产品,配套开发了缓蚀剂自动化和微量加注技术。

(4)首创研发了小口径管道内窥检测、内防腐层测厚和电磁涡流检测的机器人(图2),解决了油气田小口径管道(小于DN200mm)内腐蚀检测的技术难题。

图2　小口径管道内检测机器人

（5）建立了油气田地面系统在役管道"在线风送挤涂"和"聚乙烯内衬"防腐修复工艺，建立了相应的技术标准规范，针对两种工艺分别开发了两种结头连接技术。

二、主要创新点

（1）揭示了油气管道在复杂工况环境中"材料—化学—工艺—力学—电学"多因素耦合腐蚀失效机理。

（2）自主研发了全尺寸油气管道腐蚀实验系统，建立了油气管道"小试样筛选—全尺寸适用性评价—现场实验段验证"腐蚀评价技术。

（3）攻克了"三高一低"复杂苛刻环境油气管道的缓蚀难题，自主研发了桐油松香咪唑啉曼尼希碱系列缓蚀剂产品及配套技术。

（4）研发了适用于小口径管道内腐蚀检测机器人。

（5）研发了油气田地面系统在役管道"在线风送挤涂"和"聚乙烯内衬"防腐修复工艺，建立了相应的技术标准规范。

三、应用成效

（1）研发的缓蚀剂产品及配套技术在塔里木油田碳钢管线应用5000多千米，管道腐蚀穿孔率由2016年的0.029次/(km·a)降至2019年的0.0109次/(km·a)，年腐蚀泄漏频次下降70%以上。

（2）研发的小口径管道内腐蚀检测技术，在长庆油田示范应用260km，实验室和现场结果表明检测准确率达90%以上。

（3）研发的油气田在役管道"在线风送挤涂"和"聚乙烯内衬"防腐修复工艺及标准规范。在长庆油田累计应用超过11000km。管道腐蚀穿孔率由2016年的0.18次/(km·a)下降至2019年的0.065次/(km·a)，年腐蚀泄漏频次下降60%以上。

四、有形化成果

该成果获授权专利18件（发明专利8件）、制修定标准9项（国家标准/行业标准4项）、发表论文24篇（SCI/EI 12篇），出版专著3部。

油田非金属管关键技术

　　塔里木油田等西部油田油气高含 H_2S、CO_2 和 Cl^- 等腐蚀介质，传统碳钢管腐蚀严重，泄漏事故频发，造成巨大的经济损失、环境污染和不良的社会影响。采用非金属及复合材料管材来解决金属管道腐蚀事故频发问题成为新的方向和颠覆性技术。非金属管作为新型高性能材料，缺乏产品、质量、施工等系列标准，缺失设计选材技术，导致油田使用存在盲目性、片面性和不规范性，制约了非金属管产品科学合理的推广应用。针对腐蚀介质环境最为严苛的西部油田工况条件及特殊的地形地貌，经过科研攻关，制定了非金属管设计、施工、验收等标准体系（图1），建立了完善的非金属管应用技术体系，填补了国内空白；创建了油气集输用非金属管的选材评价技术体系及关键技术指标；开发了模拟实际工况的检测评价技术及配套实物管材评价设备，全面解决了限制非金属管使用的关键技术瓶颈问题，实现了非金属管使用的规范化、标准化、科学化。

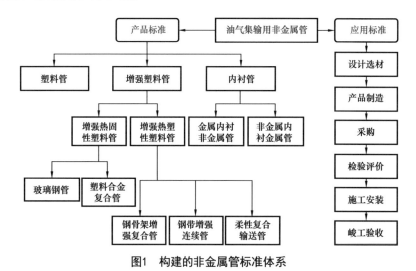

图1　构建的非金属管标准体系

一、技术内涵

　　通过现场失效分析和模拟实验相结合，创建了油气集输用非金属管的选材评价技术体系，为油田非金属管设计选材提供了指南。开发设计了模拟油田现场应用环境的检测评价技术，并研发了配套的实物管材评价设备（图2和图3）。明确提出油气集输用非金属管对应的关键技术指标，建立了石油天然气行业用非金属管性能安全可靠性评价体系。提出了油田现场非金属管设计、施工、验收等关键环节控制点，制定系列标准。

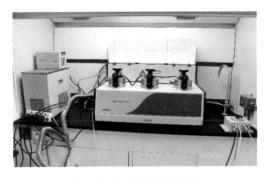

图2　气体渗透测试新装备

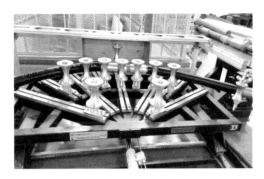

图3　非金属连续管最小弯曲半径测试装备

二、主要创新点

（1）制定涵盖7类非金属管材、7大应用过程管理的14项油气集输用非金属管标准，全面规范了西部油田非金属管的全过程管理。

（2）首次创建了油气集输用非金属管的选材技术体系，明确给出不同非金属管产品的适用范围及服役工况条件。

（3）开发设计出介质相容性、长期服役性能、耐磨性能、结垢结蜡性能、气体渗透性能和弯曲性能6项实物管材评价技术和配套设备。

（4）攻关确定了非金属管力学性能、典型理化性能、耐温性能、运行完整性评价、非金属管服役完全性评价等参数指标。

三、应用成效

塔里木油田、长庆油田、塔河油田、新疆油田和吐哈油田等西部油田采用本成果新敷设了非金属管道1万多千米，失效事故率降低70%以上，产生经济效益约5.2亿元，应用前景极其广阔，经济效益和社会效益巨大。

四、有形化成果

该成果形成系列标准14项，获授权专利8件，发表论文10篇。

天然气高效集输与处理技术

如何实现天然气的高效开发，特别是如何实现边远分散井、小产量井等低效井以及试采井的高效生产是长期摆在天然气开发地面系统专业技术人员面前的突出问题。项目组通过针对集输、处理等多环节的系列发明创新，形成了天然气高效集输与处理技术，可有效地提高开发效益，降低经济开发的门槛。

一、技术内涵

该项技术凭借集输一体化集成技术、天然气生物脱硫工艺小规模脱硫、超音速涡流管优化脱水脱烃工艺、协同便携式醇胺法脱硫溶液分析设备及方法降低了天然气的开采成本，可实现低效天然气井的经济、高效开发（图1至图3）。

图1　天然气生物脱硫现场试验装置（处理规模2000m³/d）

二、主要创新点

（1）在高效集输领域，形成了一体化集成橇装高效集输技术，包括一体化橇装分离、分输、混输、不分离多井轮换计量装置及一体化新型超音速高效天然气脱水脱烃技术。前者凭借一体化集成橇装、新型分离器、多井轮换计量以及可实现分输、混输的特点，优化简化了站场工艺，缩短了建设周期，降低了开发成本；后者主要包括预成核超音速涡流管及串联多级的超音速涡流管气体脱水脱烃的方法，预成核超音速涡流管通过特殊设计的预成核部件，提高气液分离效率，增大露点降，降低压降要求，从而获得更高的露点降和防止管路堵塞，发明的超音速涡流管装置结构紧凑、无转动部件，工艺简单，且易形成橇装装置，在低效井和试采井的开采方面有较大的优势。

图2　超音速涡流管　　　　　　　　　图3　超音速涡流管侧线装置

（2）在天然气净化高效处理领域，主要形成了高效生物脱硫技术和脱硫溶液快速分析优化技术，前者包括中低潜硫量高效脱硫生物菌的筛选技术、培育技术、脱硫能力检测技术及应用技术，采用以NaHS浓度和压力作为诱导驯化因子，始终采用液体培养技术，形成了快速筛选天然气生物脱硫菌群的方法，大大加快了脱硫微生物的生长速度，并快速定向高效筛选到优良的天然气脱硫菌群用于天然气净化，能够有效脱除天然气中硫化氢；后者主要包括天然气脱硫溶液分析前处理方法和处理装置，通过稀释样品、固相萃取和膜过滤三个步骤实现一次性去除脱硫溶液中的多种干扰物，可以达到防止污染样品和提高样品处理速度和重现性的效果，处理后的脱硫溶液能够满足色谱仪直接进样的要求。

三、应用成效

该成果形成的装置已通过中油控股、西南油气田分公司托管的全资子公司——成都天科石油天然气工程有限公司进行推广，已在西南油气田分公司下属蜀南气矿、川中油气矿、川东北气矿及川西北气矿得到了大规模应用，建成装置17套，实现直接产值3777万元，累计处理天然气约$5.9 \times 10^8 \mathrm{m}^3$，产生了较好的间接经济效益。

四、有形化成果

该成果共获得发明专利6件，实用新型专利8件。获2016年中国石油天然气集团公司科技发明奖二等奖。

一带一路（海外）

全球油气资源评价与超前选区技术

为充分利用国外油气资源，保障国家能源安全，需要主动掌握全球油气富集规律、油气资源潜力与分布，超前优选有利的勘探领域，获取优质勘探开发资产。中国石油以国家油气重大专项为依托，自主创新研发了全球油气资源评价与超前选区技术，科学回答了全球油气资源有多少、在哪里、如何有效利用的科学和技术难题，打破了国外垄断，有效提升了我国获取全球油气资源的能力，保障了国家能源安全（图1）。

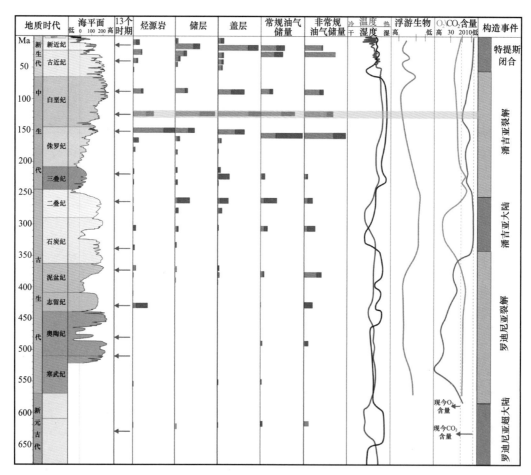

图1　全球主要地质时期油气资源

一、主要创新点

（1）创新古板块位置上原型盆地、岩相古地理与成藏要素重建技术，对油气进行溯源定位，从时间、空间两个维度揭示了全球油气富集规律，明确了未来勘探的重点领域。

（2）创建以盆地为整体、以油气系统为核心、以"成藏组合"为单元的全资源类型油气资源评价技术，完成了对海外 425 个盆地常规和非常规全资源类型的评价，获得了自主知识产权的一手评价数据，评价范围、资源类型、精度均处国际前列。

（3）创立了资源、经济和风险评估于一体的海外油气资产快速评价技术体系，实现海外新项目全生命周期的定量化评价，支撑了海外油气资源的规模化利用。

（4）首次建成集数据、资源评价、制图、数据挖掘于一体的"全球油气资源信息系统"，为公司提供了安全可靠的全球油气资源大数据平台。

二、应用成效

该成果经鉴定总体达到国际领先水平。在全球超前优选了 18 个重点领域，锁定了 111 个有利勘探区块，有效支撑"十三五"以来成功获取 9 个海外油气新项目。全球资源评价数据 2017 年首次向全球发布，大幅度提升了我国在该领域的国际影响力。

三、有形化成果

该成果获授权发明专利 10 件，登记软件著作权 31 件，制定技术规范 5 项，出版专著 23 部，发表 SCI 和 EI 论文 83 篇，获省部级奖励 24 项。

中西非反转／叠合裂谷盆地风险勘探评价技术

中国石油在乍得和尼日尔的合同区均为西方大石油公司勘探三四十年未获商业发现而退出的区域，勘探成本高、商业门槛高且勘探期短。中国石油科研团队经过十年科技攻关，针对合同区内盆地多、勘探程度低等难点，创新集成中西非反转／叠合裂谷盆地风险勘探评价技术，引领自主勘探发现石油地质储量 12×10^8 t。

一、技术内涵

系统分析中西非裂谷盆地与中国东部陆相裂谷盆地的异同，创新集成中西非反转／叠合裂谷盆地风险勘探评价技术，包括凹陷结构分析、成藏组合快速评价、规模目标优选和最小商业规模预测等针对性技术，大幅度降低勘探风险，实现技术经济评价一体化，引领规模油田的快速发现。

二、主要创新点

（1）根据中西非裂谷系初陷期岩浆活动不发育、地温梯度早低晚高、断裂复杂等特点，创新集成中西非反转／叠合裂谷盆地风险勘探评价技术。

（2）建立反转／叠合裂谷盆地油气成藏模式，明确盆地发育源上古近系、源内白垩系和基岩潜山三套成藏组合，指导"三新"领域风险勘探不断取得突破（图1）。

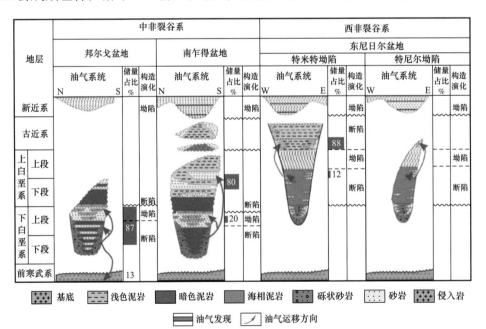

图1　中西非裂谷盆地成藏组合对比图

（3）制定立足于中方作业、联合经营的勘探思路和策略，确保中方利益最大化。

三、应用成效

"十三五"期间，在乍得邦戈尔盆地和南乍得盆地、尼日尔特米特盆地不断取得重大勘探发现，自主勘探累计探明石油地质储量 $12 \times 10^8 t$。在乍得建成 $600 \times 10^4 t/a$ 产能，尼日尔一期建成 $100 \times 10^4 t/a$ 产能（二期 $500 \times 10^4 t/a$ 产能正在建设中），创造了巨大的经济和社会效益，实现了中国石油非洲油气合作区勘探二次创业。

四、有形化成果

该成果登记软件著作权 3 件，认定技术秘密 11 件，发表论文 16 篇，出版专著 3 部，荣获省部级科技进步奖一等奖 5 项。

超深水盐下湖相碳酸盐岩勘探评价技术

巴西桑托斯盆地超深水盐下碳酸盐岩油气资源丰富，但盐岩盖层巨厚，碳酸盐岩有利储层成因多样，多期火山作用活跃，高效勘探面临诸多难题。中国石油研究团队创新地质认识、研发关键技术，攻关形成超深水盐下湖相碳酸盐岩勘探评价配套技术，推动巴西里贝拉项目获得重大勘探发现，开辟了公司深水油气勘探开发新局面。

一、技术内涵

在解析超深水盐下地质结构和盆地演化基础上，明确了早期湖相碳酸盐岩有利储层成因模式，建立盐下油气成藏模式，创新形成层控相控地震变速构造成图、湖相碳酸盐岩沉积古地貌重建与优质储层地震预测、侵入型和喷发型火成岩地震识别、超深水盐下勘探目标评价等关键技术（图1）。

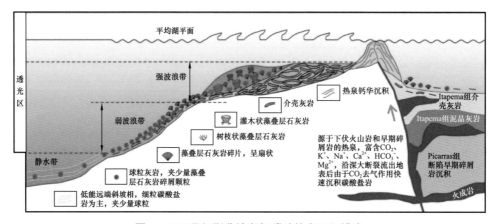

图1　巴西桑托斯盆地湖相碳酸盐岩沉积模式

二、主要创新点

（1）创新建立盐下大型湖盆碳酸盐岩"早期淡水介壳—晚期咸水藻丘迁移叠置"发育模式，丰富和发展了湖相碳酸盐岩储层地质理论，主导部署3口探井获重大油气突破。

（2）创新建立幕式构造与岩浆作用控制下的碳酸盐岩台地差异化油气成藏模式，改变作业者原有认识，有力推动了世界特大型油田主体的快速探明。

（3）集成含火成岩的碳酸盐岩储层地球物理评价技术，显著提高盐下储层预测精度和火成岩识别准确率，实现里贝拉项目高效勘探。

三、应用成效

中国石油参与的巴西里贝拉项目西部油田主体 13 口评价井全部获得成功（图 2），并突破主断裂下降盘断阶带是勘探禁区的局限，大胆提出油田东翼仍发育大规模优质介壳滩和藻丘储层的新认识，主导部署甩开钻探并获得重大发现，整体新增探明石油地质储量 $17 \times 10^8 t$，夯实了里贝拉项目建成 $4000 \times 10^4 t/a$ 产能油田的资源基础，并在布兹奥斯和阿拉姆项目等新领域拓展中发挥了关键支撑作用。

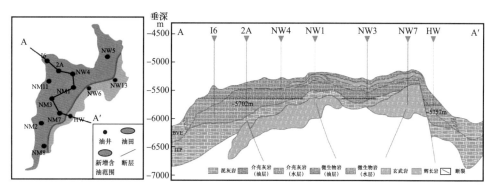

图 2　巴西里贝拉项目西部油田 I6 井—2A 井—NW4 井—NW1 井—NW3 井—NW7 井—HW 井油藏剖面

四、有形化成果

该成果登记软件著作权 3 件，获专利受理 2 项，发表科技论文 18 篇，获集团公司科技进步奖二等奖 1 项、局级一等奖 6 项，获评 2018 年中国石油与国际石油十大科技进展。

前陆盆地斜坡带大型低幅构造岩性复合体评价技术

中国石油积极践行国家"一带一路"能源合作倡议在美洲地区的落地。"十三五"期间持续开展前陆盆地斜坡带大型低幅度构造—岩性复合体勘探评价技术攻关，揭示了前陆盆地斜坡带低幅度构造—岩性复合圈闭成圈机理，建立了前陆盆地斜坡带油气"混源多期、早降解、晚降稠"成藏模式，研发低幅度构造—岩性复合体精准识别与描述技术，攻克了前陆盆地斜坡带隐蔽圈闭滚动勘探难题，实现了南美奥连特盆地安第斯项目高效增储与老油田稳产，为保障国家能源安全做出了重要贡献。

一、技术内涵

（1）揭示了前陆盆地斜坡带大型低幅度构造—岩性复合圈闭成圈和成藏机理。

（2）阐明了海绿石砂岩低阻油层"两高一低"成因机理，创新"混合骨架"模型，研发特色海绿石砂岩低阻油层测井综合解释技术，为海绿石砂岩低阻油层资源潜力评价提供了新手段。

（3）研发了斜坡带大型低幅度构造—岩性圈闭识别与评价技术，实现双十圈闭（10ft 圈闭幅度、10ft 储层厚度）的精准识别，为前陆盆地斜坡带精细勘探提供技术手段，保障了规模增储、上产。

二、主要创新点

（1）揭示了正断层和走滑断层的构造反转是前陆盆地斜坡带低幅度圈闭形成的主因；明确了斜坡带发育白垩系泥灰岩优质、成熟烃源岩具有早期生烃侧向充注，晚期生烃垂向充注的特点；首次利用含氮化合物示踪确认"砂体—断层立体输导体系"，揭示斜坡带白垩系"混源多期、早降解、晚降稠"的成藏过程。

（2）阐明了海绿石矿物是导致海绿石砂岩油层"高密度、高伽马"的主因，高束缚水导致油层低阻；提出海绿石砂岩混合骨架模型，打破将海绿石作为胶结物的错误认识；研发了基于混合骨架模型的海绿石砂岩测井综合评价技术，实现了低阻油层的精准识别。

（3）研发了大型低幅度构造—岩性油藏识别与评价技术系列，实现了低幅度圈闭（10ft）的精准识别与薄储层的精确预测（10ft），建立"基于丛式钻井平台控圈闭群"的低幅度圈闭优选评价方法，实现了前陆盆地低幅度圈闭群的有效评价。

三、应用成效

安第斯项目"十三五"期间连续 5 年可采储量替换率大于 1（图 1），新增探明地质储量 $6000 \times 10^4 t$，建产 $70 \times 10^4 t/a$，为安第斯项目老油田持续 $200 \times 10^4 t$ 以上长期稳产做出了突出贡献，新增当地就业岗位 3000 余个，在厄瓜多尔石油界树立了中国石油技术领先者的良好形象，取得良好的经济和社会效益（图 2）。

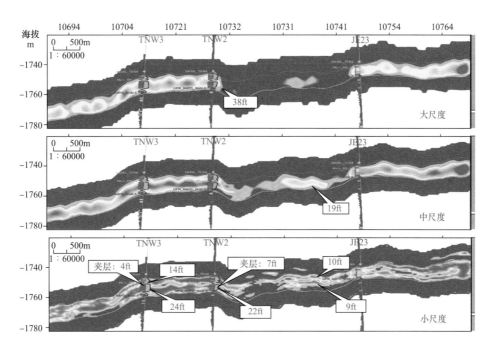

图 1　多尺度迭代反演不同反演阶段识别储层厚度对比

图 2　厄瓜多尔安第斯项目 2011 年以来新增原油探明储量和储量替换率

四、有形化成果

该成果已获授权专利 3 件，登记软件著作权 3 件，发表 SCI/EI 检索论文 10 篇，出版专著 1 部。获省部级科技进步奖 2 项。

深水近陆坡生物气藏勘探理论与评价技术

孟加拉湾周缘深水近陆坡区发育大型生物气藏，生物气主要赋存于多期迁移叠覆的深水重力流沉积储层，气水关系复杂，高效勘探面临诸多难题。中国石油研究团队创新地质认识、研发关键技术，攻关形成深水近陆坡生物气藏勘探理论与评价技术，推动缅甸深水勘探项目获得历史性突破，开辟了公司深水生物气勘探的新方向。

一、技术内涵

在深水沉积结构单元定量描述基础上，建立深水沉积储层成因模式，明确深水近陆坡生物气成藏主控因素，创新形成多属性融合重力流水道刻画、深水沉积储层地震定量预测、深水细粒薄储层测井评价、地震振幅与构造匹配流体识别等关键技术（图1）。

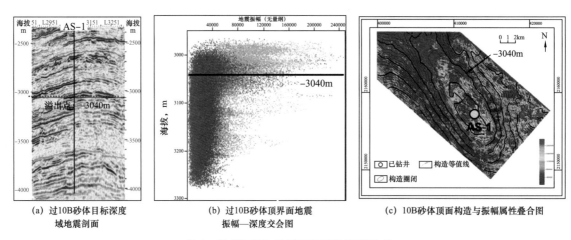

(a) 过10B砂体目标深度　　　(b) 过10B砂体顶界面地震　　　(c) 10B砂体顶面构造与振幅属性叠合图
　　域地震剖面　　　　　　　　　振幅—深度交会图

图1　地震振幅与构造匹配流体识别技术

二、主要创新点

（1）创新建立大陆边缘远源缓坡细粒富泥型深水沉积模式（图2），丰富和发展了海洋深水重力流沉积地质理论，指导规模有利储集体预测；

（2）建立深水近陆坡生物气富集成藏模式，明确"生物气有利生烃区、规模有效储层、正向构造背景和有效盖层及侧向封堵条件"四大成藏主控因素，有效指导风险勘探目标井位部署，推动缅甸深水项目获得重要勘探发现；

（3）集成深水细粒储层与流体地球物理评价技术，准确预测深水沉积砂体目标，有效降低了地震烃类检测的多解性。

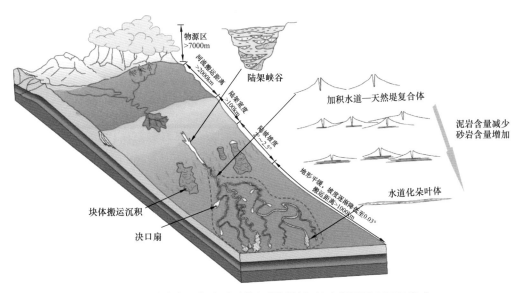

图 2　孟加拉湾东北部主动陆缘远源缓坡细粒富泥型深水沉积模式

三、应用成效

该成果有效指导了缅甸深水项目油气资源潜力评价、有利目标优选与风险探井部署，支撑缅甸深水 / 超深水油气勘探取得历史性突破，探明天然气地质储量 $600 \times 10^{8} \mathrm{m}^{3}$，明确了下一步勘探方向，对于推动国家"一带一路"倡议能源合作具有重要意义。

四、有形化成果

该成果登记软件著作权 2 件，出版深水沉积译著 2 部，发表科技论文 13 篇，其中 SCI 和 EI 收录 6 篇。获局级科技进步一等奖 3 项、二等奖 6 项，获评 2018 年中国石油与国际石油十大科技进展。

中东巨厚复杂碳酸盐岩油藏高效开发关键技术

中国石油积极践行国家"一带一路"能源合作倡议，对中东地区巨厚复杂碳酸盐岩油藏高效开发历经10年攻关，揭示了巨厚复杂碳酸盐岩内幕精细结构和"多模态"渗流机理，创新了隐蔽隔夹层、贼层刻画和利用隐蔽隔夹层分层系开发技术，攻克了快速建产关键配套工程技术瓶颈，建立了多井型立体井网和多目标协同建产模式，完成了中东地区原油作业产量亿吨级规模的跨越，为保障能源安全做出了重要贡献（图1）。

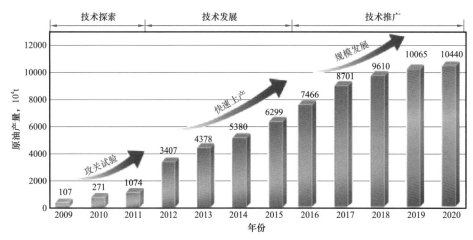

图1 中国石油中东地区原油作业产量

一、技术内涵

（1）揭示了巨厚碳酸盐岩油藏具有隐蔽隔夹层、贼层的内幕结构，颠覆了相对均质块状油藏的认识。

（2）创新了多模态储层差异渗流理论，创建了利用隐蔽隔夹层分层系开发技术，为巨厚油藏全面均衡动用开辟了新途径。

（3）攻克了漏卡诊断及井筒安全构建、差异酸压及注采调控一体化、全生命周期动态防腐阻垢和地面快装化等4项配套关键工程技术瓶颈，保障了快速建产。

（4）形成了多井型立体井网开发模式，建立了多目标"速度＋规模＋效益"协同建产模式，实现了规模上产。

二、主要创新点

（1）揭示了缓坡台地滩相储层生长迁移规律，明确了巨厚碳酸盐岩油藏隐蔽隔夹层、贼层的内幕结构、成因机理，为制定开发技术政策奠定了坚实基础。

（2）创新多模态储层差异渗流理论，建立了隐蔽隔夹层、贼层刻画技术和分层系开发差异化注水技术，为巨厚油藏均衡动用开辟了新途径，使得储量动用程度由 35% 提高到 80% 以上，预计增油 5×10^8t。

（3）研发形成了差异酸化改造、多梯度脱水及全生命周期动态防腐等配套关键工程技术，建立了巨厚碳酸盐岩油藏多井型立体井网协同建产模式，实现了规模效益上产，内部收益率从 9% 提高到 15%。

三、应用成效

中国石油中东地区原油作业产量由 2009 年 107×10^4t 增至 2020 年 1.04×10^8t，带动了技术服务、工程建设及装备出口，累计合同额 1600 亿元以上。打造了"一带一路"油气合作利益共同体（图 2）。

图 2　中国石油哈法亚油田现场

四、有形化成果

该成果已获授权专利 20 件，认定技术秘密 36 件，登记软件著作权 12 件，发表 SCI/EI 检索论文 70 篇，出版专著/译著 9 部。2019 年获得国家科学技术进步奖一等奖，曾获省部级科技进步奖 7 项。

低压力水平裂缝孔隙型碳酸盐岩弱挥发油藏注水开发调整技术

为落实中国石油天然气集团有限公司"做优中亚"决策部署，积极探索和攻关中亚裂缝孔隙型碳酸盐岩油藏高效开发的难题，围绕低压力保持水平下裂缝孔隙型碳酸盐岩油藏改善注水开发效果开展科技攻关和理论技术研究，形成低压力保持水平裂缝孔隙型碳酸盐岩油藏注水开发调整技术，实现哈萨克斯坦碳酸盐岩老油田开发形势根本好转，为中哈原油管道提供稳定的油源，保障国家能源安全作出了积极贡献。

一、技术内涵

（1）根据应力敏感实验确定不同开发时期地层压力场与裂缝渗透率场，创建异常高压双重介质碳酸盐岩油藏四维地质模型，识别不同裂缝发育区并进行针对性开发。

（2）构建相态预测模型，揭示弱挥发性油藏随地层压力下降油气渗流特征变化规律，创建双重介质弱挥发性油藏油井产能评价新方法。

（3）建立双重介质二维两相驱替数学模型，明确影响裂缝孔隙型碳酸盐岩油藏注水开发效果的主控因素，建立双重介质碳酸盐岩油藏注水开发技术政策图版，形成压力恢复注水开发技术政策（图1）。

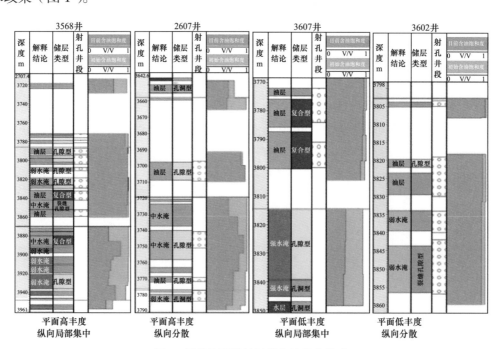

图1 裂缝孔隙型储层剩余油分布模式

二、主要创新点

（1）建立不同类型碳酸盐岩储层应力敏感模式，创新实现基于储层应力敏感特征的异常高压双重介质碳酸盐岩油藏四维地质模型，优化不同裂缝发育区合理采油速度，实现一次采油采出程度达到25%。

（2）建立双重孔隙介质油藏注水开发技术政策图板，形成"分区调配、温和注入、缓慢回升"的压力恢复注水技术政策，实现北特鲁瓦油田地层压力水平提高8.3个百分点、气油比由2639m³/t下降至1738m³/t。

（3）研发井网转换、油井交互间开、周期注水相结合的注水优化技术，建立双重介质碳酸盐岩高含水油田动态周期调整模式，实现北特鲁瓦油田水驱控制程度由5%提高至40%，平均单井产量提高3t/d，油田产量明显回升。

三、应用成效

支撑哈萨克斯坦阿克纠宾项目年油气产量1000×10⁴t持续稳产（图2），资产总值从6.3亿美元增加到21.8亿美元，累计净利润超过100亿美元。

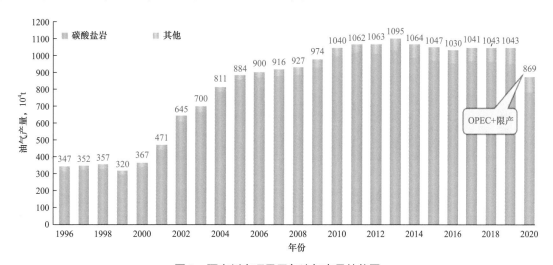

图2 阿克纠宾项目历年油气产量柱状图

四、有形化成果

该成果申请发明专利12件，登记软件著作权4件，发表学术论文24篇，其中SCI检索12篇、EI检索6篇，获省部级科技进步奖2项。

海外复杂断块油田群整体协同高效开发关键技术

针对西非乍得和尼日尔项目复杂断块油田分散、油藏类型多样、天然能量各异、规模建产难度大等问题，创新形成海外复杂断块油田群整体协同高效开发关键技术，支撑乍得和尼日尔项目快速高效建成 700×10^4 t/a 产能规模。

一、技术内涵

（1）分散断块油田群定量优化建产技术。

首次构建多层次、多因素综合评价指标体系及递阶层次结构模型（图1），结合投资组合方法建立评价模型，优化断块投产顺序和建产节奏。

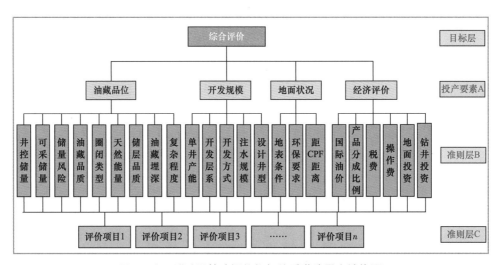

图1　油田群动用策略评价指标体系递阶层次结构图

（2）低井控程度下不同类型储层成因分析及储层预测技术。

建立薄层油藏的三角洲前缘—滩坝及厚油藏的扇三角洲沉积模式；通过沉积模式协同井约束的波阻抗反演准确刻画不同类型油藏储层空间分布。

（3）建立多类型油藏高效开发模式。

建立薄层砂岩油藏温和注水开发、高倾角厚层砂岩油藏"底部注水＋顶部注气"立体注采以及砂岩—潜山复合油藏协同开发模式，制订复杂断块油田群"整体部署、分期实施、快速建产、不同合同模式和开发期次协同优化提升整体效益"的综合开发策略。

二、主要创新点

基于模糊数学和投资优化组合的分散断块油田群优化建产技术；综合利用岩心—测井—地震资料，形成不同沉积模式控制下的储层预测技术；基于物理模型和数值模拟研究，创新提出厚油藏立体开发技术和体积波及系数等指标体系（图 2）。

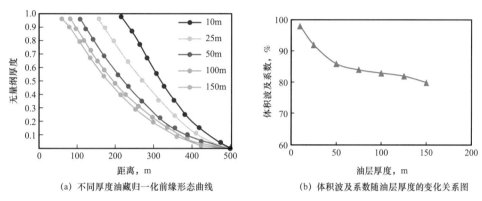

(a) 不同厚度油藏归一化前缘形态曲线　　　　(b) 体积波及系数随油层厚度的变化关系图

图 2　不同厚度下的纵向波及规律和体积波及系数随油层厚度的变化关系图

三、应用成效

开发井成功率 100%，增油近千万吨，支撑乍得 H 区块快速实现投资回收。保障乍得和尼日尔项目"十四五"上产 $1000 \times 10^4 t/a$ 以上，进一步成为中国石油"做强非洲"的压舱石，建成自主作业的示范区。

四、有形化成果

该成果获专利 3 件，登记软件著作权 4 件；发表文章 12 篇，6 篇 SCI/EI；获国家级创新成果奖二等奖 1 项，中国石油天然气集团有限公司科技进步奖一等奖 1 项，局级一等奖 4 项。

阿姆河右岸多类型气田整体上产稳产关键技术

阿姆河右岸项目是中国—中亚天然气管道及西气东输的主供气源之一，对实现我国能源进口多元化、保障国家能源安全、实施"双碳"目标具有重大战略意义。针对阿姆河右岸储层类型（孔洞型、裂缝孔隙型、缝洞型）多样，气田数量多、分布散、边底水活跃、规模建产难的问题，开展多学科联合攻关研究，创新集成多类型气田整体上产稳产关键技术，支撑阿姆河右岸项目快速、高效建成 $140 \times 10^8 m^3/a$ 规模并保持长期稳产。

一、技术内涵

建立缓坡礁滩群规模储层发育模式，形成缓坡礁滩体识别与评价方法，指导了高产井位部署。以财务净现值为目标函数建立包括斜井段长度、斜井段走向、避水高度及总井数在内的多变量数学模型并求解，形成边底水气藏整体大斜度井网优化技术（图1）。综合考虑各气田递减规律、合同条款和经济效益等因素，形成基于产品分成合同模式下的气田群协同开发技术。研发以特殊胶束表面活性剂替代传统凝胶的自转向酸并优化孔洞、裂缝—孔隙、缝洞三种类型储层的改造工艺。

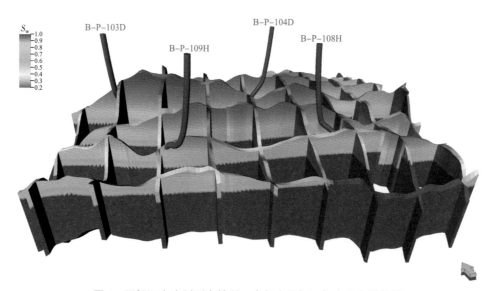

图1　阿姆河右岸别列克特利—皮尔古伊气田气水分布栅状图

二、主要创新点

以财务净现值为优化目标建立多变量数学模型，实现井网与大斜度井参数同步优化，提高产能规模的同时减少钻井总进尺，提高了开发效益。气田群协同开发技术，通过优化气田产能规模和接替次序，为阿姆河右岸项目"有序接替、稳定供气"提供了技术支撑。

三、应用成效

2016 年，阿姆河右岸项目达到 $140 \times 10^8 m^3/a$ 规模，并将稳产至 2025 年。截至 2020 年 12 月 31 日，项目累计生产原料气 $1132 \times 10^8 m^3$，向中亚天然气管道输送商品气 $1047 \times 10^8 m^3$，替代标准燃煤 $1.39 \times 10^8 t$，减少 CO_2 排放 $1.48 \times 10^8 t$（图 2）。

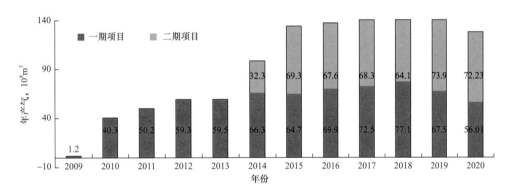

图 2　土库曼斯坦阿姆河右岸项目历年产气量

四、有形化成果

该成果获授权发明专利 3 件，登记软件著作权 9 件，发表论文 20 篇；获部级科技进步一等奖 2 项、二等奖 1 项、三等奖 1 项；局级科技进步一等奖 4 项、三等奖 2 项。

边底水砂岩油藏充分利用天然能量快速开发技术

针对强边底水砂岩油藏合理利用天然能量高效开发问题，历经10余年攻关，揭示了边底水油藏快速开发的渗流机理，创新了辫状河储层隔夹层精细描述，攻克了复式油气藏天然气吞吐快速开发技术瓶颈，形成了“四位一体”开发模式，支撑了非洲合作区主力油田快速高效开发，充分发挥非洲合作区的先发优势和示范作用，为保障国家能源安全作出了重要贡献。

一、技术内涵

（1）揭示了双峰孔喉特征的边底水油藏快速开发不影响最终采收率的规律，形成裂谷盆地边底水油藏天然能量分类评价体系，形成快速开发的理论基础。

（2）形成了充分利用天然能量快速开发的“四位一体”高风险区有油快流开发模式，即“油藏条件有利、理论分析可行、合同条款有利和中方作业主导”，“稀井高产”开发技术政策可显著降低开发投资，提高开发效益（图1）。

“四位一体”快速开发模式要素		特点	快速开发对策
油藏条件有利	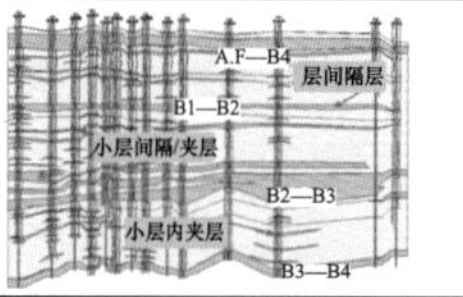	油藏物性好、连通性好，隔夹层较为发育、地饱压差大，稀油为主	初期稀井网，提高单井产量，逐步加密； 适当合采，部署水平井，充分利用隔夹层阻隔底水
理论分析可行	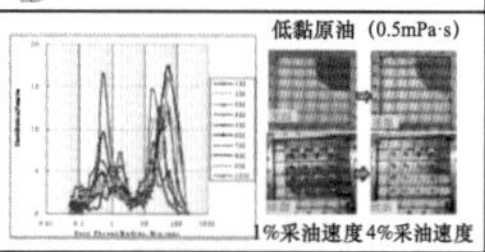	双峰孔喉结构，高速开发阶段波及体积大，采油速度不影响采收率	大泵提液，放大生产压差，降低残余油饱和度；天然气吞吐提高采收率
合同条款有利	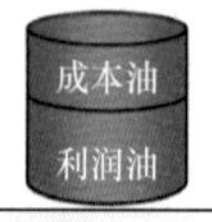	成本油比例高，非洲项目各区块45%~60%，有利于投资快速回收	控制初期投资规模，用足成本油回收池，加快回收
中方作业主导	CNPOC 中国石油40% 马来西亚30% 印度25% 苏丹石油5%	中方在各区块工作权益40%~95%，主导区块开发工作	充分利用一体化优势，快速建产，中国石油工程服务企业过程创效

图1 “四位一体”快速开发模式要素图

（3）建立了海外全合同周期开发策略，即开发初期高产优先、开发中期台阶稳产、开发末期产量服从于投资和延期策略，指导全合同周期分阶段精益开发和股东利益最大化。

二、主要创新点

（1）创新揭示了双峰孔喉特征的边底水油藏快速开发时的提液增产机理；明确了提高孔

隙介质液流速度具有降低残余油饱和度的作用，具有提高最终采收率的机理；深入研究辫状河储层隔夹层分布模式，对复式特征油气藏开展天然气吞吐快速开发，丰富和发展了快速开发理论和技术政策。

（2）创新形成的有油快流开发模式和全周期开发策略，将技术和管理创新有机融入价值链，实现了专业链与价值链的统一和不同开发阶段开发策略内在要求的统一，推动边底水油藏实现5%以上采油速度并实现较长期稳产，全合同周期实现股东效益最大化。

三、应用成效

主力边底水油藏实现"双高"开发效果：托马南（Toma South）油田和杰科南（Jake South）充分利用天然能量快速开发，高峰期采油速度5%以上，快速收回投资，采出程度接近40%，预计合同期末采出程度将超过50%（图2）。支撑非洲合作区作业产量稳产在 1500×10^4t 以上，取得了良好的经济效益和技术影响力。

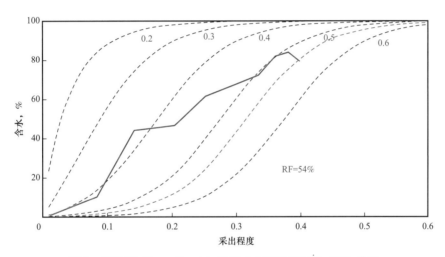

图2　托马南（Toma South）油田含水和采出程度（RF）曲线

四、有形化成果

该成果登记软件著作权1件，发表SCI/EI检索论文10篇，出版专著/译著2部，获省部级科技进步奖3项。

超重油冷采稳产与改善开发效果技术

委内瑞拉重油带 MPE3 项目是中国石油海外最大的非常规油合作项目,"十二五"末建成年产千万吨级规模。"十三五"期间,持续攻关其冷采稳产与改善开发效果技术,深化了泡沫油开发理论认识,创新了辫状河疏松砂岩储层定量表征、超重油冷采稳产和接替开发新技术,形成了特殊经营环境下高效复产关键技术,支撑了项目持续效益开发,对公司海外油气权益产量突破 1×10^8 t 大关并持续稳产做出了贡献。

一、技术内涵

(1)研制了泡沫油能量定量评价实验方法与装置系列,定量表征了泡沫油能量主控因素,奠定了泡沫油开发技术的基础。

(2)集成创新了辫状河沉积疏松砂岩储层定量表征技术,提高了储层和流体空间展布表征精度。

(3)创建了泡沫油油藏工程评价新方法和丛式水平井立体井网布井模式,形成了超重油冷采稳产技术,提高了储量动用程度,降低了老井递减(图1)。

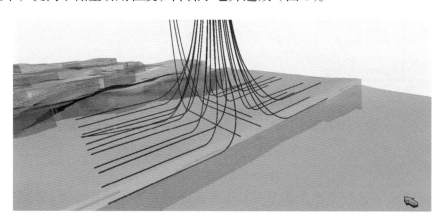

图1 平台丛式水平井立体井网布井模式

(4)建立了泡沫油断续生产状态下油井潜力与生产工作制度优化、生产系统保护和恢复等特殊环境下超重油复产关键技术,保障了高效复产与平稳运行。

(5)原始创新了二次泡沫油开发技术,并研制出廉价高效的促发体系,提供了经济有效的接替开发技术途径。

二、主要创新点

(1)创新了超重油疏松砂岩多波地震储层预测、多井型资料与地震沉积学相结合的储层构型定量表征、冲刷带饱和度求取等方法，水平井油层钻遇率达到 95.5%，比重油带同类区块提高了 8 个百分点以上。

（2）建立了表征泡沫油物性、流态特征的物质平衡方程和产能评价模型，创建了丛式水平井立体井网，储量动用程度提高 10%，老井年递减率降低 3.6 个百分点。

（3）研发了高耐油的二次泡沫油促发体系，发明了"轻烃溶剂 + 气体 + 促发剂"段塞式注入的二次泡沫油开发技术，可提高采收率 10 个百分点。

三、应用成效

"十三五"以来，MPE3 项目在极端困难的经营环境下，油藏产能保持在千万吨级，技术贡献增油 620×10^4t，中方权益净利润 6 亿美元以上，桶油操作成本低于 3.5 美元，社会和经济效益明显（图 2）。

图 2　MPE3 项目油田现场

四、有形化成果

该成果获授权发明专利 15 件，登记软件著作权 11 件，发表 SCI/EI 检索论文 34 篇，出版专著 4 部，获省部级科技进步奖 2 项。

复杂碳酸盐岩油气藏钻完井关键技术

针对中亚和中东地区复杂碳酸盐岩油气藏钻完井瓶颈，开展了关键技术攻关研究，研发了防漏治漏新材料，形成了上覆盐膏层碳酸盐岩气藏延长水平段技术，自主研发了提高优质储层钻遇率测量方法，研制了分支井重入工具与系统，集成创新了钻井提速综合技术，有力支撑了中亚和中东地区油气资源的勘探开发。

一、技术内涵

（1）揭示了中亚和中东地区碳酸盐岩储层钻井过程漏失机理，研发了 2 种防漏治漏新材料和 1 种储层保护材料，中亚和中东地区钻井复杂时效降低 30% 以上（图 1）。

(a) 可酸溶储层保护材料   (b) 酸溶前   (c) 酸溶后

图 1 可酸溶储层保护材料与酸溶效果

（2）形成了阿姆河右岸项目巨厚盐膏层与缝洞型储层轨迹控制和固井技术，实现水平段延伸至 600m 以上，固井质量合格率提高至 95% 以上。

（3）研究集成了北特鲁瓦油田超低压碳酸盐岩油气藏快速钻井技术，实现钻井周期缩短10% 以上，研发了随钻可控中子孔隙度测量系统，优质储层钻遇率由 20.75% 提高至 71.43%（图 2）。

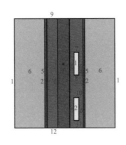  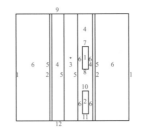 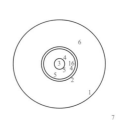

图 2 中子孔隙度测量数值计算模型结构图

（4）研制了哈法亚油田分支井膨胀管定位装置和自旋转可回收斜向器装置（图3和图4），研发了上覆泥页岩防塌技术，井眼扩大率由14.1%降至8.7%。

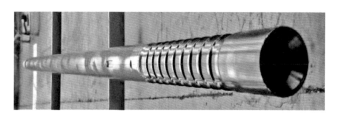

图3　膨胀管定位装置

图4　自旋转可回收斜向器装置

二、主要创新点

（1）自主研发了可控固化、可控酸溶防漏堵漏新材料，优化形成了堵漏配方，承压能力提高至19MPa，固化段塞的封堵强度可达10MPa以上并稳定15天，酸溶率高达91%；

（2）建立了井下多因素响应特征的孔隙度模型，研发基于可控中子发生器的孔隙度测量系统，打破化学中子源全程辐射高危作业方式，孔隙度测量精度为±1个百分点；

（3）研发了稳定可靠、精度高的膨胀管定位分支井技术，开窗与管柱下放窗口重合度95%以上，通径增大20%。

三、应用成效

该成果在阿姆河右岸项目、北特鲁瓦和哈法亚油田应用37口井，钻井成功率100%，钻井综合成本节约8%以上，取得了良好的经济和社会效益。

四、有形化成果

该成果研制新材料和新装置6项，成果申请国家发明专利9件，出版专著1部，发表论文10篇，编制标准/规范4项。

丝绸之路经济带低渗透碳酸盐岩储层高效增产改造技术

针对丝绸之路经济带沿线油气合作区低渗透碳酸盐岩储量有效动用的难题，深入开展基础理论、工艺优化、产品材料研发等攻关研究，形成了低渗透碳酸盐岩储层高效改造技术，增产效果明显，经济效益显著，应用前景广阔。

一、技术内涵

创新以"裂缝扩展、支撑导流及产能预测"关键环节为核心的低模量孔隙型碳酸盐岩加砂压裂技术，以"保主缝、促蚓孔"新理念为核心的酸蚀裂缝与壁面蚓孔耦合高效酸压技术和针对强非均质性碳酸盐岩储层的非均匀定剖面注酸高效酸化技术；配套管柱优化、工具材料研发，形成了差异化增产改造工艺技术（图 1）。

关键技术	攻关内容	技术内涵	解决问题
加砂压裂技术	·岩石本构方程构建 ·尖端塑性定量表征 ·等效断裂韧性模型 ·人工裂缝扩展模型	·构建同时考虑应变硬化—软化的本构方程 ·基于"缝尖变形"理论，提出等效断裂韧度模型 ·利用"位移不连续法"，首次形成考虑弹塑性变形特征的水力裂缝扩展模拟软件	形成优化设计软件，解决扩展模拟难题
高效酸压技术	·多重介质滤失 ·多尺度蚓孔扩展 ·裂缝延伸—蚓孔扩展—壁面刻蚀的全耦合优化设计方法 ·五段式协同立体酸压	·形成CT扫描+数字岩心分析技术，明确蚓孔滤失行为； ·量化评价闭合酸化工艺缝宽及非均匀刻蚀程度 ·多尺度控制条件下蚓孔扩展模型 ·建立"扩、溶、转、酸、排"五段式立体酸压模式	形成优化设计软件，解决低模量储层酸蚀缝长不足、改造体积有限的难题
非均匀定剖面注酸酸化技术	·长井段水平井储层伤害机理研究 ·酸蚀蚓孔扩展模型研究 ·经济高效酸化模式研究	·水平井非均匀伤害剖面模型 ·长井段水平井酸化蚓孔生长及酸液置放模拟 ·定量计算井筒内辅助转向的酸液侵入剖面技术 ·定量计算措施成本，判定最有效的经济高效置酸作业模式	解决强非均质碳酸盐岩长井段水平井酸化用酸量大、措施针对性差的难题
主体工艺及配套技术	·改造产能预测方法 ·裂缝综合诊断技术 ·大通径改造工具串 ·低伤害耐盐工作液	·基于局部网格加密+嵌入式离散裂缝的一体化数值模拟方法 ·"压降反演+历史拟合+痕量示踪剂监测"的裂缝诊断技术 ·设计适用于裸眼井分段压裂的大通径改造工具串，优选低伤害耐盐工作液，实现河水配液	打破了油藏模型与裂缝模拟间的衔接壁垒；大幅缩短施工周期，施工效率提升1倍以上，取得了产量历史突破，开创了技术先河

图 1 低渗透碳酸盐岩储层高效增产改造技术系列

二、主要创新点

发展了酸蚀裂缝与壁面蚓孔耦合理论，建立了考虑裂缝尖端塑性变形的裂缝扩展模拟方法及加砂压裂、酸压改造的多重尺度产能预测方法。

三、应用成效

该成果在中东和中亚油气合作区规模应用，创造了多项具有里程碑意义的"首次"：首次将孔隙型碳酸盐岩储层加砂压裂技术在伊拉克哈法亚项目萨迪（Sadi）层成功应用并取得重大突破，增产倍数达 10 倍以上，为中东地区 10 亿吨级低渗透储量有效动用开辟新路径（图 2）；首次将高效酸压技术在哈萨克斯坦阿克纠宾项目应用，创造了水平井分压 27 段新纪录，为老油田实现千万吨级以上持续稳产注入了新活力；非均匀定剖面注酸高效酸化技术在伊拉克艾哈代布和哈法亚项目规模应用，实现措施成本降低 30% 以上（图 3）。

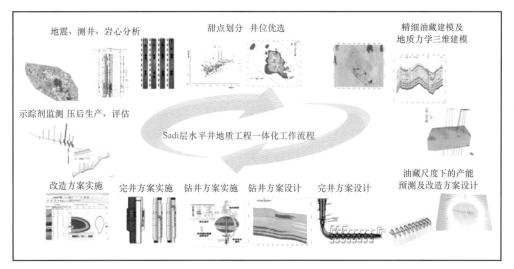

图 2　伊拉克哈法亚萨迪（Sadi）层水平井"地质工程一体化"压裂改造工作流程

图 3　伊拉克首口分段加砂压裂水平井施工现场

四、有形化成果

该成果获得发明专利 10 件，登记计算机软件著作权 5 项，发表论文 30 篇。获得省部级奖项 2 项，局级成果 4 项。

大道数超高效地震数据采集技术

为推动高密度地震勘探技术的发展，依托中国石油天然气集团有限公司科技重大专项，组织科研团队进行大道数超高效地震采集技术攻关，解决了超大道数字单检高效采集野外作业管理、施工过程实时质控、海量地震数据子线组合处理等难题，形成了大道数超高效地震数据采集技术系列，完善了相应的配套技术、软件和装备，实现了重大创新，海外应用取得重大成效。大道数超高效地震数据采集技术达到国际领先水平。

一、技术内涵

该成果通过大幅增加接收道数和提高放炮效率实现了野外地震数据采集效率的极大提高。主要技术包括：信息化野外作业管理技术、20万道级数字单检采集作业配套技术、可控震源超高效混叠激发技术、PB级地震数据处理技术等。在接收方面实现了业界最高的20万道级排列实时管理与质控，在激发方面进一步完善了可控震源超高效混叠采集技术。大道数超高效采集作业能力大幅提高，接收道数由原来的10万道提高到20万道，平均日效由原来的1万炮提升至3万炮，创造了日效5.4万炮的全球最高纪录。

二、主要创新点

（1）创新导航嵌入式野外作业方法，研制了基于地理信息和网络的GISeis系统（图1），测量、激发、接收各工序均可进行综合导航，实现了高效野外作业管理信息化，大幅降低了作业设备、人员的投入和待工时间。

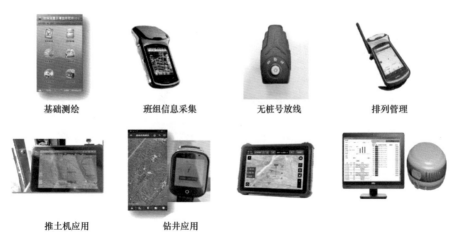

基础测绘　　　　班组信息采集　　　　无桩号放线　　　　排列管理

推土机应用　　　　钻井应用

图1　信息化地震作业管理系统（GISeis）实现野外工序全覆盖

（2）首创 20 万道级有线地震记录仪器采集技术，完善了 G3i HD 采集系统并开发了数字化查线方式，做到每日有效采集时间超过 23h，排列故障排查时间降到了分钟级，保证了超大道数采集作业的稳定性与高效性。

（3）持续完善可控震源高效采集技术序列，不断升级相应的配套技术，野外采集生产能力得到稳步提升（图 2）。

（4）研发了子线地震采集和数据组合处理技术，在 GeoEast 系统上实现了 PB 级的地震数据处理。

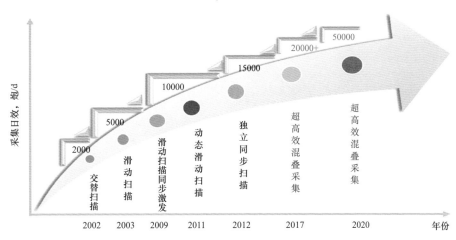

图 2　东方物探公司可控震源超高效采集技术进展

三、应用成效

该成果推动了陆上大道数超高效采集技术的升级换代，较好地解决了高密度地震勘探经济技术一体化问题。在中亚、北非和中东等地区得到了广泛的推广应用，支撑了阿拉伯联合酋长国 16 亿美元的全球第一大地震勘探合同的获得，成为"一带一路"油气合作的典范，带动沿线 20 多个国家 9 万多人就业，促进了当地油气勘探、经济繁荣和社会发展，树立了良好的国际形象，赢得了广泛国际声誉。其核心的大道数采集技术在科威特实现了 23 万道的接收，超高效混叠采集技术在阿曼 OXY 项目创造全球 5.4 万炮的日效纪录，巩固了中国石油东方地球物理勘探有限责任公司（简称东方物探公司）在国际高端市场的主导地位。

四、有形化成果

该成果获授权发明专利 8 件，登记软件著作权 6 件，编制技术标准 2 项，发表论文 20 篇，2018 年被评为中国石油十大科技进展。

转型升级

炼 油

清洁汽油生产技术

我国车用汽油中 60% 以上组分是催化裂化（FCC）汽油，汽油质量升级的关键是降低 FCC 汽油中的硫含量和烯烃含量。烯烃是汽油辛烷值的主要贡献者，采用常规的加氢脱硫降烯烃技术将大幅损失汽油的辛烷值。如何实现 FCC 汽油既脱硫、降烯烃，又能保持辛烷值，成为迫切需要解决的重大技术难题。

一、技术内涵

围绕超深度脱硫、降烯烃与辛烷值保持核心问题，深入研究硫、烯烃分布规律及催化转化行为，系统研制新型载体材料，创新催化剂合成方法，研制出加氢脱硫改质系列催化剂，创建"全馏分 FCC 汽油预加氢—轻重汽油切割—（轻汽油醚化）—重汽油选择性加氢脱硫—接力脱硫 / 加氢改质"工艺路线，满足了汽油质量升级的不同需求。技术研发总体思路及成套工艺技术分别如图 1 和图 2 所示。

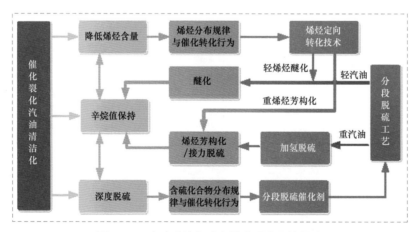

图 1　FCC 汽油清洁化成套技术研发总体思路

二、主要创新点

（1）有机耦合分段加氢脱硫和烯烃定向转化工艺技术，开发了"全馏分 FCC 汽油预加氢—轻重汽油切割—（轻汽油醚化）—重汽油选择性加氢脱硫—接力脱硫/辛烷值恢复"成套工艺技术（PHG技术、M-PHG技术、GARDES技术），并形成 $8 \times 10^4 \sim 200 \times 10^4$ t/a 工艺包，解决了FCC汽油深度脱硫、降烯烃和保持辛烷值这一重大技术难题。

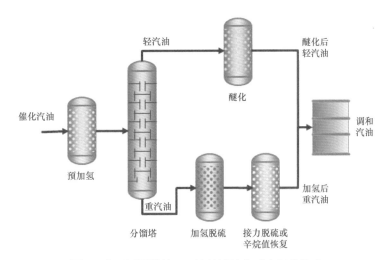

图2 本项目开发的FCC汽油清洁化成套工艺技术

（2）研制了用于轻汽油中小分子硫醇重质化的预加氢催化剂、重汽油中大分子硫醚及噻吩类含硫化合物脱除的加氢脱硫催化剂和残余含硫化合物脱除的接力脱硫催化剂；基于这三种高选择性催化剂构建了FCC汽油分段加氢脱硫新工艺，实现了FCC汽油中不同类型含硫化合物的分段脱除。

（3）揭示了FCC汽油中烯烃定向转化为高辛烷值组分的新途径；发明了ZSM-5分子筛孔道和酸性精细调控技术，创制了重汽油中大分子烯烃定向转化为高辛烷值异构烷烃、芳烃的辛烷值恢复催化剂；开发出烯烃定向转化工艺技术。

三、应用成效

已在国内20余套FCC汽油加氢脱硫生产装置成功应用，处理硫含量≤400mg/kg、烯烃含量≤45%（体积分数）FCC汽油，汽油产品硫含量≤15mg/kg、辛烷值损失≤1.5、改质—脱硫组合工艺烯烃降幅＞10%（体积分数），实施三年经济效益近20亿元，有力支撑中国石油国V和国Ⅵ汽油质量升级。

四、有形化成果

该成果获国家科技进步二等奖1项、省部级技术发明奖1项、集团公司发明专利2件。

清洁柴油生产技术

随着油品标准的不断升级，几乎所有柴油馏分都需要通过加氢精制过程除去柴油中的硫化物、氮化物和多环芳烃等容易造成空气污染的有害物质，并改善柴油的十六烷值和密度，以满足清洁柴油生产需要。因此，清洁柴油生产技术目前以柴油加氢精制技术为主，其核心是柴油加氢精制催化剂，要求具有活性高、原料适应性强、稳定性好、成本低等特点。

一、技术内涵

通过催化剂载体功能化改性和高效加氢反应路径优化研究，解决了 4,6- 二甲基二苯并噻吩类结构复杂硫化物和多环芳烃在柴油加氢过程中的位阻限制问题，实现不同原料中硫化物、多环芳烃的有效脱除；通过开发高活性加氢活性相结构可控技术，保证了催化剂的高活性和长寿命，同时控制催化剂的成本。针对不同装置的具体生产需要，进行催化剂"量体裁衣式"设计，成功开发 2 个系列 4 个牌号的柴油加氢精制催化剂 PHF-101、PHF-102、PHF-131、PHF151（图 1），制定了"一厂一策"的清洁柴油生产解决方案。

图 1　PHF 系列柴油加氢精制催化剂照片

二、主要创新点

（1）开发了"高效规整结构载体制备"技术。利用具有规整催化活性结构单元的 ETS-10 和 AlPO4-5 催化材料（图 2 和图 3），以规整结构单元的形式将对加氢精制过程有促进作用的 "SiO$_4$""TiO$_6$"和"AlPO$_4$"引入催化剂载体中，避免了常规改性过程对催化剂载体孔道结构和比表面造成的不利影响，缩短大分子反应物在催化剂孔道内的停留时间，从而充分发挥催化剂活性，减少催化剂结焦的发生。

（2）通过引入"AlPO$_4$"结构和"SiO$_4$"结构对载体酸性进行可控调变，使载体具有丰富且分布合理的酸性中心，并调整 B 酸、L 酸比例，提高催化剂对 C—N 键和 C—S 键的断裂能力。利用两种催化材料的协同催化作用，在超深度脱硫的同时，实现了对氮化物和多环芳烃的有效脱除。

图 2 ETS-10 催化材料电镜照片　　图 3 ALPO$_4$-5 催化材料电镜照片

三、应用成效

PHF 系列柴油加氢精制催化剂先后在国内 17 套柴油加氢装置成功实现推广应用，在中国石油同类装置市场占有率达到 45%，与国内外同类催化剂相比，处理空速高 10%～15%，在达到相同的脱硫效果下，反应温度低 5～15℃，可加工催化柴油、焦化柴油、直馏柴油、渣柴或混合柴油，单运转周期可达 4 年，再生后运转周期累计 8 年。近三年催化剂生产和应用累计创造经济效益 3 亿元，为柴油质量升级及清洁生产提供了技术支撑。

四、有形化成果

该成果制定标准 1 项，获得专利 2 件，集团公司科技进步奖一等奖 1 项、部级科技进步二等奖 1 项。

催化裂化催化剂及配套技术

催化裂化是炼化转型升级的重要和关键技术，我国催化裂化装置超过180套，加工能力近2.0×10^8t/a。FCC催化剂作为催化裂化装置的核心技术，是各个炼化企业清洁油品生产、低碳排放和多产低碳烯烃的关键技术。FCC催化剂整体技术的提升，是石油资源高效利用、稳定国家能源安全和绿色可持续发展的关键。

一、技术内涵

依托"正碳离子晶内产生、晶外传递、表面裂解"重油转化新观点、抗重金属污染机理以及"短程孔道反应控制"设计新思路，创立了催化剂孔结构调控氢转移反应等系列新技术，开发了深度降低汽油烯烃的工艺和催化剂、灵活调整产品结构的工艺和催化剂、降低碳排放提高重油转化、多产低碳烯烃提高辛烷值助剂等6大系列69个牌号的催化裂化催化剂产品（图1）。

图1 典型催化剂样品

二、主要创新点

（1）开发了高活性介微孔Y沸石新材料，解决了高汽油收率与低焦炭产率之间相互制约的技术难题；发明了可产生具有四配位结构硅铝单元的微晶一体化技术，开发出富B酸大孔硅铝载体材料，解决了高转化率与低焦炭产率的突出矛盾；发现了梯级孔结构控制氢转移反应程度的规律性，设计开发了高汽油收率低碳生成系列FCC催化剂。

（2）发明了拟晶态组装介孔分子筛的新方法，破解了介孔分子筛水热稳定性差、酸量低的世界性难题，新型催化裂化催化剂开发的高稳定性介孔分子筛稳定性提高2.5倍，酸量提高

85%，成本大幅度降低，实现了介孔分子筛高性能化、绿色化、低成本化和生产连续规模化，并在国际上首次实现了介孔分子筛在百万吨级催化裂化装置的工业应用。

（3）首创了基于"缺陷诱导"在 NaY 晶体引入丰富介孔的新技术，实现了介孔均匀分布，改善各级孔道的贯通性，提出的"催化造孔"新理论得到验证，为高性能催化裂化催化剂的设计提供了重要基础理论指导，并实现成功应用。

三、应用成效

在国内 60 余套和海外 10 套催化装置成功实现推广和应用（图 2 至图 4），实现了汽油收率平均提高 1.5 个百分点，汽油辛烷值平均提高 1 个单位，焦炭产率和二氧化碳排放相对降低 5%～10%，低碳烯烃收率提高 1 个单位。"十三五"期间催化剂生产和应用累计产生经济效益 30 亿元以上，为我国油品结构调整、汽油质量升级和低碳可持续发展提供了坚实技术支撑。

图 2　催化裂化应用装置

图 3　催化剂研发评价

图 4　现场技术指导和服务

四、有形化成果

该成果获得发明专利 5 件，国家科技进步奖二等奖 1 项，集团公司基础研究奖一等奖 1 项，技术发明奖二等奖 1 项，发表论文 3 篇。

固定床渣油加氢催化剂（PHR 系列）

在原料重质化和劣质化、产品绿色化和生产清洁化的多重驱动下，国内渣油加氢技术及应用在过去十年间取得飞速发展，截至 2019 年底，全国渣油加氢装置总产能接近 8000×10⁴t/a（不含台湾省），中国石油拥有渣油加氢装置 9 套（在建 2 套），产能达到 2480×10⁴t/a，年需渣油加氢催化剂 1 万余吨。

中国石油石油化工研究院于 2008 年启动渣油加氢催化剂研发工作，历时 8 年开发出具有自主知识产权的固定床渣油加氢催化剂（PHR 系列），主要应用于炼油企业渣油加氢装置处理劣质渣油原料，大幅降低渣油中硫、金属、残炭、氮及其他杂质含量，为 FCC 装置提供优质原料。

一、技术内涵

通过深入研究渣油特性，揭示了固定床渣油加氢脱金属、脱硫及脱残炭各阶段渣油组分结构组成的变化规律，形成了各阶段对催化剂活性相结构及其孔结构关系的新认识。在此基础上，创新了催化剂的设计与制备方法，设计并形成了不同孔结构、不同活性类型催化剂平台技术；开发了催化剂规模化连续化生产、质量监控、性能评价等核心技术；形成了包含催化剂装填、开工、运行优化等生产应用全过程的催化剂应用技术体系；成功开发了 PHR 系列 4 大类 12 个牌号固定床渣油加氢催化剂及其配套工艺技术（图 1）。通过各牌号催化剂不同形状、粒度、活性、孔径等级配组合，实现了渣油硫、氮、金属等杂质的深度脱除和沥青质、胶质、稠环类芳烃等难转化物种加氢转化。

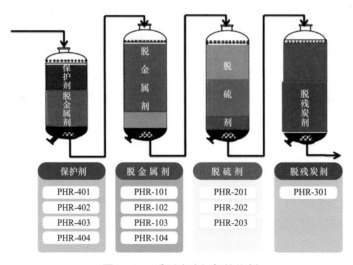

图 1　PHR 系列渣油加氢催化剂

二、主要创新点

（1）创新采用形状、粒度级配过渡及毫米—微米—百纳米孔结构梯次配置的保护剂技术，在提高床层孔隙率的同时，可有效促进不同尺度杂质、垢物向催化剂体相沉积，减缓了床层压降的上升速度。

（2）研制了具有先进的双峰孔结构的脱金属剂，且开发了活性技术非均匀负载技术，催化剂能容纳超出自身重量的金属杂质。

（3）研制了具有通畅的孔道结构的脱硫剂，可有效降低渣油大分子在孔道内扩散阻力，解决了脱硫催化剂孔口堵塞失活的难题，脱硫剂具有良好的脱硫活性与稳定性。

（4）开发了新型催化剂活性金属负载技术，使脱残炭催化剂具有出色的深度加氢活性和抑制生焦能力，催化剂活性稳定性好。

三、应用成效

固定床渣油加氢催化剂（PHR 系列）先后在大连西太公司、大连石化公司、台湾中油公司等 3 家企业进行了 4 次推广应用并通过了台湾中油公司 A 级技术认证（图 2 和图 3）。在应用过程中，催化剂表现出原料适应性广、活性稳定性好、床层压降低、杂质脱除率高等显著优点，催化剂性能总体达到国际先进水平；固定床渣油加氢成套技术已许可推广 2 套装置，为中国石油节省技术引进费用 2000 万元以上。该催化剂及成套技术的形成为我国含硫、高硫原油加工利用提供了有力的技术支撑。

图 2　大连石化公司渣油加氢装置　　　　图 3　大连西太公司渣油加氢装置

四、有形化成果

该成果获得集团公司科技进步奖一等奖 1 项，列入 2015 年集团公司十大科技进展，专利3 件。

连续重整催化剂

催化重整（CCR）是生产高辛烷值汽油调和组分、芳烃和氢气的主要手段，全球70%的芳烃来自催化重整。随着全球范围内油品需求增速放缓，国内炼油产能过剩矛盾日益突出，减油增化成为新常态，连续重整是调节油品与化工品的重要技术之一，催化重整增产芳烃和氢气是企业转型升级、提质增效的重要手段。

一、技术内涵

催化重整反应转化的瓶颈是链烷烃转化为芳烃，而其中难点是 C_6 和 C_7 直链烷烃的转化。该技术通过设计新型"原子簇—酸"复合活性相，可以降低五元环扩环及烷烃成环反应的活化能，从而在与裂化反应的竞争中获得优势，提高链烷烃定向转化为芳烃的比例。

二、主要创新点

（1）开发了贵金属原子簇级高分散技术，基于对固—液界面化学的深入研究，选择新结构络合剂及竞争吸附剂，促进贵金属在载体表面的均匀分散（图1），提高铂原子簇的可接近性和利用率。同时，该技术还提高了催化剂中Ⅱ类活性相的比例，减少了氢解和结炭反应。

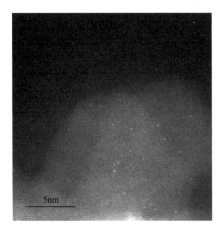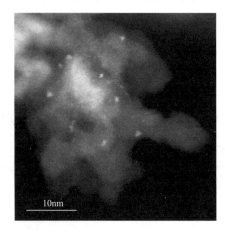

图1　催化剂表面贵金属原子簇级高分散

（2）开发了重整催化剂中氯含量精准控制技术，重整催化剂中氯含量与氧化铝种类、载体比表面积、水氯气氛及活化温度有关，通过大量水氯活化试验大数据建模，得到函数关系 $Cl=F(T, R)$，实现催化剂制备过程中精准控制氯含量。

（3）开发了连续重整催化剂高效清洁制备工艺。提升了催化剂生产效率，降低生产过程能耗，减少了废酸废气排放。与原制备工艺相比，生产成本降低 4000 元 /t。

三、应用成效

2018 年在庆阳石化 60×10⁴t/a 连续重整装置上、2020 在乌鲁木齐石化 60×10⁴t/a 连续重整装置上成功开展了部分换剂试验，催化剂性能可以满足工业装置使用要求（图 2 和图 3）。2021 年完成了高芳产连续重整催化剂连续化、规模化生产，在乌鲁木齐石化公司 60×10⁴t/a 连续重整装置上开展了催化剂整体换装工业应用试验，满负荷标定结果，脱戊烷油芳烃含量 79.77%～82.63%（质量分数），氢气产率 3.88%～3.95%（质量分数），表明 PCR−01 催化剂具有高芳产、高氢产特点，全面满足企业生产要求。

图 2　庆阳石化试验现场

图 3　乌鲁木齐石化试验现场

四、有形化成果

该成果取得发明专利 5 件，发表论文 2 篇。

蜡油加氢系列催化剂

当前我国成品油需求下降，化工原料短缺，减油增化是解决我国油品过剩、化工原料短缺供需矛盾的有效途径。加氢裂化具有液体收率高、目的产品选择性好，产品质量好等优点，可将劣质蜡油和二次加工油直接转化为重整制芳烃原料、乙烯裂解原料和优质航煤原料，是炼化转型升级的关键技术之一。催化裂化（FCC）原料加氢预处理能够改善FCC产品质量，同时还能提高高附加值产品产率，降低后处理难度，在国内外炼厂得到广泛应用。以上技术的核心是高性能蜡油加氢系列催化剂。

一、技术内涵

通过分子筛酸种类强化构建方法，大幅度提高蜡油分子定向转化能力，实现目的产品高选择性；通过催化剂载体介孔孔道调控，有效抑制目标产物过度加氢和裂化反应的发生，优化产品分布，提高产品质量；通过催化剂酸中心和加氢中心的合理匹配，实现液体产品高收率。采用过渡金属改性复合载体与络合复配浸渍方法，精准调控载体表面酸类型及酸量分布，定向实现 Ni（Co）与 MoS_2 活性相的复配，促进加氢活性中心 CUS 的生成，开发出高加氢活性蜡油加氢处理催化剂 PHF-121、PHF-311（图 1）；该系列催化剂具有脱硫、脱氮活性高，稳定性好特点。

图 1 FCC 原料加氢预处理催化剂

二、主要创新点

（1）创新开发了活性材料流化态水热超稳化改性技术，获得了适应于蜡油馏分适度裂化、深度定向转化目标的 Y 分子筛强 B 酸和介孔孔道构建方法，大幅度提高蜡油分子二次裂化定向转化能力，解决了催化剂提高化工原料选择性的技术难题。

（2）开发了高浓度 Co-Mo-Ni 溶液的无氨配制技术。在 Co-Mo-Ni 溶液配制过程中，通过适时引入有机螯合剂和特定助剂，解决了常规采用氨水配制浸渍液需多次浸渍带来的环境污染和成本高的问题；助剂能够增加 MoS_2 堆垛层数，有效增加了 II 型 CoMoS 相的数量，提高催化剂的加氢脱硫活性。

（3）研发了适应理想产物扩散目标的纳米分子筛介孔孔道构建方法，解决了目标产物快速扩散技术难题，有效抑制过度加氢和裂化反应的发生，提高了产品质量。

（4）创建了适应金属加氢与载体酸裂化及孔道择形功能高效协同的催化剂体系构建方法，实现了催化剂加氢与裂化功能的合理匹配，在控制一次裂化或二次裂化反应的同时，有效抑制过度裂化反应发生，提高了液体产品收率。

（5）开发了蜡油加氢处理"反应分区管理"专有技术。通过催化剂形状级配、孔道结构和尺寸级配、加氢活性级配等手段，使反应器各床层催化剂物化性质平稳过渡，优化了床层空隙率，使原料中杂质逐级有序脱除，有效地控制催化剂床层温升、降低氢耗，延长装置运行时间。

三、应用成效

2018年化工原料型加氢裂化催化剂（PHC-05）在大庆石化加氢裂化装置实现工业应用（图2和图3）。液体产品收率97%（质量分数）以上，化工原料总收率69%～75%（质量分数），重石脑油收率46%（质量分数）以上，芳潜41%～45%，是优质重整原料；尾油BMCI值4以下，是优质乙烯原料；同时能够兼产优质航煤，烟点37mm，冰点小于 –47℃。近两年催化剂应用累计产生经济效益1.6亿元，为油品结构调整、炼化转型升级和低碳可持续发展提供了坚实技术支撑，做出了重要贡献。

图2　大庆石化加氢裂化装置

图3　化工原料型加氢裂化催化剂装填

2019年，FCC原料加氢预处理催化剂PHF-121和PHF-311在独山子石化100×10⁴t/a蜡油加氢装置上实现首次工业应用。与上周期进口剂相比，反应器总压降降低40%以上，加氢蜡油产品质量显著优于指标要求，有效降低催化裂化装置操作苛刻度，实现高效平稳运行。

四、有形化成果

该成果取得授权专利4件，制定标准2项。

炼油向化工转型新技术

一、深度降低汽油烯烃的灵活催化裂化工艺（CCOC）技术

我国国ⅥB车用汽油标准，汽油烯烃含量降至15%（体积分数），汽油降烯烃压力进一步增大。催化汽油在中国石油整个汽油池中占比达到65.7%（质量分数），催化汽油烯烃含量为30%～45%（体积分数），是汽油池中烯烃含量最高的组分，而深度降低汽油烯烃含量，必将导致汽油辛烷值的大幅损失，因此亟需开发深度降烯烃，兼顾辛烷值的催化裂化工艺技术。为应对市场需求变化、提高企业经济效益、促进炼化一体化高度融合发展，中国石油天然气集团有限公司（以下简称集团公司）开展炼化转型升级攻坚战，深度降低汽油烯烃的灵活催化裂化工艺（CCOC）技术作为一项核心技术，在2018年实现工业应用，为炼油企业向"炼化一体化"转型发展提供了重要技术手段。

（一）技术内涵

CCOC技术的主要创新突破：该工艺技术通过特殊喷嘴、工艺优化、专用催化剂及简单装置改造，将烯烃含量高的催化汽油在催化提升管特定位置，与催化剂在高温段进行大剂油比的有效裂解反应，实现汽油烯烃定向转化和对重油裂化反应的调控，具有灵活调节催化汽油烯烃含量、汽油辛烷值损失小、总液收基本不变的特点（图1）。

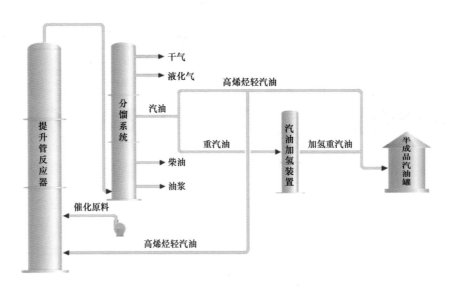

图1　CCOC工艺流程示意图

（二）主要创新点

（1）通过对催化汽油不同馏程下的烯烃分布分析和可裂化性能评价研究，开发了高烯烃催化汽油分子在催化剂上优先吸附裂化反应技术，强化了烯烃分子的动力学反应，达到了降低汽油烯烃含量的目的。

（2）通过采用硅铝羟基聚合反应控制及酸性位定向引入技术，低成本合成了大孔酸性载体材料，辅以离子配位改性技术，经减活处理后的材料比表面积保留率由 20% 提高到 85%。

（3）通过降烯烃工艺和降烯烃催化剂的组合应用，解决了降烯烃与辛烷值（RON）下降的矛盾，催化混合汽油烯烃含量下降 3.3 个百分点时汽油辛烷值不降低。

（三）应用成效

庆阳石化 185×10^4 t/a 重催装置采用降烯烃催化剂和 CCOC 工艺进行工业应用，应用期间总液收基本不变，催化混合汽油烯烃含量下降 3.3 个单位以内时，可保证汽油辛烷值不损失，装置操作平稳率 100%。

兰州石化 120×10^4 t/a 重催装置采用 CCOC 工艺技术与降烯烃催化剂进行工业应用，应用期间总液收基本不变，催化混合汽油烯烃含量下降 3.2 个单位以内时，可保证汽油辛烷值基本不变，装置操作平稳率 100%。

广西石化 350×10^4 t/a 重催装置采用 CCOC 工艺掺炼轻汽油，试验结果表明，回炼 2.5%（质量分数）催化轻汽油，丙烯产率增加 0.9 个百分点，催化稳定汽油烯烃含量下降 1 个百分点，辛烷值基本不变。

CCOC 的成功应用，为中国石油提质增效、灵活应对市场变化和转型升级提供了一项重要技术措施。该技术可在常规、两段、双提升管、MIP 等多种形式的催化裂化装置上应用，应用前景十分广阔。

（四）有形化成果

该成果取得授权专利 4 件。

二、多产高辛烷值汽油降柴汽比的柴油催化转化工艺（DCP）技术

近年来国内消费柴汽比持续下降，部分企业因柴油库存过高，被迫降低加工负荷，已经严重影响装置正常运行，所以企业迫切需要降低生产柴汽比以适应市场变化。为应对市场需求变化、提高企业经济效益、促进炼化一体化高度融合发展，集团公司开展炼化转型升级攻坚战，多产高辛烷值汽油降柴汽比的柴油催化转化工艺（DCP）技术作为一项重要技术，在 2018 年取得重要突破并实现了工业应用，为炼油企业调整产品结构提供了重要技术支撑。

（一）技术内涵

该技术解决了柴油在常规催化裂化条件下难以转化的难题，开辟了一种新型柴油催化转化模式，使柴油和催化原料在提升管反应器内分区耦合反应，将柴油一次转化为高附加值的汽油等产品（图2）。该技术不仅可以深度转化柴油，而且可通过正碳离子反应，促进重油的催化转化，提高汽油产率，在消减柴油库存的同时，可提高催化汽油辛烷值。

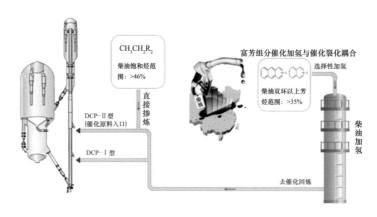

图2　DCP工艺流程示意图

（二）主要创新点

（1）针对现有催化裂化装置，开辟了一种重质柴油和催化原料分区耦合反应技术，柴油和催化原料在提升管反应器中分区反应，使重质柴油在提升管的特定位置进行反应，提高了柴油催化转化能力，将柴油转化为高辛烷值汽油和液化气组分。

（2）通过对反应时间、芳烃含量、反应温度等工艺条件以及提升管预提升段的研究，形成了柴油转化区多产汽油的工艺方案，确定了柴油转化区的长度、最佳反应时间等工艺条件。

（3）根据炼厂催化裂化装置基本情况、原料和柴油的多样性以及投资成本问题，提出了具有针对性的两种工艺技术路线：① DCP-Ⅰ型技术路线，催化原料下端单独掺炼柴油，柴油与催化剂在高温、大剂油比、短反应时间的条件下优先进行裂化反应生成汽油馏分；② DCP-Ⅱ型技术路线，柴油和催化原料混合掺炼，降低了催化原料掺渣比，增加了轻组分含量，有利于生成汽油馏分。

（三）应用成效

兰州石化 120×10^4 t/a 重催采用 DCP-Ⅰ型工艺掺炼 10%（质量分数）的减一线柴油后，汽油产率增加了 1.28 个百分点，柴油降低 1 个百分点，汽油 RON 增加了 1.1 个单位。

云南石化 330×10^4 t/a 重催采用 DCP-Ⅱ型技术路线进行了渣油加氢柴油混合掺炼的工业试验。应用期间，掺炼柴油 3%（质量分数）时，汽油收率增加 2 个单位，柴油收率下降 1.5

个单位，总液收增加 1 个单位。

庆阳石化 185×10^4t/a 两段提升管装置在其第二段提升管上采用 DCP-Ⅰ型工艺技术进行了掺炼催化柴油的工业试验。回炼催化柴油后，柴油收率下降，汽油和液化气产率增加，装置柴汽比降低。掺炼 8%（质量分数）催化柴油时，装置柴油产率降低 3.57 个百分点，汽油产率增加 1.41 个百分点，液化气产率增加 1.09 个百分点，稳定汽油辛烷值增加 0.4，装置柴汽比降低 0.09，掺炼的催化柴油转化率最高达到 91.0%（质量分数）。

玉门炼化 80×10^4t/a 两段提升管重油催化裂化装置采用 DCP 技术掺炼加氢改质柴油和直馏柴油的 DCP 工业试验。采用 DCP-Ⅰ工艺掺炼 5%（质量分数）加氢改质柴油后，液化气和汽油产率增加 2.28 个百分点，柴油产率降低，装置柴汽比降低 0.06，总液收增加 0.71 个百分点，柴油转化率达 99%（质量分数）；随着掺炼柴油的增加，稳定汽油辛烷值逐渐增加。

DCP 技术的成功应用，为中国石油提质增效、灵活应对市场变化提供了技术保障。该项技术可在常规、两段、双提升管、MIP 等多种形式的催化裂化装置应用，应用前景十分广阔。

（四）有形化成果

该成果取得授权专利 6 件。

三、柴油加氢精制—裂化组合催化剂（PHD-112/PHU-211）

近年来我国柴油消费量逐年减少，而航煤、芳烃等高价值产品需求量持续增加，减油增化、压减柴油成为炼油企业产品结构调整的重要方向。为应对市场需求变化、提高企业经济效益、促进炼化一体化融合发展，中国石油开展炼化转型升级攻坚战，柴油加氢裂化技术作为炼化转型升级的核心技术，在 2019 年实现工业应用，为炼油企业向"炼化一体化"转型发展提供重要技术利器。

（一）技术内涵

攻克了劣质柴油中具有空间位阻的芳烃大分子受扩散限制难以接近酸性中心发生选择性开环转化反应、芳烃过度加氢增加氢耗、原料油氮含量高且难以脱除导致裂化催化剂失活等技术难题，实现了在苛刻条件下最大量生产高芳潜重石脑油和乙烯裂解原料的目标，成功设计开发了柴油加氢精制—裂化组合催化剂（PHD-112/PHU-211），具有原料适用性广、脱氮活性高、芳烃择向转化选择性高、重石脑油和液体收率高等特点。

（二）主要创新点

（1）柴油加氢精制催化剂（PHD-112）：研发了金属络合浸渍平台技术，实现催化剂金属活性相的形貌控制，结合柴油窄馏分切割手段，揭示了柴油中大分子氮化物、稠环芳烃类型和分布规律，开发的高活性加氢精制催化剂通过构建多金属氧酸盐团簇（POMs）体系，诱导活性金属形成高分散氧化物前驱体，催化剂具有优异加氢性能，可显著提高加氢脱氮、脱芳活性，为裂化段提供优质原料（图3）。

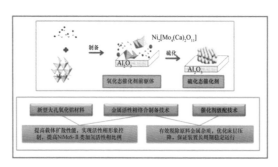

图3 柴油加氢精制催化剂

（2）柴油加氢裂化催化剂（PHU–211）：创新性采用无胺水热晶化合成＋多元酸交换＋流态化水热超稳改性技术，开发出具有丰富介孔结构和中强酸性的DHCY分子筛材料，与常规USY分子筛相比，DHCY分子筛的介孔提高了25%，中强酸酸量提高20%，B酸酸量提高18%，有利于原料中具有空间位阻的芳烃大分子扩散和发生选择性裂化反应，实现了多产重石脑油的目标（图4和图5）。

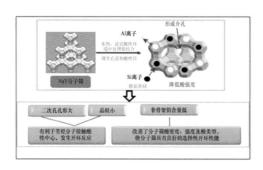

图4 柴油加氢裂化催化剂

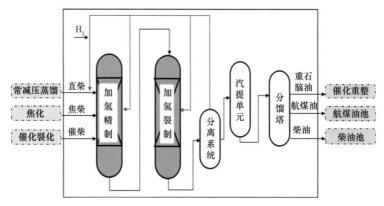

图5 柴油加氢裂化工艺流程图

（3）通过精制剂、裂化剂反应温度优化匹配，在合理的工艺条件下最大限度发挥精制剂脱氮活性及裂化剂选择性开环活性，首次形成中国石油自主知识产权的柴油加氢裂化催化剂成套技术。

（三）应用成效

在抚顺石化 $120 \times 10^4 t/a$ 柴油加氢裂化装置实现工业应用，在中压条件下，加工焦化柴油与重油催化柴油的混合油，液收率 98%（质量分数），重石脑油产率大于 35%（质量分数），芳潜 48% 以上；柴油十六烷值大于 60，柴油产率 25%～30%（质量分数），BMCI 值小于 10，可作优质乙烯裂解原料。解决了重整装置原料不足的问题，有效降低了柴汽比，预计年增创效超 1 亿元。该技术的成功应用，对中国石油"控油增化、高质量发展"起到了重要的示范和推动作用，是中国石油炼化转型升级核心技术的一项重大突破，应用前景十分广阔。

图 6　抚顺石化 $120 \times 10^4 t/a$ 柴油加裂装置

（四）有形化成果

该成果取得授权专利 3 件。

千万吨级炼厂成套技术

中国石油通过持续实施重大科技专项攻关，形成了具有自主知识产权的千万吨级炼厂成套技术，总体技术水平到达国际先进，使得中国石油全面具备了从常规原油到超重劣质非常规原油、从全厂拿总到生产装置的千万吨级自主设计能力。该成套技术先后在汽柴油质量升级项目及辽阳石化、华北石化及大庆石化等千万吨级炼油项目建设中获得广泛应用，有力支撑了中国石油炼油业务高质量、可持续发展。

一、技术内涵

该成套技术攻克了劣质重油减压深拔、催化裂化反应再生、延迟焦化定向反射阶梯式加热炉、加氢裂化反应器内构件、重整反应器及内件等85项特色关键技术，形成了一套大型炼厂总体优化技术解决方案及与千万吨级炼厂相匹配的常减压蒸馏、催化裂化、蜡油加氢裂化、延迟焦化、催化汽油加氢、柴油加氢、连续重整和渣油加氢8套核心装置的工艺包技术和润滑油基础油生产等4套配套装置的工艺包技术。

二、主要创新点

（1）创新总加工流程优化方法，将核心装置Delta-base数据库和硫传递模型、H/CAMS和Petro-SIM相关软件与PIMS无缝集成，提升了总流程优化和预测的准确性及工作效率，并将氢气、燃料、蒸汽等公用工程及占地等系统性地纳入总体优化。

（2）攻克了减压深拔、重质劣质原油电脱盐、大型板式蒸馏塔多溢流设计及汽液均布等6项关键技术，形成了千万吨级/年常减压蒸馏装置的自主工艺包成套技术。

（3）完成了大型催化裂化反应再生系统、烟气脱硫脱硝以及关键设备国产化等技术攻关；突破了烧焦罐强化再生、提高剂油比、提升管后部直连、SVQS出口快分、TMP密相床反应器、径流型多管三级旋风分离、吸收解吸节能等17项关键技术，形成了自主知识产权的300万吨级/年重油催化裂化成套技术。

（4）开发了定向反射双斜面阶梯式焦化炉、除焦全自动控制、应对弹丸焦生成、分馏塔底防结焦、焦炭塔安全联锁与顺控等15项关键技术，形成了具有自主知识产权的400万吨级/年延迟焦化装置成套技术。

（5）开发了渣油加氢系列催化剂及级配、全流程模拟计算、高效循环氢旋流聚结脱烃、大型加氢反应器分析设计等7项关键技术，形成具有自主知识产权的固定床渣油加氢工艺包成套技术，该成套技术正在锦州石化和锦西石化进行工业应用示范工程建设。

（6）开发了向心 π 型径向重整反应器及内件、再生器及内件、新型 U 型顶烧式重整反应加热炉和新型催化剂连续再生专用控制系统（CCRMS）等关键技术，完成百万吨级并列式上进上出连续重整工艺包成套技术开发。

三、应用成效

该成果中单项特色技术和成套工艺包在系统内外 50 余家企业 120 余套工业装置上得到工业应用与验证，先后在国Ⅳ、国Ⅴ及国Ⅵ汽柴油质量升级项目及辽阳石化、华北石化及大庆石化等炼油项目改扩建中获得推广应用，近两年累计创造效益就达 35 亿元，为中国石油炼油业务有质量、有效益、可持续发展提供了强有力的技术支撑（图1至图4）。

图1　大庆石化 200×10^4 t/a 催化裂化装置

图2　云南石化 120×10^4 t/a 延迟焦化装置

图3　辽阳石化 220×10^4 t/a 催化裂化装置

图4　庆阳石化 100×10^4 t/a 催化汽油加氢装置（国Ⅵ升级）

四、有形化成果

该成果累计申报专利 200 余件，已获得授权专利 120 件，其中发明专利 50 件，认定集团公司技术秘密 45 项，登记软件著作权 10 件，形成设计导则、指导手册 30 项，形成宣传册、宣传片各 1 套。

润滑油新技术及产品

一、低黏度 PAO 连续化清洁生产成套技术

Ⅳ类润滑油基础油—聚 α- 烯烃（PAO），是目前综合性能最好的合成润滑油基础油，具有优异的黏温性能、低温性能及高温抗氧化安定性，不仅在汽车、工业等民用行业具有广泛的应用，更是航空、航天和军工用油的主要来源。其中低黏度 PAO（KV@100℃ : 2～10cSt）是目前需求量最大的Ⅳ类基础油，占 PAO 需求总量的 80%。国内没有低黏度 PAO 生产装置，核心技术被国外垄断，产品严重依赖进口。开发具有自主知识产权的低黏度 PAO 基础油生产成套技术对于实现高档合成润滑油基础油产品自主、提升中国石油润滑油行业影响力具有重要的意义。

（一）技术内涵

针对传统阳离子催化剂异构副反应严重，间歇工艺得到的产品性能差、工艺不环保等技术难题，取得以下突破：一是开发了长链 α- 烯烃规整聚合专用催化剂，解决烯烃异构难题，提升了产品性能和档次；二是开发出连续聚合工艺，解决了产品质量不稳定、能耗高的难题；三是开发了清洁工艺，根治了同类技术工程化环保难题，整体技术达到国际领先水平。

（二）主要创新点

（1）高活性规整聚合催化剂及其规模化制备技术。

针对长链 α- 烯烃规整、窄分子量分布低聚难题，通过深入研究阳离子型催化剂构效关系及络合反应机理，创新开发出新型卤代烷基醇共引发剂。通过引入吸电子取代基，有效调节共引发剂电子特性，通过实施非稳态络合技术，制备出具有适宜酸性强度及低聚稳定性的络合催化剂，并完成吨级催化剂制备。采用该催化剂可高活性催化长链 α- 烯烃低聚，合成出高规整、窄分布的低黏度 PAO 产品（图 1）。

（2）高效连续聚合反应工艺。

针对间歇工艺生产效率低、产品质量不稳定的问题，通过研究聚合反应动力学和过程参量交互关系，开发连续流多釜串联聚合反应工艺，提高了聚合催化剂催化效能和定向聚合能力，实现低黏度 PAO 基础油的连续化生产。

（3）聚合催化剂节能环保回收 / 利用工艺技术。

针对 PAO 基础油生产过程中，阳离子聚合催化剂难处理、污染环境的共性问题，首次逆向运用聚合催化剂活性中心再生机制，依据催化活性物的多形态特点，创新性地提出分级回

收思路，开发针对性的"闪蒸脱气—分离脱液—气提补充"的组合回收工艺，解决催化剂环保分解和活性组分高效回收利用的难题，形成低黏度PAO基础油清洁生产成套技术。

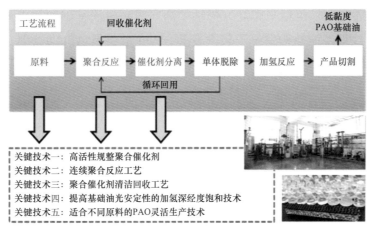

图1　低黏度PAO成套技术流程及特点

（4）高效工业聚合反应器。

针对聚合反应放热强度大、物系黏度高的特点，应用湍流模型／传热模型精确耦合技术，设计具有湍动强化、气泡高效破碎、快速分散和强制内循环功能的反应器内构件，强化混合及热／质传递过程，形成适合于气—液—液多相反应的高效混合反应设备。

（三）应用成效

2020年12月，在润滑油公司1×10^4t/a工业装置实现国内首次工业应用，生产出PAO2，PAO3，PAO4和PAO8系列低黏度产品，油品性能与国外相当（图2）。该技术填补了我国相关领域空白。

图2　兰州润滑油公司1×10^4t/a低黏度PAO装置

（四）有形化成果

该成果取得专利6件。

二、高黏度指数润滑油基础油

随着科技进步和汽车工业的飞速发展，不断出现的新型机械设备对高品质成品润滑油的需求量逐渐增加，质量要求也越来越高，带动了高等级润滑油基础油需求量迅猛增长。从润滑油基础油市场看，基础油结构发生了较大变化，API Ⅱ类及 API Ⅲ类基础油所占比例迅速提高。克拉玛依石化公司顺应市场需求，开展高黏度指数润滑油基础油的研制工作，开发了具有良好黏温性质、良好低温性能及高抗氧化性能的 HVIP 系列和 VHVI 系列基础油。

（一）技术内涵

通过催化剂级配方案研究和加氢工艺条件考察，提出了高黏度指数润滑油基础油的全氢型高压加氢工艺技术，以石蜡基、中间基混合原油馏分油为原料，通过催化剂合理级配，工艺条件优化，生产出符合 Q/SY 44—2009 标准的 HVIP 系列和 VHVI 系列基础油，该工艺技术兼顾提高产品黏度指数、降低产品倾点、浊点及提高产品收率，简化了工艺流程，降低了生产成本。

（二）主要创新点

（1）提高基础油黏度指数的催化剂级配技术。

通过加氢处理段不同催化剂的级配，匹配适宜的操作条件，在满足精制效果和提高生成油黏度指数的同时，尽可能提高目的产品的收率（图3）。

图3　高黏度指数基础油产品实物图片

（2）改善基础油低温性能的催化剂级配技术。

采用降凝催化剂级配技术，使产品倾点、浊点满足质量指标要求，省去高压加氢前的酮苯脱蜡原料预处理工艺，简化工艺流程，降低能耗，降低生产成本。

（三）应用成效

该技术在克拉玛依石化公司高压加氢装置上进行了工业应用（图 4 和图 5），生产出黏度指数为 110～120 的 Ⅱ 类 + 基础油 HVIP8 和 HVIP5 以及黏度指数大于 120 的 Ⅲ 类基础油 VHVI4 和 VHVI6，产品具有优异的低温性能，质量达到中国石油企业标准 Q/SY 44—2009《通用润滑油基础油》技术要求。工业生产实践表明，该技术工艺路线合理，产品质量稳定。高黏度指数、低浊点的 API Ⅱ 类和 API Ⅲ 类高档润滑油基础油的生产，拓宽了克拉玛依石化公司的基础油种类，提升了产品档次，为中国石油高档润滑油业务的快速发展提供基础油保障，全面提升中国石油中高档润滑油的市场竞争力（图 4、图 5）。

图 4　高压加氢装置图（一）

图 5　高压加氢装置图（二）

（四）有形化成果

该成果获得 2016 年中国石油天然气集团公司科技进步一等奖 1 项。

三、高铁用高档润滑油等系列新产品

在创新创效的需求驱动下，围绕"中国制造2025"，润滑油公司优先布局轨道交通、船舶运输、电力、机器人制造等领域的产品研发，瞄准国际领先技术，已形成独具特色的柴油机油、齿轮油、变压器油、船用油等优势领域，创造了可观的经济效益。尤其在齿轮油领域，成功研发昆仑高铁动车组齿轮箱专用润滑油和工业油RHY4026多功能复合剂顶级产品。

（一）技术内涵

昆仑高铁动车组齿轮箱专用润滑油，通过自主添加剂技术解决了超高转速轴承的润滑这一世界性技术难题，与竞品相比，实现了高速抗擦伤性能提高33%，传动效率提高15%，换油周期延长10倍，能够应对动车组齿轮箱高速、高温、全季节、全天候运行的特殊工况，通过了两轮60×10^4km装车试用考核，成功在350km标准动车组"复兴号"上实现装车应用，打破了国外产品的垄断，填补了国内产品空白，实现了中国高铁齿轮箱油的追赶和超越；除此之外，齿轮油在多个应用领域打破了国外技术的垄断，工业油RHY4026多功能复合剂对标国外顶级产品，可以调制多种适用于许多大型工业传动机械和一些汽车传动机械的工业齿轮油，特别适用于风力发电齿轮传动系统，成功解决了微点蚀世界性技术难题，突破工作环境-40℃的极端工况，显著降低齿轮传动装置的能量消耗，与进口产品性能相当，成本可降低30%。可在工业齿轮油、压缩机油、液压油和汽轮机油等20多种油品中应用。

（二）主要创新点

昆仑高铁齿轮箱润滑油以惰性润滑和全面润滑保护两大技术原理为基础，设计合成三类多功能核心添加剂，科学合理复配，通过添加剂间的协合效应，充分发挥各种添加剂单剂的效能，解决了手动变速箱油（高速）和驱动桥油（大承载）两类润滑油难以兼容的技术难题，实现了国外两大技术的兼容，形成国际上独一无二的第三条技术路线并成功获得美国专利授权。

RHY4026多功能复合剂历史性地打破了以往以硫化异丁烯为主剂的齿轮油配方体系，选择不含活性硫的添加剂赋予油品良好抗擦伤性和极压性，解决了抗氧与抗磨之间存在的矛盾，使油品具有更长的使用寿命，在生产和应用中实现了环保、清洁、无灰。

（三）应用成效

昆仑KRG 75W-80高铁齿轮箱润滑油是一款高附加值的产品，用量少，使用周期长，2018—2020年为公司创造经济效益700万元；以RHY4026复合剂调制的KG/S全合成齿轮油在国家能源集团宁夏煤业有限责任公司替代国外产品推广应用，以其调制的KG齿轮油成为宝钢股份湛江钢铁1780热轧齿轮油唯一装机运行油品，打破了国外产品的垄断，在普通工业用

油中实现通用化，简化生产方案，降低储运及管理成本，2018—2020年为公司创造1.4亿元的经济效益。

（四）有形化成果

RHY4026多功能复合剂：获得中国发明专利5件（均已授权）、美国发明专利1件。认定技术秘密3项，发表论文1篇。2016年获集团公司技术发明一等奖。

高铁油：获得美国授权专利1件，认定技术秘密1项。

沥青新产品

一、低防水沥青系列新产品

90 号道路沥青是各防水企业普遍应用的沥青原料,将其与抽出油、10 号建筑沥青进行调和,作为聚合物改性沥青的原料,用于生产防水卷材中高端产品。但是,由于改性过程中需要调和,生产工艺相对复杂,同时为了降低成本,所使用的劣质氧化沥青、废机油等原料造成产品性质不稳定,生产过程不环保,市场对品质稳定的高性能环保防水沥青的需求极为迫切。

目前,防水卷材生产企业对卷材产品的生产依据的标准有 GB/T 18242—2008《弹性体改性沥青防水卷材》、GB/T 18243—2008《塑性体改性沥青防水卷材》、GB/T 18967—2008《改性沥青聚乙烯胎防水卷材》等。对卷材用聚合物改性沥青也有建材行业标准 JC/T 904—2002《塑性体改性沥青》和 JC/T 904—2002《塑性体改性沥青》。但是,沥青生产企业及研究单位对防水沥青的研究一直不够重视,目前还没有可以执行的国家标准。2014 年,建材行业推出了 JC/T 2218—2014《防水卷材沥青技术要求》,但是由于标准适用性不强,无法指导原料生产及应用,各单位仍然根据自身原料需求采购满足要求的沥青原料。

(一)技术内涵

利用中国石油沥青资源优势,开展了防水沥青系列产品开发,将高硫劣质馏分油与沥青进行融合,使产品具有针入度大、黏度小、与聚合物相容性好等特点,产品性价比高,环保性强,完成防水沥青产品的中试及工业化应用,实现了效益最大化。通过防水沥青的产品控制指标及评价方法的研究,建立了防水沥青产品标准体系,形成了中国石油防水卷材沥青系列产品生产及应用成套技术。

(二)主要创新点

(1)以中国石油原油资源,通过为客户生产定制化沥青产品,将原料调配环节由防水卷材厂前移到沥青生产厂,优化了防水卷材生产企业的工艺流程,降低了生产成本。

(2)利用中国石油环烷基原油资源,开发出具有环保性和高性能特点的防水沥青系列产品,与聚合物改性剂具有良好的容纳度,降低了防水卷材的生产成本,具有显著的经济效益和社会效益。

(三)应用成效

(1)F400 防水沥青成功应用于东方雨虹、科顺防水、深圳卓宝等大型防水企业,年销量

50 余万吨，已累计应用 300×10^4t 以上，年创效 1 亿元以上，已累计创效 6 亿元以上。

（2）F300 防水沥青先后成功在北京世纪洪雨、四川宏源、北京新世纪京喜、北京建国伟业、东方雨虹 5 家防水企业完成中试应用 540t，在北京世纪洪雨累计应用 14000 余吨，创效 140 万余元。

（3）华北石化 F150 防水沥青实现 14000t 销售，创效 70 万元。

（4）乌鲁木齐石化 F80 防水沥青成功应用 100000 余吨，创效 1500 余万元。

（5）长庆石化 F80 防水沥青成功应用 74000 余吨，降本近 1300 万元，增效 370 万元。

（四）有形化成果

该成果牵头制定标准 2 项，申请国家发明专利 3 件，实用新型专利 1 件，发表论文 3 篇。

二、净味沥青

近年来，我国年均消耗沥青约 2000×10^4t，约 5×10^8t 沥青混合料，由于沥青混合料的生产温度为 180～220℃，在此温度下，沥青会产生大量挥发性有机物（VOCs）、碳氧化物、氮氧化物和硫化物等大量的有害气体，现场很多未经无害化处理就直接排放到大气中。而其中挥发性有机物（VOCs）是形成细颗粒物，进而导致灰霾和光化学烟雾的重要原因，同时碳氧化物的大量排放会导致全球的气温升高。随着我国碳达峰和碳中和时间表的确定，沥青的低碳排放和环保化为未来的趋势。针对这一趋势，环保沥青或者净味沥青成为沥青行业中研究的热点。

环保净味沥青是指在保证沥青路用性能良好的前提下，通过沥青组分优化或添加净味剂，降低沥青烟气排放量，消除沥青烟气中的有害组分，实现沥青产品绿色生产、绿色施工。主要手段有两种：一是寻找抗氧化能力强、发烟量小的沥青；二是引入抑烟技术，将烟气中的挥发性杂原子化合物抑制于沥青中。由于沥青普遍采用常减压蒸馏方式生产且成分复杂，无法实现烟气零排放，所以现在基本上是通过开发抑烟技术生产环保沥青，通过文献调研可以发现相关研究非常少，停留在实验室阶段，所用树脂和无机物等抑烟剂对沥青性能损伤较大。因此，寻找抑烟效果好且对沥青性能无影响的添加剂是关键。

（一）技术内涵

通过组分优化与添加剂筛选，开展环保净味沥青的组成及性能的系统研究，提出环保净味沥青评价方法，完成环保净味沥青工业化生产与工程应用，研究制定昆仑环保沥青产品企业标准（草案），形成昆仑环保净味沥青的成套生产与应用技术。

（二）主要创新点

（1）建立了沥青烟气组分的收集与评价方法；

（2）开发出了组分型环保净味沥青和添加剂型环保净味沥青，并探究了"净味"机理。

（三）应用成效

"昆仑"环保净味沥青于2020年9月和12月分别应用于上海昆阳路越江工程（闵浦三桥）和北京朝阳区星火动车运用所（图1和图2）。

图1　上海闵浦三桥试验路铺筑

图2　北京星火动车运用所试验路铺筑

（四）有形化成果

该成果取得专利3件。

三、温拌沥青

温拌沥青技术是指采用特定技术或添加剂，使混合料在施工过程中的拌合及压实温度处于热拌沥青混合料和冷拌沥青混合料之间，同时又能保证其和热拌沥青具有相同或接近的路用性能。温拌沥青的拌合温度一般在100～140℃，摊铺和压实温度一般在80～110℃，相比于热拌沥青，温度降低了30℃左右。

温拌沥青技术优势主要在于：一是降低加热能耗，拌合温度降低，燃料油消耗降低30%～35%；二是减轻沥青老化，沥青加热和拌合温度的降低，沥青膜的老化程度减小；三是降低了碾压温度的下限，实现热拌温铺或温拌温铺，提高路面的压实性能；四是减少了拌合和碾压过程中沥青的烟气排放30%，有利于城市道路和隧道等特殊区域的施工。

（一）技术内涵

通过化学合成与复配工艺，对温拌机理与性能进行了系统研究，开发出满足工程应用的沥青温拌剂和温拌沥青产品，并针对藏区公路高寒、高海拔的地理位置，特殊的气候特征，以及复杂的地质建设条件，利用中国石油沥青资源，开发出满足藏区气候特点的抗开裂、抗强紫外线的温拌改性沥青产品，完成沥青混合料性能测试与实体工程应用，建立了昆仑温拌沥青的企业标准（草案）。

（二）主要创新点

（1）首次以十六酸和四乙烯五胺为原料，经过酰胺化和环化脱水两个阶段合成了咪唑啉型温拌剂，并对温拌剂的性能进行了表征。

（2）首次建立了基于表面能分析和沥青在集料表面铺展性能分析的温拌剂性能评价体系。

（3）首次以一种特种改性沥青为基础，利用屏蔽剂、吸收剂、温拌剂优化配置了一种具备抗紫外、温拌功能的特种改性沥青，其混合料性能满足藏区1–3气候分区的技术要求。

（三）应用成效

（1）昆仑温拌改性沥青于2019年9月应用于藏区G544线川主寺至九寨沟口段灾后重建工程试验段（图3）。

（2）昆仑温拌沥青于2020年12月应用于广西大浦高速罗屋村隧道（图4）。

图3　藏区温拌改性沥青试验路铺筑

图 4 广西大浦高速罗屋村隧道试验路铺筑

（四）有形化成果

该成果获得专利 3 件。

石油基高端碳材料

中国石油锦州石化公司（简称锦州石化）开发生产的针状焦是石油基高级碳材料，用途主要分为两个部分：一个是新开发的用途，用于新兴的锂电池行业，用作制造锂电池负极材料；另一个是传统的用途，用于制造电炉炼钢用的高功率及超高功率电极。

用于生产锂电池负极材料的针状焦属于人造石墨，具有良好的储锂性能，在不同石墨化工艺条件下，可以生产不同种类的负极材料，是不可替代的电池基础储能材料，主要应用于动力电池、消费锂电池、储能电池等。

一、技术内涵

（1）原料优化：通过分析不同油浆原料性质，确定合理的原料优化配比。

（2）新工艺开发：通过开发成焦工艺，控制针焦产品性能，生产不同用途的针焦产品。

（3）产品后处理技术：通过后处理技术改造，实现产品质量分级。

二、创新点

（1）通过固体过滤技术，解决了高黏度原料过滤除尘问题，该技术有反冲洗工艺，解决了工业连续化生产问题。

（2）根据重油油浆组成变化，开发出适合重油油浆生产针状焦技术。

三、应用成效

2018年，下游锂电池生产企业对锦州石化公司针状焦产品做了全面性的分析，并与国外先进的针状焦产品做了对比，见表1和表2。

锦州石化公司用于负极材料的针状焦与进口针状焦相比，在灰分和硫含量上面存在差距，用于石墨电极接头的焦主要在CTE值和粒度上面存在差距。

为解决负极针状焦硫分和灰分高的问题，通过对原料优化和原料过滤提高产品质量，使负极针状焦达到世界一流水平。

表1　负极针状焦产品质量对比表

样品编号	样品来源	粒度，μm			SSA m²/g	TAP g/cm³	真密度 g/cm³	电导率 1.6g/cm³
		D_{10}	D_{50}	D_{90}				
C-JZ1	锦州石化正常工艺塔上部样品	4.2	12.3	25.8	1.67	0.52	1.434	0.0
C-JZ2	锦州石化正常工艺塔中部样品	4.8	14.1	29.3	1.56	0.53	1.467	0.0
C-JZ3	锦州石化正常工艺塔下部样品	3.7	11.6	25.1	1.38	0.50	1.475	0.0
C-ref	进口参比样品	4.1	14.0	29.2	2.50	0.60	1.449	0.0

注：（1）锦州石化产品小颗粒偏多，比表较好，振实偏低。

　　（2）真密度：锦州石化产品>进口产品。

表2　组分分析

样品编号	样品来源	水分 %	挥发分 %	灰分 %	元素分析					硫硫 %
					Fe	Ni	Al	Zn	Ca	
C–JZ1	锦州石化正常工艺塔上部样品	0.62	8.63	0.01	28.9	8.5		2.3		0.549
C–JZ2	锦州石化正常工艺塔中部样品	0.74	7.30	0.10	42.4	4.7	9.6	1.7		0.461
C–JZ3	锦州石化正常工艺塔下部样品	0.58	5.92	0.22	55.0	8.6	20.4	1.5		0.438
C–ref	进口参比样品	0.25	7.05	0.05	115.2		20.1	1.2	67.8	0.256

注：　(1) 与进口参比样品相比，锦州石化产品灰分和硫分略偏高。
　　　(2) 1号2号锦州石化产品C–JZ1和C–JZ2挥发分略偏高。

针对接头针状焦CTE值高和粒度低的问题，通过原料调和系统、新工艺开发、产品后处理系统等，实现了优化原料提高产品质量的目的。

通过专有技术的应用，锦州石化公司针状焦产品在负极材料和电极接头焦产品质量上达到了国际先进水平，见表3。

表3　针状焦产品质量对比

分析项目	真密度 g/cm³	CTE 10⁻⁶/℃	强度 %	灰分 %（质量分数）	粒度 %（≥12mm）	挥发分 %（质量分数）	S %（质量分数）	N %（质量分数）
锦州石化针状焦	2.13～2.14	1.00～1.11	35～40	0.01～0.03	25	<0.5	<0.5	<0.5
进口针状焦	2.13～2.14	1.00～1.10	35	0.10～0.30	25	<0.5	<0.5	<0.5

四、技术有形化

该成果获得"掺炼重油催化油浆工业化生产针状焦"产品鉴定证书（辽科鉴字〔2010〕253号）。

石蜡新技术及产品

一、高品质石蜡成套技术

针对大庆原油性质变化、石蜡原料性质变差，石蜡含油难于达到小于0.5%的出口指标要求，以及国际市场对石蜡中苯、甲苯和稠环芳烃含量提出严格限制等要求。开展技术创新，形成高品质石蜡成套技术并加以应用。对控制石蜡含油，降低石蜡中苯和甲苯含量，控制石蜡中稠环芳烃含量起到了积极作用，并能持续保持稳定的较高产品收率。

（一）技术内涵

（1）研究验证原料油微观结构变化对产品蜡异构化率的影响，提出了控制减压侧线原料实际有效馏程。

（2）拓展石蜡结晶理论，优化多点稀释控制条件，实现稀释点、稀释比和稀释温度的灵活调整，改善结晶效果。

（3）通过控制滤液循环量，优化结晶状态，提高过滤速度，使滤液循环工艺不仅起到传统的节能降耗的作用，同时改善结晶状态。

（4）研究过滤机分配阀与过滤推动力之间的关系，确定适宜的油气平衡压力范围，确保过滤推动力，使产品含油得到有效控制（图1）。

图1 分配盘结构图

（5）研究过滤机转速与蜡饼厚度及含油量的关系，确定过滤机转速优选范围，灵活控制过滤机转速，提高有效吸附和洗涤效率，确保产品质量合格（图2和图3）。

图2　蜡饼厚度适宜状态

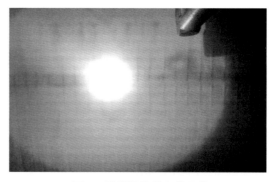
图3　蜡饼较薄状态的图片

（6）探索高酮比溶剂对产品含油影响的规律，确定适宜酮比，提高过滤速度、蜡收率，控制较低的蜡含油。

（7）研究溶剂回收系统蒸汽提压降温及高压塔、末次塔压力及吹气量与产品溶剂含量的对应关系，降低脱油蜡苯、甲苯含量。

（8）优化套管结晶过程中的预稀释和一次稀释溶剂比例，实现蜡收率的提高。

（9）研究加氢装置原料脱气塔、产品汽提塔及干燥塔工艺参数与产品苯和甲苯含量的关系，进一步降低产品蜡中苯和甲苯含量。

（10）运用石蜡加氢双反应器串联工艺，降低二反温度达到脱稠环芳烃含量目的。

（二）主要创新点

（1）首次提出采用原料油体积平均沸点与100℃运动黏度的比值作为酮苯原料控制指标并加以应用。

（2）拓展石蜡结晶理论，提出了控制减压侧线原料实际有效馏程的要求；将石蜡结晶理论创造性地应用于滤液循环工艺。

（3）拓展多点稀释工艺，用于指导稀释溶剂温度和注入位置的控制，改善结晶状态。

（4）开发过滤机油气平衡压力控制技术，确定过滤机转速优选范围，使产品蜡含油得到有效控制。

（5）开发高酮比溶剂脱油工艺生产低含油量产品技术。

（6）开发了石蜡产品中苯和甲苯含量控制技术，降低产品蜡中苯和甲苯含量。

（7）创新运用石蜡双反应器串联加氢精制工艺，达到产品深度精制的目的。

（8）制定SH/T 0402《石蜡抗张强度测定法》、SH/T 0707《石蜡中苯和甲苯含量测定法—顶空进样气相色谱法》，填补了国内石蜡抗张强度测定法和石蜡中苯和甲苯含量测定法的空白。

（三）应用成效

该成果实施后，蜡产品含油量低于0.5%；苯含量小于0.5μg/g、甲苯含量小于5μg/g；

FDA 中紫外吸光度指标均大幅度降低，达到出口欧洲和美国石蜡指标要求。减三线馏分油蜡收率为 40.2%~41.3%，减四线馏分油蜡收率收率为 30.1%~31.2%，在加工大庆油田原油的同类装置中处于领先水平。抚顺石化出口石蜡畅销欧美国家和地区，2017 年销量 4.9×10^4t，2018 年销量 4.21×10^4t，合计创效 1.113 亿元。

（四）有形化成果

该成果荣获中国石油天然气集团公司科技进步奖二等奖，发表论文 3 篇。

二、提高石蜡产量技术

针对大庆油田和沈北混合原油丰富的石蜡资源优势，以蜡结晶理论为基础，开展原料优化、溶剂优化、工艺流程及操作优化、设备改造等探索性试验，在提高处理量和蜡收率的基础上，增加石蜡品种，提高产量，并形成一批专有技术。

（一）技术内涵

（1）开展减三线和减四线蜡潜含量分析，对馏分油的窄馏分进行碳数分布分析，确定最佳切割范围。

（2）对蜡晶体结构和晶型进行探索，优化稀释溶剂加入点和加入量，改善其流动性，提高蜡收率（图 4 和图 5）。

图 4 石蜡结晶（快速冷却）　　　图 5 石蜡结晶（缓慢冷却）

（3）考察不同溶剂比对结晶状况、物料溶解度和蜡收率等的影响，确定最佳的酮苯比，保证产品质量的同时，进一步提高蜡收率。

（4）开展脱蜡段低稀释比工艺研究，最大限度降低预稀释和一次稀释比例，实现各路套管处理能力的增大。

（5）低温脱油增产石蜡，实现蜡收率最大化。

（6）查找蜡损失的环节，评价其回收利用的可行性。

（7）优化加氢反应器催化剂装填方式，提高催化剂装填量，提高原料处理量。

（8）开展石蜡精准在线调和技术研究，探索调和规律，减少产品质量过剩，丰富石蜡品种牌号。

（9）对真空转鼓过滤机轴线在线修复技术进行研究，制订并实施一整套耳轴轴套在线修复方案。

（10）开展 52 号和 62 号全精炼混晶蜡的开发，提高产品异构烷烃含量，满足用户要求。

（二）主要创新点

（1）考察温度、溶剂加入点以及稀释比等控制条件对蜡结晶晶型的影响，指导性进行单台套管结晶机处理能力的提高和提高过滤速度，提高蜡产量。

（2）开发了低温过滤技术，提高石蜡收率 1%。

（3）通过实施温洗残液回收、改进热化套管方法、溶剂流程优化等手段，减少石蜡损失，提高石蜡收率 0.4%。

（4）开发了石蜡在线调和技术，采用蜡熔点、蜡含油及碳数分布调和手段，提高一次调和合格率，保证调和性能指标的稳定性，增加了石蜡牌号。

（5）开发了低稀释比下结晶过滤技术，在不影响石蜡产品质量情况下提高了石蜡收率。

（6）开发了石蜡加氢催化剂的新型装填技术，加大装填量，提高原料处理量。

（7）开发了一整套国内首创的真空转鼓过滤机的耳轴轴套在线修复技术，提高了维修效率和石蜡产量。

（三）应用成效

（1）成果实施后，三套酮苯装置总负荷提高 13% 以上，总收率提高 1.5% 以上。

（2）成果实施后，使 15×10^4t/a 加氢装置负荷提高 8.77%，20×10^4t/a 加氢装置负荷提高 12%；6×10^4t/a 加氢装置负荷提高 30%，提高全炼蜡生产能力。2015 年石蜡产量 41.67×10^4t，2016 年石蜡增产 8.22×10^4t，2017 年石蜡增产 3.1×10^4t，合计增效 25659.4 万元。

（四）有形化成果

该成果荣获中国石油天然气集团公司科技进步奖二等奖，发表论文 3 篇。

航空生物燃料生产成套技术

国际民航组织强力推行碳抵消和减排计划及对使用航空生物燃料的具体要求将对我国快速发展的航空业产生深远影响。为应对国际航空业碳减排和国家能源多元化的要求，推动公司实现绿色低碳持续发展的战略目标，公司设立航空生物燃料专项，研究开发航空生物燃料生产成套技术。

一、技术内涵

航空生物燃料专项从毛油制备、油脂精炼、加氢脱氧、选择性裂化/异构等核心技术方面，集中研究院、石油高校、设计院、生产企业联合开展攻关，全面完成了原料油储运、航煤调和、分析检测等配套技术，打通了航空生物燃料产业链条，成功开发出具有自主知识产权的航空生物燃料生产成套技术，为中国石油生物燃料产业发展奠定了坚实基础。

二、主要创新点

（1）开发出了适用于不同毛油的"转化—络合—吸附"组合精炼工艺，并完成了小试、100L 放大及吨级中试放大试验，开发出航空生物燃料原料油制备技术，形成 6×10^4t/a 适应不同来源的毛油精炼工艺包，研制的精炼组合技术居同行业领先水平（图 1）。

图1 中试评价装置

（2）完成了负载型和本体型加氢脱氧催化剂及其加氢工艺技术研究，攻克了高水热条件下催化剂易失活等技术难题，自主开发了适用于放热量大、产物中水含量高的加氢脱氧专有催化剂，居同行业领先水平。

（3）完成了不同分子筛载体的选择性加氢裂化/异构催化剂及工艺研究，开发出分子筛表面酸性双向调控新技术，成功突破了端位选择性裂化这一重大技术瓶颈，实现了既提高产物收率又保持高度异构化的技术突破，超过目前国际同行业最先进的60%的技术指标。

（4）开展了全流程、连续式毛油精炼工艺的设计和开发，完成了$6×10^4$t/a毛油精炼工艺包（图2）；开发出精炼油加氢脱氧、脱氧油选择性加氢裂化/异构制备航空生物燃料技术，形成了精炼油加氢制备航空生物燃料工艺包。通过技术集成，形成了一套具有自主知识产权的航空生物燃料生产成套技术，为中国石油万吨级航空生物燃料工业生产示范装置建设提供技术支撑。

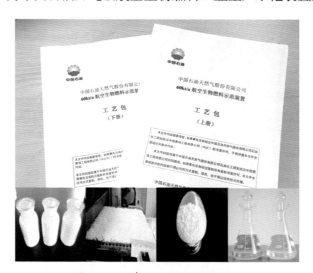

图2 $6×10^4$t/a毛油精炼工艺包

（5）开发了航空生物燃料全生命周期分析模型，构建了中国首套航空生物燃料全生命周期分析基础数据库，为万吨级航空生物燃料工业示范装置的多元化原料供应模式和布局提供了供应方案。

（6）初步建成了生物燃料研发平台。根据油脂加氢特殊性，开发了循环气除杂不耗氢的专有技术，建成1L级加氢中试评价装置、毛油精炼中试装置、100mL和200mL的加氢评价装置，同时拥有元素分析、磷含量和水含量分析、闭口闪点、离子色谱、固体颗粒污染物测定等40多台分析检测设备，为生物燃料技术的开发奠定了基础。

三、有形化成果

该成果共计申请专利32件（其中已授权12件），制定标准5项，登记软件著作权2件，建立分析方法4项，全面提高了中国石油在生物燃料领域的自主创新能力。

化 工

百万吨级液体原料制乙烯成套技术

百万吨级液体原料制乙烯成套技术是中国石油重大科技专项支持开发的科技成果，使中国石油实现了乙烯成套技术从"无"到"有"的突破性发展，多项核心技术填补国内空白，打破了乙烯技术长期依赖国外专利商的不利局面，对集团公司业务发展乃至我国石化行业发展具有重大示范意义。

一、技术内涵

装置规模大型化是世界石油化工的发展趋势，可以节省投资、减少运营成本、提高生产效率，进一步提高经济效益。开发原料适应性更广、指标更为先进的百万吨级乙烯成套技术，使中国石油在乙烯成套技术优势领域持续保持领先，不断提升竞争力的有效支撑，可为建设大型乙烯装置及成套技术输出提供技术支持。"十三五"期间，中国石油紧跟世界乙烯大型化的发展趋势，开发出"单台年产乙烯 20×10^4t 以上的裂解炉和 150×10^4t/a 乙烯成套技术"，应用于广东揭阳乙烯项目，乙烯最高产能达到 140×10^4t/a。

除传统的石脑油外，根据宁煤集团 400×10^4t/a 煤碳间接液化项目产石脑油的特点，开发了煤基石脑油蒸汽裂解制乙烯技术，并成功运用于宁煤 100×10^4t/a 裂解装置，这是世界上首套以富含含氧有机化合物的费托合成石脑油原料为主的蒸汽裂解制乙烯装置，该装置为提高煤制油项目的经济效益，实现煤、油、化转化，保证国家能源安全起到了重要的作用。

二、主要创新点

（1）开发出以费托石脑油等轻质油品为原料的 20×10^4t/a 裂解炉；

（2）开发出以加氢尾油或柴油重质油品为原料的 20×10^4t/a 裂解炉；

（3）开发了挠性管板的裂解气急冷换热器，解决了高温下换热器的泄漏问题；

（4）开发了轻质油品为主要原料的急冷分离及热量回收技术；

（5）开发出丙烯开式热泵技术；

（6）开发了脱除含氧有机物的原料处理技术，可应用于乙烯装置、MTO、MTP 和 PDH 等装置；

（7）开发与装置大型化配套的管道、设备及系统控制等工程技术。

三、应用成效

百万吨级石脑油制乙烯成套技术已经应用于国能宁煤裂解装置（图1）、中国石油广东石化炼化一体化项目乙烯装置（图2）、中国石油广西石化 $120 \times 10^4 t/a$、山东鲁清 $80 \times 10^4 t/a$ 乙烯项目等新建乙烯项目。同时在大庆E1乙烯装置，独山子石化乙烯改造项目（图3）、兰州石化 $24 \times 10^4 t/a$ 产能恢复项目等改造项目中也得到了应用。

图1 国能宁煤裂解装置

图2 中国石油广东石化炼化一体化项目乙烯装置

图3 独山子石化乙烯改造项目

图4 2016年国家科学技术进步奖二等奖

乙烯成套技术一直不断地发展和进步，目前正在开展乙烯装置规模进一步大型化、节能降耗、降低碳排放和实现达标排放等的技术研究，为助力国家实现碳达峰、碳中和的目标进行新技术的探索。

四、有形化成果

该成果近年来获得专利近30件，获得了包括国家科学技术进步奖二等奖（图4）在内的国家和省部级奖励5项。

百万吨级乙烷制乙烯成套技术

乙烷裂解产品主要为乙烯，乙烯产品的综合收率高达83%，碳三及以上组分总量很少。乙烷制乙烯技术具有流程简洁、投资低、操作灵活等特点。相比传统的炼化一体化提供的原料生产乙烯，乙烷裂解制乙烯有明显的成本优势。近年来，随着页岩气革命，大量副产乙烷成为乙烯装置的优质原料来源，推动了乙烷裂解制乙烯快速发展。

一、技术内涵

"十三五"以前，乙烷制乙烯技术完全掌握在国外专利商手中。"十三五"期间，中国石油立足于从国内天然气资源中获得的可长期稳定供应的乙烷资源，确定开发中国石油自主的乙烷裂解制乙烯技术并应用于国家示范工程项目——长庆乙烷制乙烯项目和塔里木乙烷制乙烯项目。

中国寰球工程有限公司开发的乙烷裂解制乙烯技术是在成功开发百万吨级等液体原料制乙烯成套技术的基础上进一步探索开发形成的，是中国石油"大型乙烯装置成套工艺技术"的又一次深化和提升，填补了大型乙烯气体原料裂解炉技术的空白，完成了国内首套百万吨级气体原料裂解制乙烯成套技术开发；为推动石化产业供给侧结构性改革，进一步补齐石化原料供应短板作出了贡献。本技术同时改变了乙烷仅作为燃料低利用率和附加值的现状，实现了油气业务链的增值，对天然气和页岩气的综合利用也起到重要的示范作用。

二、主要创新点

（1）开发了采用强化传热元件的 20×10^4t/a 乙烯乙烷裂解炉，乙烯收率高达83%、运行周期更长；

（2）开发了适应乙烷裂解的三级急冷技术，多产超高压蒸汽，进一步降低乙烯装置综合能耗；

（3）开发了乙烷裂解独有的增湿塔配汽技术，吨乙烯可节省能耗 10kg 标油；

（4）开发了更加高效的"捕焦＋气浮＋聚结"综合除焦技术，进一步提高工艺水品质，减少污水排放；

（5）开发了更加高效简洁的前脱乙烷前加氢流程，简化了冷区流程，进一步降低装置能耗。

三、应用成效

百万吨级乙烷制乙烯技术已成功应用于"国家示范工程"中国石油长庆 80×10^4 t/a 乙烷制乙烯项目和塔里木 60×10^4 t/a 乙烷制乙烯项目,这两套装置已于 2021 年 8 月建成投产(图 1 至图 4)。

图 1　长庆 80×10^4 t/a 乙烷制乙烯现场图片

图 2　塔里木 60×10^4 t/a 乙烷制乙烯现场图片

图 3　新闻报道(一)

图 4　新闻报道(二)

四、有形化成果

该成果获得相关专利 8 件,并获"中国石油十大创新成果"。

天然气原料 45/80 大型氮肥成套技术

以天然气为原料的大型氮肥装置以其技术成熟、装置投资低、生产操作稳定、能耗低、生产成本低而成为世界上主流的氮肥原料路线。2009 年，中国石油启动重大科技专项"大型氮肥工业化成套技术开发"，由中国寰球工程有限公司、宁夏石化公司（简称宁夏石化）牵头，石油化工研究院、经济技术研究院参加，联合高校、研究院、设备制造厂共同攻关研制。2018 年 5 月 9 日，依托项目宁夏石化 45/80 大型氮肥装置全流程打通，产出成品尿素，至今平稳运行（图 1）。

图 1　宁夏石化 45/80 大型氮肥装置全景

一、技术内涵

形成工艺包、设备研制、工程设计、催化剂、知识产权、操作运营等一整套技术成果：

（1）开发出国内首个以天然气为原料的 45×10^4t/a 合成氨和 80×10^4t/a 尿素成套自主工艺技术，建设完成 45/80 大型氮肥生产装置，并顺利投产运行（图 2 和图 3）。

（2）完成大型氮肥装置关键设备国产化攻关，实现了工艺空气、天然气、氨、合成气和二氧化碳五大压缩机组及一段蒸汽转化炉、氨合成塔等设备的国产化。

（3）开发了低水碳比天然气一段转化、炼厂干气预转化及氨合成铁串钌催化剂。

（4）建立了"气头"氮肥技术专利数据库，制订了 60/104 氮肥技术发展策略。

二、主要创新点

（1）集成创新优化工艺设计：研发出具有自主知识产权的大型氮肥工艺流程，并完成工业化成套技术的集成开发，装置能耗与国际先进水平相当。

（2）关键设备国产化：运用CFD分析研究等模拟技术手段实现一段蒸汽转化炉、氨合成塔、压缩机组、高压甲胺泵、液氨泵等设备的国产化，替代进口，装置设备国产化率达98%。

（3）催化剂国产化：开发低水碳比天然气一段转化和钌基氨合成催化剂，形成中国石油合成氨节能新工艺；研发强碱性高分散活性中心的炼厂干气预转化催化剂，开辟氮肥装置原料多元化渠道。

（4）知识产权保护研究：合理规避风险，形成中国石油大型氮肥技术专利组合，促进专项成果的推广应用。

三、应用成效

大型氮肥成套技术已应用于宁夏石化45/80大氮肥装置建设，并于2018年5月正式投产，生产出合格尿素产品（图2），装置主要技术经济指标达到国际先进水平。其推广应用可支撑集团公司海外油气业务，发展下游天然气化工，提高资源附加值，实现上下游协同发展。

图2　一次开车成功，合格尿素产品

自主研发的低水碳比天然气一段转化催化剂在制氢和甲醇装置上得到应用；钌基氨合成催化剂在 $3 \times 10^4 t/a$ 合成氨装置上成功应用，这两种催化剂在国内外氮肥装置上都有较好的应用前景。

四、有形化成果

该成果获授权专利54件（其中发明专利24件），登记软件著作权4件，认定技术秘密4件，制定行业标准2项。

百万吨级柴油吸附制芳烃原料技术

当前炼化企业普遍面临柴油过剩加剧、劣质柴油加工困难、下游烯烃和芳烃产业原料不足、产品结构亟待转型升级的现状，急需可因地制宜，"短平快"提升产品附加值的新型、灵活、高效的基础性关键技术。中国石油昆仑工程公司（简称昆仑工程）合作开发了油品分质利用工艺及装备，打开了炼化转型升级的突破口，逐渐形成特色鲜明的油品分质加工"平台级"技术，为集团公司高质量绿色发展提供技术保障。

一、技术内涵

该技术以模拟移动床吸附分离工艺对油品进行"族组成级分子管理"，是原料组分性质的"筛选机"、油品加工路径的"转换器"、核心加工装置的"减压阀"，减少了传统工艺加工路径的反复，避免了优质组分损失，实现"物尽其用，各尽其能"，非芳组分芳烃含量＜2%、重质芳烃组分芳烃含量＞98%。产品通过乙烯裂解/催化裂解、重芳烃轻质化、白油精制等技术可转化为烯烃、芳烃、溶剂油、变压器油等高附加值产品。具体可实现：（1）柴油成品中多环芳烃含量＜2%；（2）同步实现油品质量提升和增产芳烃原料30%；（3）柴油裂解料"三烯"（乙烯、丙烯和丁二烯）收率提升＞20%、焦油产量降低＞60%、结焦率降低＞40%的优化目标，裂解性能总体优于全馏分石脑油，运行周期可大幅延长。该技术高度契合了炼化产业"减油增化"发展趋势，有机衔接了"炼油—芳烃—烯烃—高端化工品"领域，对企业不同的需求与发展方向具有较好的适应性和灵活性。

二、主要创新点

（1）柴油重烃组分吸附剂；

（2）专有柴油馏分吸附分离工艺；

（3）吸附分离专利格栅装备；

（4）吸附分离专用控制系统。

正在进一步研发新一代吸附材料、新型格栅装备、数字孪生控制系统等Ⅱ代和Ⅲ代技术。

三、应用成效

2020年实现了全球首创首套40×10⁴t/a柴油吸附分离工业示范装置成功运行（图1）。目前已实现3套技术许可、2套工业应用，累计技术许可总加工能力突破100×10⁴t/a，应用领域拓展至石脑油组分；另有超过300×10⁴t/a产能技术许可快速推进，单系列规模将达百万吨级。

图1 全球首创首套 $40×10^4$ t/a 柴油吸附分离工业示范装置

四、有形化成果

该成果申报专利 12 件，获授权 4 件；入选"2020 年中国石油十大科技进展"；全球首套 $40×10^4$ t/a 柴油吸附分离工业示范装置的圆满成功推动科技成果向全面推广应用迈出了坚实一步，中央电视台、中央政府网、新华社、人民日报、国资委等国家级媒体、单位进行了关注与报道（图2）。

图2 全球首创柴油吸附分离技术应用成功报道

百万吨级精对苯二甲酸（PTA）成套技术

对苯二甲酸（PTA）是极其重要的大宗化工产品，作为上游对二甲苯（PX）的主要产品，又是下游聚酯的主要原料，处于石油化工和化纤产业链中的关键环节，占有"承前启后"的重要地位。21世纪初，中国石油昆仑工程公司（简称昆仑工程）打破国外长达半个世纪的技术垄断，成功开发出百万吨级PTA成套生产技术，经过20年不断创新发展，形成了现在产能大型化、流程精简化、节能环保化、装置智能化的"第三代"PTA生产技术，为PTA企业创造了巨大经济效益，推动了行业的健康、稳定、和谐发展。

一、技术内涵

该技术实现了"低能耗物耗、少废物排放"的PTA生产过程。

（1）实现了世界上最大的鼓泡塔式PX氧化反应器，单台产能达到120×10^4t/a，反应条件温和、副产物少、操作稳定，尾气中O_2含量<3.5%，CO_x含量<1.5%，有效地抑制PX和醋酸的副反应产生。

（2）一步RPF过滤氧化浆料、精制母液与氧化尾气耦合处理等先进技术的开发，精简、优化了工艺流程，PX消耗降低至647kg/t，达到世界最好水平，降低装置投资10%，减少装置占地20%。

（3）精制母液100%循环使用、优化换热网络、氧化残渣综合利用等技术实现了除盐水"近零"消耗，污水排放降低80%，全厂综合能耗低至45kg（标准煤）/t。

（4）先进的智能化控制、一键开停车系统、安全可靠的DCS和SIS系统保障PTA装置智能化稳定运行。

昆仑工程百万吨级PTA成套技术的发展经历了跟跑到并跑、再到领跑的转变，标志着我国成为PTA技术的引领者，为化纤行业的蓬勃发展起到积极的推动作用。

二、主要创新点

该技术集成了多项科技创新成果，创造了多项世界之最。

（1）开发出了世界上最大的PX鼓泡塔式氧化反应器，掌握了大尺寸反应器空气分布技术；

（2）开发出了新型氧化浆料RPF过滤技术；

（3）开发出了100%精制母液与氧化尾气耦合处理技术。

三、应用成效

该技术成功应用于 5 套 PTA 生产装置，合计产能 770×10⁴t/a ；应用于 4 套 PTA 生产装置的改造升级，合计产能 540×10⁴t/a，创造产值超过 350 亿元 /a，推动中国成为全球最大的 PTA 生产、消费中心，促进了社会的经济发展和社会稳定，具有积极的经济效益和社会效益（图 1 和图 2 ）。

图 1 重庆蓬威 90×10⁴t/a PTA 装置

图 2 第三代 PTA 工艺流程简图

四、有形化成果

该成果获得专利授权 37 件，获得国家科技进步二等奖 1 项，获得中国纺织工业协会科技进步一等奖 1 项，获得中国石油集团科技进步一等奖 1 项，获得多项项目单项奖。

乙烯裂解馏分加氢系列催化剂及其配套技术

乙烯工业是石油化工的龙头，乙烯技术是衡量一个国家化工技术水平的标志。C_2—C_9 馏分加氢系列催化剂及其配套技术是乙烯工业的关键技术之一，主要包括 C_2，C_3，C_4 和 C_5—C_9（裂解汽油）馏分加氢，催化剂及其配套工艺技术是核心。该项目通过一段、两段或三段加氢，分别脱除了 C_2，C_3，C_4 和 C_5—C_9 馏分中所含的炔烃、双烯烃、硫和氮等杂质，制备出超高纯度的乙烯、丙烯及芳烃等基本有机化工原料。

一、技术内涵

针对 C_2，C_3，C_4 和 C_5—C_9 馏分在气液相加氢中内外扩散及加氢深度控制等难题，在催化剂孔径调控、活性组分协同和工艺条件匹配设计等方面取得突破，成功开发出 3 个系列 15 个牌号的乙烯裂解馏分系列加氢催化剂及配套工艺技术（图 1），在国内外工业装置实现长周期稳定运转。

图 1 加氢催化剂

二、主要创新点

（1）开发了活性组分"靶向定位"负载技术。通过采用多羟基联吡啶衍生物改性载体，增加氧化铝表面羟基密度，提供更多负载位点，同时利用大分子化合物的空间结构效应，使金属离子有序络合在载体表面，实现活性组分"靶向定位"，制备出高分散催化剂，解决了加氢催化剂活性组分分散度低的技术瓶颈，催化剂活性组分分散度提高 23 个百分点，转化率提高 10 个百分点以上。

（2）开发了一种多级特征孔分布的 Al_2O_3 载体及其制备方法。通过对反应条件（温度、浓度、溶液 pH 值）的调控，精确控制氢氧化铝沉淀中 β-$Al_2O_3 \cdot 3H_2O$ 的含量，开发了多级特征孔分布的 α-Al_2O_3 载体及其制备方法。制备出多级孔分布载体，小孔提供足够的活性比表面，大孔提高物料传输效率，减少了烯烃的深度加氢和聚合反应的发生，提高选择性 15 个百分点以上。

（3）发明了碱金属络合物或碱性的金属络合物浸渍液负载技术，替代传统的酸性金属浸渍液负载方法，控制强酸中心特别是 B 酸的形成，解决了催化剂引发聚合反应，易生成绿油、易结焦的技术难题。催化剂强酸中心减少了 50%，且无强 B 酸中心，目标产物加氢损失率降低了 50%，抗结焦性能提高了 20%，工业运转周期延长 50%～100%。

三、应用成效

在国内 50 余套、国外 1 套装置成功实现推广和应用（图 2），近三年催化剂生产和应用累计产生经济效益 13.2 亿元。为我国乙烯工业的发展提供了坚实技术支撑，做出了重要贡献。

图 2　俄罗斯 Sibur 开工现场

四、有形化成果

该成果获得国家科技进步奖二等项 1 项，集团公司技术发明一等奖 2 件，取得专利 3 件，出版专著 1 部，发表文章 4 篇。

α - 烯烃成套技术

α- 烯烃是生产高端聚乙烯、高档润滑油、高性能油田化学品等高附加值产品的关键原料。我国作为世界第二大聚乙烯生产国和第一大润滑油消费国，α- 烯烃消费量仅占全球 14%，制约了聚乙烯、润滑油产业的高性能化，因此急需布局具有自主知识产权系列 α- 烯烃产业链，以支撑集团公司主营业务转型升级。

一、技术内涵

中国石油开发出乙烯定向齐聚合成 1– 丁烯、1– 己烯、1– 辛烯、混合 α– 癸烯等技术（图 1 和图 2），其中 1– 丁烯、1– 己烯、1– 辛烯和 1– 癸烯选择性分别可达到 90.7%、92.0%、70.0% 和 73.0%，各项指标优于国外同类技术。

图 1　α- 烯烃合成小试装置　　　　　　图 2　α- 烯烃合成中试装置

二、主要创新点

（1）针对 α- 烯烃选择性受"链增长 / 链转移竞速关系"影响的动力学本质，应用相关基础理论，采用大位阻限域控制活性链受限增长、强诱导给电子体稳定配位环境的思路，自行研制出具有限制空间结构的高选择性系列 α- 烯烃催化剂，为 α- 烯烃系列技术产业化奠定了基础。

（2）应用乙烯齐聚反应气液非均相反应体系混合、传热、传质过程强化和快速反应的协同机制，通过描述不同湍流场结构中微米 / 毫米尺度气泡的生成、形变、破裂及其与周围环境之间的相互作用行为，建立不同流场结构下的传递模型，提出适用于多相反应的过程强化规律。设计开发出 1– 丁烯、1– 己烯、1– 丁烯 /1– 己烯和 1– 辛烯等工业生产反应器，热 / 质传递效率提高 50%，催化效率提高 100%。

（3）针对副产聚合物在反应设备挂附、降低热质传递效率、影响长周期运行的问题，提出聚合物聚集结垢历程模型，开发出具有针对性的催化剂不失活预络合、催化剂平面对称进料以及高速喷射加料等组合对策，有效降低了反应器内浓度、温度梯度，减少了聚合物生成，成功解决了低聚物影响长周期运行的技术难题。

三、应用成效

1-己烯生产成套技术在国内实现工业应用，直接新增利润近 2 亿元 /a；1-己烯在聚烯烃装置应用后，累计生产出高端聚乙烯产品 200 多万吨，极大地提升了中国石油聚烯烃业务的盈利能力，经济效益显著（图 3 和图 4）。另外，长庆 3×10^4t/a 1-丁烯 /1-己烯灵活切换生产装置已于 2021 年 9 月投产。1-己烯技术也将于 2022 年在大庆石化实现 5×10^4t/a 规模的推广应用。

图 3　大庆石化 5000t/a 1-己烯装置　　　图 4　独山子石化 2×10^4t/a 1-己烯装置

四、有形化成果

该成果获得集团公司科技进步特等奖 1 项，授权专利 1 件，出版专著 1 部，发表论文 1 篇。

高附加值聚乙烯系列新产品

当前高端聚烯烃市场空间较大，中国石油急需通过产品结构调整开发具有更高附加值的功能聚乙烯产品来推动聚乙烯业务提档创优与降本增效。

一、技术内涵

以催化剂、生产工艺攻关为核心，依托聚乙烯中试基地，通过高性能催化剂活性释放和边界聚合工艺在线控制等关键技术攻关，解决高性能产品开发过程催化剂活性控制复杂、聚合体系撤热困难，工艺参数操控范围窄等工艺技术难题。开发高性能、高附加值产品，大幅提升聚烯烃新产品开发、技术服务和决策支持能力。

二、主要创新点

（1）开发了超高压高透明低晶点聚乙烯薄膜专用树脂生产技术。针对高压聚乙烯生产工艺，依托自主研发的自由基模拟计算与装置矫正参数数据平台，在牌号切换中分区段设计反应压力升高程序，突破低密度聚乙烯生产装置反应压力上限，解决了行业内的压力平稳提升与抑制温峰波动的技术瓶颈，引领聚乙烯薄膜光学性能及卫生性能的全面提升。开发了 LDPE 涂覆级专用树脂 19G/2820D、高透明膜等产品，可替代进口产品（图 1）。

（2）开发气相法高性能中密度聚乙烯生产技术。采用共聚单体浓度、氢气浓度、乙烯浓度及温度四位一体联控的新技术，实现气相工艺生产中密度聚乙烯产品的装置稳定运行，开发具有更高耐环境应力开裂性能的旋转成型 DMDA 3505U 和防水阻隔聚乙烯 DQFS4003 和钢丝增强聚乙烯复合管，以及硅烷交联聚乙烯电缆料 DFDA 2335、大型液态化工容器 IBC 桶、气相法 PE-RT Ⅱ 型管材专用树脂 DQDN-3712 等中密度产品，在大庆石化全密度聚乙烯装置等装置进行了工业应用（图 2 和图 3）。

（3）开发了高共聚单体浓度下气相聚合体系流化状态的控制技术。利用气相聚乙烯中试装置，采用"料位—气速—床层压差"协同控制的方法，控制聚合体系内颗粒尺寸梯度差异，解决体系黏度大，反应器流化状态不平稳、反应撤热困难等问题，开发出气相法工艺的极低密度聚乙烯 DQVL1210MK 和 DQVL0810 等产品。

三、应用成效

自主开发 27 个牌号的新产品（图 4），实现在国内 11 套装置成功推广和应用，累计创效 11 亿元，为中国石油聚乙烯产品结构调整、质量升级和高质量可持续发展提供了坚实技术支撑。

图 1　高透明膜 2811K 加工

图 2　大型液态化工容器 IBC 桶

图 3　大庆石化全密度聚乙烯装置

图 4　钢丝增强聚乙烯复合管制品

四、有形化成果

该成果获授权专利 4 件，制定标准 1 项。

高附加值聚丙烯系列新产品

聚丙烯（PP）树脂以其优异性能，广泛应用于国民生活各领域，需求量不断上升，但随着聚丙烯产能不断扩展，市场竞争日益激烈，高端化、差异化的高附加值系列新产品开发成为聚丙烯产业发展的必然趋势。

一、技术内涵

针对聚丙烯制备过程中分子结构设计合成、链转移与链增长控制、助剂体系选择与析出物控制等科学技术问题，在内外给电子体的协同控制、无规共聚产品分子量及分布调控、共聚单体结合率及均匀分布、低气味抗冲共聚聚丙烯刚韧平衡调控、耐热聚丙烯生产工艺调控技术、功能化助剂体系优选技术等方面取得突破，成功设计开发了 5 个系列 30 余个牌号的高附加值聚丙烯产品。

二、主要创新点

（1）揭示了医药用聚烯烃包材析出物形成规律，开发出聚丙烯催化剂内外给电子体的协同控制及低析出、窄分布乙丙无规共聚技术，解决了聚烯烃树脂用于高风险医药包材的技术难题；建立了中国医药聚烯烃安全评价体系，解决了医药用聚烯烃树脂应用评价和市场准入的难题（图 1）。

（2）发明了宽分布、高乙烯结合率及高氢调敏感性、高立构规整性催化剂体系，开发出共聚物含量、序列分布及相态结构的可控备技术，解决了 IPC 产品流动性与抗冲击性、流动性与刚性之间相互制约的技术难题。研究掌握了聚丙烯气味及 VOC 形成规律，开发出平台控制技术，解决了产品气味、VOC 控制的技术难题。

（3）通过无规聚丙烯分子结构设计、调控聚合工艺参数，实现乙烯在聚丙烯分子链上的均匀分布，开发出透明度和紫外吸光度满足食品包装和医疗用品行业特殊要求的透明聚丙烯系列产品（图 2）。

（4）设计开发出高效耐析出低迁移的助剂体系，形成了助剂体系对聚丙烯产品性能及灰分影响的规律认识，开发了差异化功能助剂体系配伍及应用技术，满足了不同用途高附加值聚丙烯应用需求。

三、应用成效

在国内 30×10^4 t/a Spheripol 工艺聚丙烯工业生产装置实现推广和应用（图 3 和图 4），累计产销聚丙烯新产品 105×10^4t，创效 13.6 亿元，在多个行业龙头领军企业得到广泛应用。其中医用聚烯烃系列产品形成的安全性评价方法标准体系被国家食品药品监督管理总局应用于医药用聚烯烃树脂关联审评，已成为国内外医药用聚烯烃树脂进入中国市场的强制性评价标准，为打破医药用聚丙烯国外产品垄断，推进国内聚丙烯产业发展速度，提升自主聚丙烯产品技术开发水平，保障国民用药安全做出了重要贡献。

 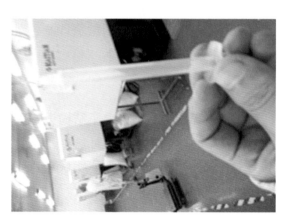

图1　多层复合输液软袋加工现场　　　　图2　一次性注射器加工现场

四、有形化成果

该成果"十三五"期间累计申请中国专利 138 件，获授权专利 63 件，发表论文 85 篇，认定技术秘密 17 件，修订国家标准 3 项，制定团体标准 2 项、产品标准 42 项。获得科技奖励 14 项，其中中国石油天然气集团公司科技进步一等奖、技术进步奖二等奖各 1 项，甘肃省专利一等奖 1 项，中国石油和化工自动化行业科技进步奖三等奖 1 项，石油化工研究院科技进步奖 7 项，技术发明奖 2 项，基础研究奖 1 项。

图3　30×10^4t/a 聚丙烯工业生产装置　　　　图4　聚丙烯产品生产现场

溶聚丁苯橡胶成套技术及新产品

溶聚丁苯橡胶（SSBR）具有抗湿滑性好、滚动阻力低的特点，是高性能绿色轮胎首选用胶。中国石油独山子石化公司、石油化工研究院、新疆寰球工程公司等合作开发的溶聚丁苯橡胶成套技术及新产品，具有完全自主知识产权，填补了国内 SSBR 工艺技术的空白，打破了进口 SSBR 产品的市场垄断。

一、技术内涵

建成国内首套具备聚合工艺参数以及工程化放大效应考察能力的 10kg/h 中试装置，极大提高了溶液聚合橡胶创新研发和工程转化能力；开发出 SSBR2557-TH，3840S，1550S 和 SSBR1040 等系列化环保型高性能溶聚丁苯橡胶新产品，丰富了中国石油 SSBR 产品结构；形成 10×10^4t/a SSBR 成套技术工艺包 1 套。

二、主要创新点

开发形成具有自主知识产权的 10×10^4t/a SSBR 成套技术工艺包 1 套，在此基础上设计完成的 6×10^4t/a SSBR 成套工艺包已应用于独山子石化公司装置扩能建设；开发了新型复合结构调节剂体系，形成不同苯乙烯 / 乙烯基含量无规共聚调控技术平台；明晰了微观结构对 SSBR 耐低温性能的影响规律，开发出耐低温性能优良的新产品；掌握了白炭黑和半补强炭黑复配技术，采用挤出 / 贴合一步成型工艺，解决了不同胶种贴合裂缝大、轮胎成型粘结性差等技术瓶颈问题。

三、应用成效

基于溶聚丁苯橡胶成套技术及新产品的系统研究成果，在独山子石化公司开发生产了 SSBR2557-TH，3840S，1550S 和 SSBR1040 等系列化 SSBR 产品，储备形成了一批官能化 SSBR 生产技术，有效改善了中国石油 SSBR 产品结构单一、低端低效的局面；依托配套的白炭黑和半补强炭黑复配等应用技术开发成果，促进了系列新产品的应用推广和下游客户认可，实现了 SSBR 产品国内市场占有率快速提高至 40% 以上；牵头编制并发布国家标准《溶液聚合型苯乙烯 – 丁二烯橡胶（SSBR）》（GB/T 37388—2019），行业影响力和话语权显著提升；设计完成的 6×10^4t/a SSBR 装置，已于 2021 年在独山子石化公司投产运行，多项性能指标先进。

四、有形化成果

发布国家标准一件，获得发明专利授权 8 件，实用新型专利授权 4 件；认定技术秘密 12

项；发表论文9篇。

自主设计、建设完成国内首套10kg/h溶聚丁苯橡胶中试装置，并形成34项有形化技术材料。形成自主知识产权的 10×10^4 t/a SSBR 成套工艺包1套（图1）。开发 SSBR2557-TH，3840S，1550S 和 SSBR1040 等新产品4个并形成相应的生产技术工艺包（图2）。

图1 成套技术工艺包

图2 国内首套10kg/h溶聚丁苯橡胶中试装置

丁腈橡胶成套技术及新产品

丁腈橡胶（NBR）是丁二烯、丙烯腈乳液聚合制备的共聚物弹性体，具有优异的耐油耐热性，主要用于生产各种耐油胶管、密封件、燃料箱衬里、胶板及耐高温低温绝热材料，是能源、交通和国防等领域不可或缺的重要战略物资。

中国石油丁腈橡胶主要用于各类特种橡胶制品，"十三五"期间，兰州石化丁腈橡胶产能占国内总产能28.8%，装置开工率100%，产品市场占有率高达30%以上，产品主要供给华北、华南及西北市场。其中高端丁腈橡胶产品已在神州系列飞船、天宫一号、嫦娥系列探测器、装甲装备、舰机等上得到使用，为国防安全做出了重要贡献。

一、技术内涵

中国石油丁腈橡胶工业化成套技术包括7个系列15项特色技术。目前实现了低温和高温聚合两个系列、结合丙烯腈含量从18%到40%四个系列、门尼黏度从45到85全覆盖的目标。特色技术主要包括聚合物组成及分子量分布控制技术，反应器大型工程化技术，高效脱气技术以及产品环保化技术等。

二、主要创新点

（1）丁腈橡胶环保化技术。率先开发出环保NBR产品并实现系列化，建立了环保丁腈橡胶产品标准及分析检测方法标准，打破了国外对中国NBR橡胶生产、销售量限制以及出口产品的技术壁垒。

（2）丁腈橡胶质量提升。探索出丁腈橡胶生产过程关键助剂、水分含量以及成品胶中钙离子含量对橡胶物理性能的影响规律，进一步提升了产品质量。

（3）丁腈橡胶高端定制化。兰州石化围绕"市场需求搞开发"，开发出如机械工程高压耐油胶管专用丁腈橡胶NBR3304G和NBR3305G，耐油高腈丁腈橡胶NBR4105，阻尼用特种丁腈橡胶NBR25D等高端定制化产品。

三、应用成效

兰州石化公司拥有国内规模最大、技术最全、品种和牌号众多的丁腈橡胶生产装置。"十三五"期间，兰州石化总结多年来丁腈橡胶的生产经验，在具有自主知识产权的丁腈橡胶成套生产技术基础上，在工艺优化、质量攻关、新产品研发等方面开展工作，通过科研和产品开发拓展市场需求，挖掘装置潜能，实现装置连续5年满负荷生产目标。目前丁腈橡胶产品质量稳定，市场供不应求。目前正在利用自有技术筹建 3.5×10^4 t/a 特种丁腈装置。

四、有形化成果

该成果有 5 项科研成果获省部级以上奖励，其中 2 项成果获中国石油天然气集团公司科技进步二等奖（图 1、图 2），申请登记中国石油技术秘密 11 项；兰州石化被中国合成橡胶工业协会授予"自主创新贡献单位"称号（图 3）。

图 1　"丁腈橡胶环保化技术及系列新产品开发与应用"获奖证书

图 2　"丁腈橡胶性能影响因素和规律的研究及产品质量提升中的应用"获奖证书

图 3　"自主创新贡献单位"称号纪念章

稀土顺丁橡胶成套技术及新产品

稀土顺丁橡胶具有强度高、耐屈挠、低生热、抗湿滑及滚动阻力低等特点，是高性能轮胎用胶的首选。由中国石油独山子石化公司、中国科学院长春应用化学研究所、新疆寰球工程公司、锦州石化公司、石油化工研究院合作开发稀土顺丁橡胶成套技术，具有自主知识产权。

一、技术内涵

实现了中门尼窄分布稀土顺丁橡胶 BR9101N、高门尼窄分布稀土顺丁橡胶 BR9102 产品工业化生产，形成 5×10^4t/a 稀土顺丁橡胶成套工艺包 1 套，有效提升了顺丁橡胶创新研发和工程转化能力。该技术与传统的镍系顺丁橡胶生产采用相同的工艺流程和溶剂，装置改造少，适应性较好，可实现在同一装置柔性灵活转产。

二、主要创新点

设计具有自主知识产权的 5×10^4t/a 稀土顺丁橡胶成套工艺包 1 套；采用稀土均相复合催化剂体系，催化剂活性高、聚合控制稳定；开发中门尼（典型值45）、高门尼（典型值63）黏度、分子量分布小于3的窄分布稀土顺丁橡胶新产品；明晰了影响胶液黏度的主要因素，建立了丁聚合反应模型和反应器放大设计方法，解决了工业生产催化剂与原料难以均匀混合胶液黏度大、难以输送等瓶颈问题（图1）。

三、应用成效

基于稀土顺丁橡胶成套技术系统研究成果，采用稀土均相复合催化剂体系在独山子石化公司 3×10^4t/a 顺丁橡胶装置实现成功应用，实现连续平稳运行，生产出中门尼窄分布稀土顺丁橡胶 BR9101N、高门尼窄分布稀土顺丁橡胶 BR9102 两个新产品，产品顺式含量≥96%，分子量分布小于3，产品性能与市场主流进口产品相当，有效改善中国石油顺丁橡胶产品结构单一的局面（图2）。

四、有形化成果

该成果包括 5×10^4t/a 稀土顺丁橡胶成套工艺包 1 套，涵盖 30 项有形化技术材料；开发 BR9101N 和 BR9102 等 2 个新产品，并形成相应的生产技术工艺包；获得发明专利授权 2 件，实用新型专利授权 2 件；认定技术秘密 8 项；编制企业标准 8 项；发表论文 10 篇。

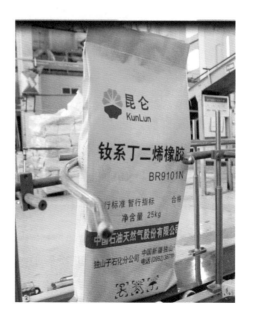

图 1　新产品

图 2　现场考核评估

乙丙橡胶成套技术及新产品

吉林石化分公司拥有 8.5×10^4 t/a 乙丙橡胶生产能力，我国产能第二位。结合多年积累的技术成果，形成了具有自主知识产权的 4×10^4 t/a 乙丙橡胶成套技术工艺包，并应用于乙丙橡胶 C 线装置。通过装置技术改造，总结固化工艺控制，重点针对产品的"点、色、味、水、形"等问题进行技术攻关，实现乙丙橡胶装置运行质量、产品质量以及市场应用领域的全面提升。

一、技术内涵

实施己烷系统分立运行、闪蒸系统完善升级、增加 D-401 涂层、单体吸收塔喷嘴改造等重大改造项目 20 余项，彻底消除装置周期性波动、产品指标不稳定等瓶颈问题，实现了 C 装置"双线双牌号"稳定生产。依托外延指标分析，使用连续进氢方式，实现分子量窄分布控制，研发出可替代国外产品的 X-0150 产品。打破国外垄断，自主研发出乙丙橡胶可溶性包装膜技术，实现工业化应用，大幅降低了采购成本。开展产品定制化攻关，实现对国防产品的认证和供应。J-4045 产品通过优化生产工艺控制条件，使产品的分子量分布及挥发分达到技术指标要求，实现国产乙丙橡胶工程化替代。乙丙橡胶装置造粒系统技术改造。对造粒系统的脱水系统、颗粒水流程、自动称量以及压块包装系统进行了技术改造和升级，满足市场对粒料产品的需要。

二、主要创新点

（1）创新低门尼乙丙橡胶生产技术，使用分子量均衡分布调控技术，达到连续稳定进氢，开发一种新型二元乙丙橡胶黏指剂新产品（X-0150）。

（2）首创色度、气味等检验标准，落实点、色、味质量管控措施，彻底解决异型胶、白斑胶等外观质量问题。

（3）乙丙橡胶 C 装置聚合系统技术改造，实现对产品的分子量分布精准控制，满足军工生产控制要求。

（4）开发三个市场高度需求的乙丙橡胶新牌号，用于汽车海绵密封条领域的高 ENB 含量、适合快速硫化、发泡均匀的 J-4090；用于汽车实心密封条领域的高门尼黏度、适合生产光滑外观、优异物理机械性能的 X-3110；用于汽车胶管领域的适中门尼黏度、挤出速度较快、耐热老化性能良好的 X-3070。图 1 为乙丙橡胶部分代表性产品。

（a）J-0010　　　　　　　　（b）J-0050　　　　　　　　（c）X-0150

（d）J-4045　　　　　　　　（e）J-4090　　　　　　　　（f）J-3080P

图1　吉林石化公司乙丙橡胶部分代表性产品

（5）依托乙丙橡胶间歇/连续模式装置和中试装置，从分子结构设计出发，通过共聚组成、序列结构及分子量分布调控，形成聚合控制技术，开发出高乙烯含量、低门尼、中低碘值含量中高压电缆等级的乙丙橡胶中试技术（图2），开发了乙丙橡胶新产品J-3042和J-2034P（图3）。

图2　200t/a乙丙橡胶中试装置

图3　乙丙橡胶连续聚合模式装置

三、应用成效

（1）乙丙橡胶装置通过一系列技术改造和优化措施的实施，实现了C装置"双线双牌号"稳定生产，自2018年装置实现盈利以来，2020全年创效8401.84万元。

（2）应用吉林石化公司自主研发的"乙丙橡胶X-0150生产技术"，完成了X-0150批量生产，2020年共计销售85.05t，每吨利润11466元，创效97.52万元。

（3）J-4090成功应用于在汽车密封条企业，实现了吉林石化产品在汽车海绵密封领域上的突破和应用，2020年共计销售349.65t，每吨利润2155元，创效75.35万元。

四、有形化成果

该成果获中国发明专利4件，获中油公司技术秘密认定2件、中油公司技术发明三等奖1项、省部级科技进步三等奖1项、吉林石化公司科技进步一等奖1项。

ABS 树脂成套技术及新产品

吉林石化公司着眼于公司 ABS 未来产业发展，在 "20×10⁴t/a ABS 成套技术" 基础上，经过持续技术改进与科研攻关，开发出 11 项新技术和 15 种新产品，ABS 树脂成套技术水平不断提升，在应用于现有装置的同时，也应用于在建吉化揭阳 60×10⁴t/a ABS 项目和即将建设的吉化转型升级 60×10⁴t/a ABS 项目。

一、技术内涵

该成套技术采用 "乳液接枝—本体 SAN 掺混法" 工艺路线，以吉林石化原有 ABS 树脂生产技术为基础。主要包含以下先进技术：

（1）PBL 聚合采用二步法附聚技术。快速聚合生成 100nm 小粒径 PBL 胶乳，将 100nm 小粒径 PBL 胶乳附聚成 300nmPB 胶乳。通过聚合配方的设计和稳定梯度控制，得到适宜的胶乳粒径。

（2）反应釜放大技术。通过装置工业化试验研究，丁二烯聚合釜由 50m³ 放大到 100m³，ABS 聚合釜由 42 m³ 放大到 90m³。

（3）新型聚合体系 ABS 接枝聚合技术。引入第四单体，提高聚合转化率，降低物耗损耗，降低残单含量，提高制品的光泽度和白度，进一步拓宽在高端领域的应用范围。

（4）ABS 复合凝聚技术。开发酸—盐复合凝聚体系，提高凝聚效率、浆液质量和产品收率，实现装置连续稳定运行。

（5）ABS 湿粉料氮气循环干燥技术。采用氮气循环干燥，彻底消除粉料着火爆炸的危险，实现本质安全。

（6）本体聚合 SAN 树脂制备技术。通过调整原料组成、聚合温度和停留时间等参数，实现键合丙烯腈含量的准确控制。采用两级脱挥生产技术，降低残单含量，提高产品品质。

（7）SAN 装置溶剂清洗技术。选用高效清洗剂，对易产生 "凝胶" 和 "碳化物" 的区域进行采用分区、分级多步循环清洗，缩短 SAN 装置清洗周期。

（8）湿法挤出技术。通过脱水和湿法挤出实验，得出适宜的水含量控制范围，开发出湿法挤出技术。

（9）新产品开发技术。先后开发成功白色家电专用料 0215H、喷涂料 PT-151、电镀料 EP-161、高流动料 HF-681、箱包板材料 ST-571、超高抗冲头盔料 TH-191 等 15 个新产品，满足市场对 ABS 差异化的需求（图 1 和图 2）。

图1　ABS 产品展示

图2　ABS 中央控制室

二、主要创新点

（1）创新 PBL 胶乳制备技术，将一步法 PBL 生产技术升级为以 100nm 小粒径 PBL 为起始胶乳，附聚成 300nm PBL 胶乳两步法生产技术，该工艺具有生产效率高、能耗低、产品综合性能好等特点。

（2）创新将冷却列管应用于反应釜中，解决反应釜放大的传质传热变差的难题，实现 PBL 和 ABS 反应釜放大，提高生产效率。

（3）创新引入第四单体，提高 ABS 聚合转化率，降低残单含量，提高产品的白度、光泽度。

（4）创新 ABS 混炼单元的助剂体系，抗氧剂及润滑剂全面升级，使 ABS 树脂在高温耐黄变、白度、雾膜及模垢等性能上明显提升，实现了 0215H 产品品质升级。

（5）创新开发复合凝聚体系，显著改善凝聚效果，增大凝聚颗粒的粒径和致密度，降低凝聚浆液水层浊度和湿粉料的脱水难度。

（6）创新采用侧向反推螺杆解决湿法挤出过程中水蒸气和物料的分离。

三、应用成效

ABS 成套技术在吉化现有 ABS 装置应用后，通过持续开发新技术与新产品，成套技术水平不断完善升级，被市场领军企业广泛应用，产品竞争能力不断提升，ABS 产品已成为吉林石化公司单品种第一创效产品，"十三五"期间合计创效 34.1 亿元。

该开发成果不仅在吉林石化现装置上应用，也成功应用于吉林石化揭阳 60×10^4t/a ABS 生产装置和吉林石化转型升级 60×10^4t/a ABS 生产装置。

四、有形化成果

该成果获得中国发明专利 17 件、德国专利 1 件，获中国石油技术秘密认定 9 件，获省部级科技进步一等奖 3 项、二等奖 2 项、三等奖 2 项，发表论文 20 篇。

超高分子量聚乙烯成套技术及产品

超高分子量聚乙烯（UHMWPE）是指黏均分子量在 150×10^4 以上的聚乙烯，是一种线性结构的热塑性工程塑料。辽阳石化公司根据现有聚乙烯生产装置工艺特色，历经 10 年潜心研究，开发了超高分子量聚乙烯催化剂制备技术和成套生产工艺技术，实现了自主知识产权的 UHMWPE 连续化生产工艺及产品上下游一体化技术，产品分子量 $150 \times 10^4 \sim 500 \times 10^4$ 稳定控制，实现专用料由普通管材级、板材级、高耐磨管材到高模高强纤维级全面覆盖。

一、技术内涵

针对辽阳石化公司高密度聚乙烯生产装置特点，从以下方面开展技术攻关：

（1）围绕聚烯烃催化剂发展趋势，开展专用催化剂技术优化攻关。通过引入特定氧化物，修饰催化剂活性中心，改善载体的孔道结构及表面形态，提高催化剂活性中心的有效负载量，制备出形态规整、粒径分布窄、颗粒较小的专用催化剂，有效控制乙烯的插入方式，避免长支链的缠结。

（2）针对超高专用催化剂的特点，开展 Hoechst 连续法超高分子量聚乙烯的生产工艺、通用料和高端纤维专用料的生产技术攻关，通过优化调整，稳定聚合工艺参数，实现产品向系列化、多样化、差别化、高端化发展。

（3）开展专用料的管材、板材、纤维加工应用技术攻关，实现材料加工过程稳定，经权威机构检测符合用户需求。项目结合辽阳石化公司高密度聚乙烯现有装置情况，开发出具有自主知识产权的超高分子量聚乙烯催化剂和连续化工业生产工艺，实现不同产品定位的超高分子量聚乙烯产品的"定制化生产"，填补了中国石油在该产品领域空白（图1），增强了中国石油特种聚烯烃技术实力和市场竞争能力。

二、主要创新点

（1）开发出超高分子量聚乙烯催化剂专用载体的制备方法及修饰超高分子量聚乙烯催化剂活性中心技术；

（2）发明一种新型超高分子量聚乙烯催化剂制备技术，开发出具有自主知识产权超高分子量聚乙烯专用催化剂 LHPEC-3；

（3）开发一种连续法超高分子量聚乙烯的生产技术，形成了工业化生产技术工艺包。

三、应用成效

超高分子量聚乙烯产品效益较通用型树脂高 2800 元 /t 以上，2016—2020 年辽阳石化公司累计生产超万吨，具有较好的经济效益。随着市场认可度的不断提高，下游用户需求的不断增长，超高聚乙烯新产品将具有更广阔的应用前景，成为中国石油聚烯烃领域新的效益增长点。

四、有形化成果

该成果获中国发明专利 5 件；2018 年，"超高分子量聚乙烯 PZUH2600"获中国石油炼油与化工分公司聚烯烃新产品创新奖；2018 年，"超高分子量聚乙烯生产工艺技术"中国石油十大科技进展；2019 年，"超高分子量聚乙烯 PZUH2600、PZUH3500"获中国石油天然气集团有限公司自主创新重要产品；2019 年，"超高分子量聚乙烯创新团队"获中国石油天然气集团有限公司科技创新奋斗团队称号；2020 年，"超高分子量聚乙烯工业生产技术"获中国石油天然气股份有限公司技术秘密认定 1 项（技术秘密登记号：10 年 20200189）。制定中国石油企业标准 2 项；在国内核心期刊发表论文 3 篇（图 2）。

图1　超高分子量聚乙烯产品

图2　获奖证书

钻完井废液和压裂返排液资源化循环利用技术

以油气开发钻完井和压裂作业产生的废弃物为研究重点，以资源化和循环利用为研究目标，以"关键技术＋处理装置＋标准规范"为技术载体，形成了钻完井液和压裂返排液资源化循环利用技术。

一、技术内涵

形成了"废弃物不落地收集—钻井废液过程回用—残渣末端资源化"的钻井废弃物综合利用技术，解决了废钻井液劣质固相含量高影响回用分离难、残渣高分散污染物固定化难等钻井废弃物无害化处理技术难题；形成"氧化→澄清→软化→杀菌"回用处理技术、"氧化破胶→混凝反应→多级气浮分离→多级过滤"回注处理技术、"预处理＋膜浓缩＋蒸发脱盐"达标外排处理技术，解决了压裂返排液回用率低、处理困难等处理与再利用技术难题，有力支撑了中国石油天然气集团有限公司油气绿色开发。

二、主要创新点

（1）发明了兼有破胶和絮凝双重作用的含活性季铵盐基团的壳聚糖类新材料，开发了废钻井液回用处理新工艺。首次将传统絮凝剂组合的强酸絮凝处理模式改变为中性条件，废钻井液破胶时间短至 $3\sim4min$，资源化率由 50% 提高到 90% 以上，单井废钻井液产生量减少了 $300\sim400m^3$。

（2）发明了仿贻贝黏蛋白聚多巴胺结构的固化新材料，开发了残渣制备免烧砖、烧结砖、水泥熟料及压裂支撑剂等分质资源化技术，在有效封固污染物条件下，首次将固化剂平均加量由 15% 降低至 6%，突破了残渣高分散污染物固化难的技术瓶颈，取代了传统固化填埋处理方式。

（3）耦合旋流分离、压力过滤等工艺，集成开发了"不落地收集—液相再生回用—固相无害化—固相资源化"处理及资源化成套装备等水基钻井废弃物橇装多段式随钻处理装备，消除了井场钻井液池，减少占地 37% 以上。

（4）发明了"预处理＋膜浓缩＋蒸发脱盐"压裂返排液达标外排处理技术和"氧化破胶→混凝反应→多级气浮分离→多级过滤"压裂返排液回注处理一体化技术及装置，处理效率提升 50% 以上，处理后返排液矿化度低至 1000mg/L 以下（氯离子低于 93mg/L）（图1）。

三、应用成效

该成果先后在中国石油、中国石化及中国海洋石油等石油公司的国内外 18 个油田应用，建造钻井废弃物随钻不落地处理装备 230 台套、钻井废弃物资源化集中处理站 18 座，应用 1.8 万口井，处理钻井废弃物 $974 \times 10^4 t$，回用钻井液 $438 \times 10^4 t$，制备基土 $33 \times 10^4 m^3$，免烧砖 150 万块，烧结砖 118 万匹；处理压裂返排液 $95.1 \times 10^4 m^3$，处理后清水全部用于配制新压裂液，节约清水 $56 \times 10^4 m^3$（图 2）。

图 1　压裂返排液回用处理装置

图 2　水基钻井废弃物制备的免烧砖

四、有形化成果

该成果获授权发明专利 31 件、实用新型专利 33 件；获中国石油天然气集团有限公司技术秘密认定 2 项，制定《陆上石油天然气开采水基钻井废弃物处理处置及资源化利用技术规范》（SY/T 7466—2020）等行业和企业标准规范 6 项，新产品 3 项，新装置 5 套。获中国石油天然气集团有限公司、中国石油和化学工业联合会、中国环境保护产业协会等省部级一等奖和二等奖各 2 项。

油田井场作业废水及油泥处理与利用技术

近年来，随着长庆油田 $6000 \times 10^4 t$ 持续稳产和 $7000 \times 10^4 t$ 上产，油田年产生井场作业废水 320 余万立方米，油泥 $16 \times 10^4 t$，且每年以 5% 递增，油田增产与废弃物产生量大，资源循环利用率低，委外处理成本高的矛盾日趋明显。

该技术以电化学有机废水处理和生物法油泥降解为技术核心，实现了井场废水和油泥达标处理和资源化利用，该技术的应用推广为保障黄河流域生态保护和高质量发展提供了重要的技术保障。

一、技术内涵

针对油气田井场作业废水因高含高分子聚合物、高含乳化油、富含小粒径悬浮物，资源化利用是油气开发领域的国际难题，本技术以电化学有机物降解为核心，形成"微电解高级氧化 + 核晶凝聚诱导造粒"的有机废水处理工艺，处理后废水有机物去除率提升至 90% 以上，含油降至 10mg/L 以下；针对含油率 ≤10% 的井场落地油泥，以特异性功能菌与土著微生物降解菌群构建为核心，形成"本源复合菌群降解、微量元素生物酶活化、均质重金属钝化"的生物法处理工艺，处理后含油率 ≤1%，成本较化学法降低 40%，不产生二次污染（图1）。

图1　30m³/h 油田井场作业废水处理装备

二、主要创新点

（1）发明了微电解有机物高级氧化关键材料，废水黏度由 15mPa·s 降至 3mPa·s 以下，聚合物分子量由最高 850 万单位降至 23 万单位。

（2）发明了"核晶凝聚诱导造粒"有机废水强化絮凝处理剂和关键装备，絮体沉降速度由 0.5mm/s 提高至 1.2mm/s。

（3）发明了以假单胞菌、芽孢杆菌、不动杆菌和枝顶孢属等菌属为主的微生物菌剂系列，与国内外同类产品相比降解率提高 30% 以上。

（4）发明了落地油泥处理及修复石油污染土壤的微生物处理方法，降解周期为 30～60 天，降解效率达 95% 以上（图 2）。

图 2　井场油泥微生物处理现场

三、应用成效

该技术规模化应用 65 座油田工业污水处理厂和 5 万余立方米油泥处理，处理和再生利用废水 $840 \times 10^4 m^3$，COD 减排 $32 \times 10^4 t$，以该技术为核心建立了 $10 \times 10^4 m^3/a$ 国内首座页岩油开发措施废液回注处理示范工程（图 3）。

图 3　$10 \times 10^4 m^3/a$ 页岩油开发措施废液回注处理示范工程

四、有形化成果

该成果研发了 $30 m^3/h$ 和 $50 m^3/h$ 井场作业废水处理装备，该装备获得中国石油天然气集团公司自主创新产品；获授权发明专利 19 件；获得国家科技成果二等奖 1 项、省部级成果 5 项；研发的"降解原油特殊功能菌"经甘肃省成果鉴定达到国际先进水平，同时获得全国发明展览会金奖 1 项。

高含水油田节能节水关键技术

针对高含水油田机采、注水、集输三大系统能量消耗大的一系列技术问题，在三大系统创新新技术，探索新模式，在示范区形成高含水油田采出、集输及处理、注入一体化节能节水低碳生产新模式，形成了高含水机采、集输、注水等节能技术系列，实现节能减排目标，整体技术达到国内领先水平。

一、技术内涵

机采系统节能技术由抽油机优化、螺杆泵直驱等壁厚、抽油机井多节点节能配套技术集成，解决了机采井系统效率低、运行状况不合理等问题。集输处理系统节能技术由低温集油、低温破乳剂、低温游离水脱除、低温污水处理等技术配套形成，解决了集输处理系统运行温度高、耗气量大的问题。注水系统节能技术由注水仿真优化、注水系统综合调整和提高注水泵泵效技术集成，解决了注水系统效率低、能耗高、管网压力损失大等问题。

二、主要创新点

（1）突破了以往的人工优化以及单站的、局部的和单一系统的仿真优化模式，建立了评价多套注水系统的管网特征、注水效率、注水能耗等重要注水指标的方法，形成了生产运行、指标评价和措施调整为一体的注水系统综合优化系统。开发了一套多管网并存的注水系统仿真优化技术，将混合遗传模拟退火算法应用于计算求解中，提高了求解效率。

（2）自主创新研发了等壁厚螺杆泵核心技术，开发了抽油机动态控制技术，研发了皇冠状井下气液分离装置，集成配套应用抽油机选型设计、优化运行、多节点控制等技术，突破了高含水油田机采系统效率 30% 的技术瓶颈（图 1）。

（3）突破了高寒地区采出液加热集输技术界限，使采出液处理温度降至原油凝固点附近，降低了采出液集输能耗，实现了采出液在低温工况下有效处理，形成了采出液集输与处理的低能耗运行模式，大幅度降低了集输吨油自耗气量和 CO_2 排放量（图 2）。

三、应用成效

示范区机采系统效率与国际先进水平差距缩小到 6 个百分点、注水单耗降至 $5.45kW \cdot h/m^3$、集油耗气降低 40%。在项目研究期间，试验区实现总节电 $8531.8 \times 10^4 kW \cdot h$、总节气 $5720.1 \times 10^4 m^3$，总节水 $364 \times 10^4 m^3$，总节约 $12.48 \times 10^4 t$ 标准煤，减少 CO_2 总排放 $25.21 \times 10^4 t$，获经济效益 1.5 亿元。

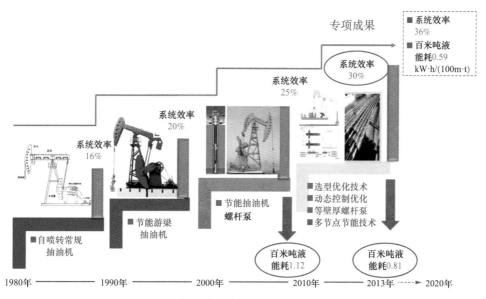

图 1　机采井系统效率提升示意图

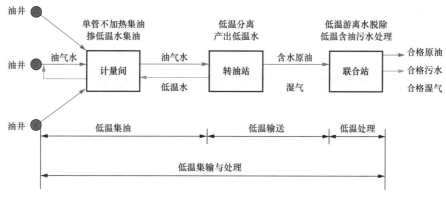

图 2　采出液低温集输与处理系统图

四、有形化成果

该成果获实用新型专利 10 件，开发产品 4 项，开发软件 2 套，制定标准及规范 6 项，出版专著 1 本，发表论文 27 篇，获中国石油天然气集团有限公司科技进步一等奖 1 项、中国石油工程建设协会科学技术奖 1 项、大庆油田公司技术创新奖 1 项。

油气田高效加热炉及热力系统提效技术

加热炉是油气田生产系统最主要的耗能设备，2012 年中国石油天然气集团有限公司（以下简称集团公司）油气田加热炉能耗占油气田生产能耗比例近 40%，加热炉炉效偏低是能耗居高不下的重要原因。要实现加热炉及热力系统整体提效，亟需攻关解决现有炉型无法解决换热面易结垢带来的效率降低和井口小型加热炉炉效偏低的问题、集输系统用热负荷率偏低、提效技术缺乏评价方法和手段、加热炉优化运行和炉效的监测评价缺乏有效的方法和标准支撑等技术难题。2013 年集团公司设立重大科技专项"油气田高效加热炉及热力系统提效技术与应用"，由中国石油规划总院牵头，协同大庆油田有限责任公司、辽河油田分公司、冀东油田分公司、大港油田分公司共同开展加热炉及热力系统提效攻关研究，历时 5 年，取得重大技术突破和显著应用实效。

一、技术内涵

研制出新型的、能够更好适应油气田工况的高效加热炉及高效燃烧器，为油气田加热炉的更新换代提供技术支持；研发了基于凝油黏壁温度确定油田不加热集油界限的评价技术和油气集输系统用能优化技术，指导集输系统用热优化和井口加热炉消减方案制订，从根本上减少燃料使用量；形成了加热炉提效技术评价方法，编制加热炉提效技术应用指南，制订加热炉整体提效方案，为在用加热炉的整体提效提供技术支持；开展加热炉监测评价方法及经济运行规范研究，保证加热设备的科学、经济和高效运行。

二、主要创新点

（1）突破加热炉在线清淤清垢技术等 3 项关键技术，研制了分体式壳程自动清垢相变加热炉等 4 种新型高效加热炉（图 1 至图 3）。

（2）创新油气集输系统高效用热技术，攻克油气集输热力系统提效难题。

（3）创新加热炉提效技术评价体系，解决了在用加热炉整体提效技术难题。

（4）创新加热炉分级测试评价和运行优化方法，研制系列标准，解决了加热炉监测评价与运行优化难题。

三、应用成效

通过新型高效加热炉研制、油气集输系统用热负荷优化、加热炉提效配套技术应用研究、加热炉及注汽锅炉经济运行研究，支撑集团公司油气田加热炉整体提效方案制定与实施，实现加热炉整体提效 5 个百分点。

图 1　分体式壳程自动清垢相变加热炉

适用站场泵前加热，运行炉效 88.3%

图 2　盘管式自动清垢相变加热炉

适用站场泵后加热，运行炉效 88.4%

图 3　冷凝式加热炉

适用于油田站场加热，运行炉效 95.8%

该成果已在集团公司 13 家油气田全面应用，实现节能量 27.28×10^4（标准煤）/a，累计减排二氧化碳 249×10^4t、氮氧化物 630t，累计创造经济效益 16.96 亿元。

四、有形化成果

该成果取得了 7 项关键技术，形成了 4 大创新成果，研制新产品 6 种，取得专利 11 件（发明专利 2 件），登记计算机软件著作权 5 件、认定技术秘密 3 件，制修订标准 7 项（其中行业标准 2 项），获得 2019 年度中国石油天然气集团有限公司科技进步奖一等奖。

大型储罐完整性检测与防雷防静电技术

一、技术内涵

伴随安全技术水平的提升，国家和集团公司对石油储运设施安全程度日趋重视，储罐区成为集团公司重点关注的"八大风险"之一，如何从根本上杜绝一次、二次密封区域油气浓度超标问题、雷击点火源问题成为各国研究的重点。与欧美等西方发达国家相比，集团公司在大型储罐密封研制、雷击点火源消除技术都有必要进行深入研究。为了更好地实现泄漏失效可避免、雷电来临时有预警、罐底腐蚀引发穿孔能发现、雷电先导来临时有阻断，阻止"可燃物"、雷电"点火源"的产生，开展了储罐安全监测与防护一体化平台框架研发，实现储罐的安全防护由"点"到"面"的突破。

二、主要创新点

开发的本安型储罐基础沉降装置，测量精度误差 <4mm，延时 <1s；开展储罐沉降区域腐蚀声发射评估方法研究（图1），避免由于储罐底板腐蚀、基础沉降引起的罐底穿孔及罐体失效事故；开发活塞型一次密封设施结构及装置（图2），经实验表明一次密封设施工作补偿范围大于 –100/+300mm，一次密封设施形成空腔充压至 0.35kPa，保压 30min 不漏气；研发了小区域雷电预警装置（图3），实现了油气场站小范围雷电精准预警，针对油罐雷电电磁效应开展研究，在内浮顶油罐模型接地的情况下，确定了油罐雷电电磁效应诱灾因子和对承灾体的作用机理。

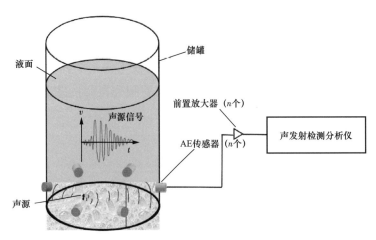

图1 储罐声发射检测示意图

图2　一次密封弹力中试装置

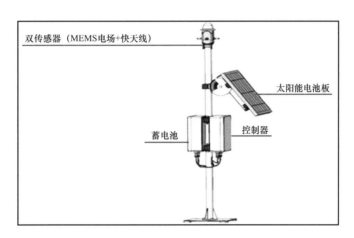

图3　单站双传感器雷电预警仪组成结构图

三、应用成效

该技术实现了雷电静电预警、监测、报警、阻断等技术集成，可广泛应用于各类储罐雷电静电防护，达到消除安全隐患，保障原油储罐系统储运过程安全的目的，既具有社会效益，同时也具有显著的经济效益。

四、有形化成果

该成果获得授权发明专利4件；登记软件著作权3件；编写专著1部；发表论文5篇。

地热资源勘查开发与综合利用配套技术

中国石油是能耗大户，每年能耗超过上千万吨标准煤。为实现节能降耗，中国石油十分重视利用油田地热替代燃油燃气，持续支持地热能开发利用关键技术研究和攻关试验，致力于解决地热开发利用中的关键问题。砂岩热储回灌一直是行业内难以攻克的技术难题，为实现地热资源的绿色可持续开发利用，避免因地热尾水直接排放引起的热污染和化学污染，并维持热储压力、缓解地热水水位的下降，保证地热田的可持续开采，中国石油组织开展技术攻关，研发砂岩热储开发利用配套技术，并通过在重大工程项目中应用，形成了大型砂岩热储地热开发利用技术。目前该项技术成熟度达 8 级，处于工业化应用阶段。

一、技术内涵

地热水从开采井抽取出来，经过换热利用后再回灌到相同热储层中的技术。首先用潜水泵把砂岩地层中热水抽到地上，经过除砂、过滤、排气，进入集水管网送至热泵站，利用换热器、热泵等把地热水的热量提取利用，热交换后的地热尾水，经过过滤器处理，进入回灌管网并回灌至同层砂岩储层中，实现同层回灌（图 1）。

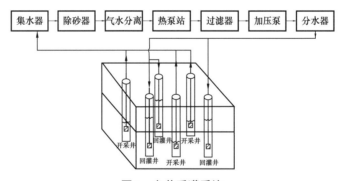

图 1　多井采灌系统

二、主要创新点

全流程密封、保温；同层无压回灌；粗、精两级过滤，过滤精度达到 $3\sim 5\mu m$。

三、应用成效

应用该技术开发冀东油田馆陶组砂岩热储，建成曹妃甸新城 $286\times 10^4 m^2$ 全国单体最大砂岩热储地热供暖项目（图 2 至图 4）。比燃煤锅炉供暖热负荷高出近 20%，年节约标煤 $6.06\times 10^4 t$，减排二氧化碳 $15.87\times 10^4 t$。

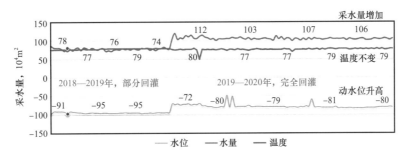

图2　曹妃甸 2018—2020 供暖季高热 6-5 井采灌历史曲线

图3　曹妃甸地热项目采灌井井场

图4　曹妃甸地热项目换热厂房

四、有形化成果

该成果形成《地热回灌技术要求》行业标准。

稠油含油污泥精细热洗处理与污泥调剖技术

含油污泥是油田勘探开发和炼化企业生产过程中产生的主要固体污染物之一，一般含油率在 10% 左右，高的可达 20%～30%，具有油类物质回收与黏土矿物再生利用价值。近年来，随着国家环保政策日趋严格，中国石油天然气集团有限公司绿色发展理念逐步深化，含油污泥资源化利用与污染防治引起高度重视。辽河油田目前年产稠油污泥约 15×10^4t，因此，研究一套适合辽河油田的含油污泥减量化、无害化及资源化的经济高效的处理工艺技术，意义重大。

一、技术内涵与主要创新点

（1）研发稠油热采井污泥调剖技术和污泥调剖地面注入装置，岩心封堵率为 75%～90%，有效解决了稠油污泥达标处理与资源化利用难题。

（2）开发出一套化学精细热洗＋三相离心分离技术。针对浮渣及罐底泥，通过四种新型油泥处理剂的加入，将原料油泥进行破乳、破胶，实现油与水、泥的分离，再通过特制三相离心机，将油、水、泥彻底分离开来。针对落地油泥及清罐油泥，增加破碎—转笼分拣等预处理工艺，实现杂物及丝状物的分离，剩余均质浆液再进行化学精细热洗—三相离心分离，最终实现污油水与泥砂（剩余固相）的分离（图1和图2）。该技术简洁、高效，处理成本较低，处理量大，安全环保，处理后剩余固相可达到行业标准要求。

图 1　油泥调剖技术

图2 化学精细热洗

二、应用成效

通过2项关键技术和装备，污油泥资源化率>90%。在辽河油田建成 10×10^4 t/a 稠油污泥化学精细热洗示范工程、3.5×10^4 t/a 污泥调剖示范工程。

三、有形化成果

该成果获授权发明专利6件、实用新型专利5件，制定行业规范标准4项，发表论文5篇。处理污油泥 15.5×10^4 t，形成经济效益1.9亿元。

绿色低碳技术标准体系

中国石油天然气集团有限公司（以下简称集团公司）绿色低碳发展技术标准体系覆盖国内和海外业务的节能降耗、固废处理、碳资产管控等领域，支撑了集团公司碳排放管理绩效的提升，率先在央企内建立了比较完善的低碳制度体系。

一、技术内涵与主要创新点

（1）针对油气田固体废弃物处理处置标准不完善，缺乏设备设施工艺设计技术规范和调剖工艺及调剖剂方面的标准，制定了 11 项相关技术标准，形成了完善的钻井废弃物处理装备、油泥调剖领域技术标准体系。

（2）针对缺乏炼化产品碳排放限额、非常规油气碳排放核算、碳资产审计等领域技术标准，制订了 4 项温室气体核算、CCUS、产品碳排放配额相关相关标准，完善了温室气体管理技术标准体系。

（3）针对石油化工行业 VOCs 治理技术设计规范、VOCs 治理技术指南等炼化企业 VOCs 管控的关键技术标准缺失，制订 8 项炼化企业 VOCs 管控相关治理技术规范、工艺设计规范。

二、应用成效

通过完善中国石油天然气集团有限公司清洁与低碳发展技术标准体系，指导企业提高固体废弃物处理处置，为集团公司所属企业参与全国碳市场提供支持，为完成炼化企业 VOCs 排放达标奠定技术基础，使集团公司低碳发展走在国内央企前列。

三、有形化成果

结合国家"十三五"绿色低碳发展最新要求，在固体废弃物处理处置、废水处理、节能、VOCs 治理、碳排放管理等 5 个领域，制定 38 项国际、行业和企业标准（图 1 和图 2）。

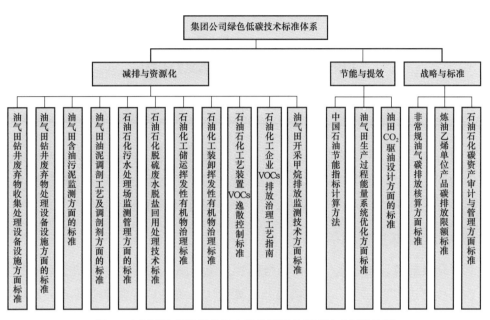

图 1　中国石油天然气集团有限公司绿色低碳技术标准体系

图 2　部分碳排放管理标准封面

碳排放管控关键技术

针对中国石油天然气集团有限公司（以下简称集团公司）碳排放基数、减排潜力与减排路径不明确的问题，以国际国内标准为基础，建立完善了集团公司碳排放核算技术方法和核算系统，全面满足国资委、OGCI、ESG 披露多个机构组织碳排放报告要求。

一、技术内涵与主要创新点

（1）全面升级集团公司温室气体核算与报告系统（图 1 和图 2）。解决了政府核算边界与集团公司数据核算边界差异大、数据填报及核算量大、统计口径复杂等难点，新增各类报表63 个，为用户提供温室气体平台覆盖燃料燃烧、油气田业务、石化业务等 9 类业务共 40 个填报核算表。新增数据校核功能，方便用户对填报数据及时纠错，减少数据核查时反复修改原始数据，减轻后期工作量。

图 1　中国石油天然气集团有限公司温室气体排放核算系统

（2）建立了炼化产品碳足迹核算方法。结合定点观察、物质跟踪与数学模型，对进入各个装置进行物质流与相应的能量流分析，建立炼厂生产汽、柴油物质流能量流平衡分析法，完成汽柴油等典型产品碳足迹测算。

（3）提出了集团公司碳资产统筹管理方案。集团公司碳排放配额履约采取公司集中履约＋委托交易的模式，指定机构负责数据配额核算，指导企业在地方进行配额申请；企业与集团公司推荐的贸易机构签署服务协议，通过买断模式，统一采购配额缺口并销售减排量。

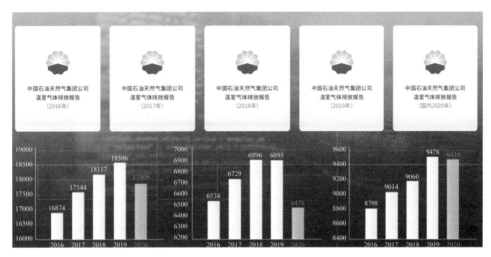

图 2　中国石油天然气集团有限公司 2015—2020 年温室气体排放核算报告

二、应用成效

以本技术为依托，完成了集团公司 2013—2020 年温室气体排放核算，明确了集团公司碳排放家底，支撑了集团公司《绿色发展行动计划》《低碳发展路线图》等重要规划的编制，2019 年 ESG 报告首次披露碳排放数据；明确了集团公司碳排放配额，提出了集团公司碳资产管理方案，为集团公司参与全国碳市场提供决策支持（图 3）。

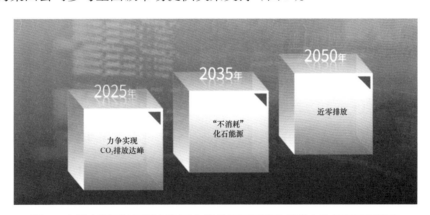

图 3　支撑中国石油天然气集团有限公司开展碳达峰碳中和目标路径研究

三、有形化成果

该成果开发了"中国石油温室气体排放核算系统""石化产品碳足迹核算系统软件" 2 项软件，形成了《石油和化学工业重点产品温室气体排放限额国家标准》《温室气体排放核算与报告要求 石油化工企业》《温室气体排放核算与报告要求 石油天然气生产企业》等重要标准 5 项。

油田伴生气甲烷高效密闭回收成套技术

长庆油田伴生气资源总量为 $385.41 \times 10^4 m^3/d$，目前已利用伴生气量 $283.54 \times 10^4 m^3/d$，利用率为 73.57%，每天还有 $102 \times 10^4 m^3/d$ 伴生气没有得到回收利用，不仅浪费严重，而且伴生气易燃易爆，存在安全隐患及环境污染隐患。

为了密闭回收伴生气，研究油田伴生气甲烷高效密闭回收成套技术，实现伴生气从井口—增压点—联合站的密闭集输。

一、技术内涵

针对地面回收工艺存在的局限性，研制了井下集气混抽装置，从井下有效回收伴生气。该装置由封隔器、同心管及油气混抽泵三部分组成，上下连接为一体，再连接油管下到泵挂深处。封隔器与同心管组成集气管柱，减少伴生气向油套环空逸散，聚集在泵吸入口。混抽泵具有强排气能力，将泵吸入口的伴生气随油流完成混抽回收；在油田伴生气增压回收方面，首次引进免修期长、压缩比大的隔膜压缩机，并针对伴生气压力波动大，含有少量液体和杂质的特点，创新设计油井井场伴生气密闭回收装置，根据进气压力的高低变化，自动控制回收装置的启停，保证进气压力在设定范围内波动，同时实现伴生气增压外输，彻底解决井场伴生气回收问题。

二、主要创新点

（1）针对地面回收工艺存在的局限性，创新研制了油井井下集气混抽工艺管柱（图1），采用集气管柱 + 强排气能力的抽油泵相结合的方式，实现油气混抽，伴生气通过输油管线输送到下游站点，从井下有效回收伴生气，井口套管气的排放量降低 85%。

（2）针对场站活塞式压缩机故障率高的问题，首次应用高压缩比、易损部件少、免修期长的隔膜压缩机，研发了适合现场工况的场站伴生气密闭回收装置（图2），最大压缩比可达12，出口压力可以达到 2.5MPa，日压缩伴生气 $3000 \sim 8000 m^3$。

（3）场站伴生气密闭回收装置前端加装的三级过滤器，实现伴生气的净化，缸盖上设计了放液孔，防止压缩腔内积液引起膜片破裂；在进排气分离罐、缸盖、进气过滤器下端设有排液口，设置自动排液装置，自动排出容积底部重力沉积的液体、杂质，防止液击，增加气阀和膜片使用寿命。

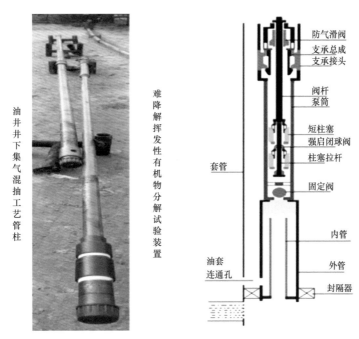

图1 油井井下集气混抽工艺管柱

图2 油井井场伴生气密闭回收装置

三、应用成效

油井井下集气混抽工艺管柱在长庆油田第三采油厂完成13口井的现场试验，日回收套管气4292m³，折合年回收伴生气129×10⁴m³，井口套管气的排放量降低85%。

场站伴生气密闭回收装置在长庆油田第三采油厂柳一增、靖平2增、盘59-25增、新3增和旗20增进行了现场试验，能够实现场站伴生气增压外输，年可回收气量为204×10⁴m³。

四、有形化成果

该成果获授权实用新型专利2件，制定企业标准1项，研发装备2项。

油田地面工程能量系统优化关键技术

中国石油经过 60 多年的开发，建成了庞大的生产系统及耗能系统。随着开发时间延长，常规的技术节能和管理节能挖潜难度逐渐增大，油田节能需要寻求新的技术突破。含应用数学、计算机科学、最优化技术及过程能量集成技术的油田能量系统优化技术待攻关。

一、主要创新点

（1）研究建立了基于流程模拟的层次分析能效综合评价方法，解决了油田生产能耗影响因素多，横向对标可比性较差的难题。

（2）首次创新形成了油田地面全流程用能优化方法，覆盖了机采、油气集输处理、注水等各耗能环节，为油田地面系统运行优化提供了关键技术。

（3）研发了油田地面能量系统优化系列软件，实现了关键技术成果有形化，为基层技术与管理人员提供了易懂好学的优化工具。

（4）建立了油田能量系统优化长效机制，开发了油田能量系统优化管理平台（图1），发布了企业标准和管理办法，编制了培训教材；实现了 A2 和 A5 系统的大数据赋能，为油田企业通过调整运行参数、促进提质增效打通了实施路径。

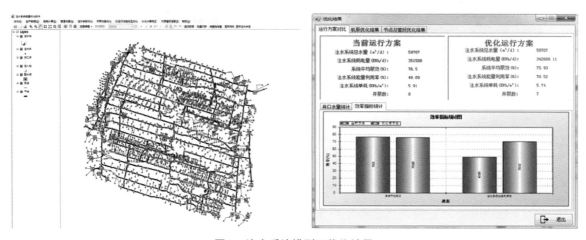

图1　注水系统模型及优化结果

二、应用成效

建成了大庆油田采油四厂能量系统优化示范区，自 2017 年在 25 座转油站、18 座注水站、

11251口油水井应用，示范区单位油田液量生产综合能耗下降18%，示范区年节能15328t标煤，累计4年创造经济效益9914万元（图2）。

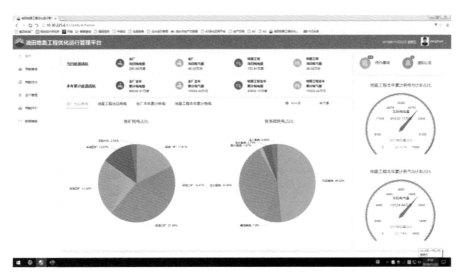

图2　地面工程优化运行管理平台应用模式

三、有形化成果

该成果获认定技术秘密8件，能耗最低及能耗费用最低优化模型获认定技术秘密8件；油气集输、油气处理及注水系统能量优化软件及能量系统优化管理平台获软件著作权4件；优化方法申报发明专利3项；编制企业标准1件，发布管理办法1项。

炼化能量系统优化技术

为有效解决炼化过程系统用能问题，由规划总院牵头，联合锦州石化和兰州石化等10余家科研与生产单位共同研发，攻克了炼化能量系统优化技术，建立了炼油、乙烯、公用工程和能源管控系列技术示范，培养建立了人才队伍，进行了全面推广应用，取得了显著节能增效效果。

一、技术内涵

以炼化企业用能现状和外部能源供给条件为基础，运用过程系统工程理论方法，通过准确模拟炼化主要生产过程，从工艺流程设置、生产操作运行等方面，对炼化生产全过程涉及的能量转换、利用和回收环节进行系统优化，实现工艺流程、操作条件、设备效率、系统运行综合最优，在提高经济效益的同时实现整体能源利用效率的提升。

二、主要创新点

（1）炼化生产过程模拟与优化：在通用流程模拟的基础上，创新开发了MIP催化裂化等特色装置与炼油全流程离线模拟技术，以及催化裂化、加氢裂化等重点装置和公用工程系统在线模拟技术；提出了炼化能量系统优化技术路线，创建了炼油、芳烃、乙烯、配套化工装置操作优化、装置间热集成，炼油全流程物料流向优化，全局优化，以及工艺与公用工程系统之间的协同优化等技术。

（2）乙烯装置工艺与节能优化控制：创建了乙烯裂解炉炉管反应与炉膛CFD传热耦合模拟，进料负荷和操作参数自动优化技术；创建了乙烯裂解深度预测模拟，裂解深度优化控制技术。

（3）能源管控系统开发：创建具备能源在线监测、能源管控，能耗指标在线统计与监测、重点耗能设备能效在线监控、多级能耗KPI追溯与优化管理、节能考核管理，工艺装置与公用工程系统在线协同优化等功能的能源管控系统开发技术。

（4）重点装置、系统智能分析与诊断：创建了可快速寻找节能潜力点并量化计算的重点装置、系统用能分析与评价方法；创建了集流程模拟和专家知识推理于一体，可快速诊断炼油生产装置节能增效技术瓶颈的专家系统。

三、应用成效

在兰州石化和锦州石化等10余家炼化企业示范和推广应用后，各企业能耗下降幅度为

3%～10%，共计取得节能 55.2×10^4t 标准煤、增效 10.27 亿元的显著效果。

四、有形化成果

该成果获授权发明专利 3 件、实用新型专利 12 件，登记软件著作权 11 件，认定集团公司技术秘密 68 件，制定国家标准 1 项、企业标准 3 项，出版著作 4 部，获得集团公司科技进步一等奖 1 项、二等奖 1 项，中国石油和化学工业联合会科技进步二等奖 1 项、三等奖 1 项，集团公司优秀标准一等奖 1 项、二等奖 1 项。

烟气 SCR 脱硝催化剂及成套技术

氮氧化物（NO$_x$）是雾霾和光化学烟雾的主要成因之一，在炼油、化工生产装置的烟气或工艺尾气中广泛存在。选择性催化还原（SCR）脱硝技术具有脱硝效率高、无二次污染等特点，是烟气和工艺尾气首选的脱硝技术。炼化装置高端 SCR 脱硝技术领域长期被国外公司脱硝技术垄断，催化剂价格高，同时缺少装置流场评估与优化等配套技术的支撑。为满足炼化装置 NO$_x$ 达标排放及提质增效的技术需求，开发了可适用于炼油和化工领域生产装置的烟气和工艺尾气脱硝催化剂及工艺配套技术，解决了高脱硝率条件下难以实现低氨逃逸的技术难题。

一、技术内涵

自主研发的"双介孔"结构 SCR 脱硝催化剂具有强度高、抗磨损性能强、脱硝率高、氨逃逸低等特点，同时集成开发了脱硝反应器内痕量氨精确测定、流场快速评估、催化剂床层"三级密封"系列配套技术，可为用户提供不同温度区间、不同运行周期、不同形式的脱硝催化剂以及与之相匹配的工程配套技术，更能适用于连续运行周期长、烟气条件苛刻的炼化脱硝装置。

二、主要创新点

（1）首创了"双介孔"结构控制及多活性组分螯合技术。利用多模板协同和分子级混合控制技术，实现了催化剂多活性组分的螯合及"双介孔"的形成，将催化剂孔容提升了48%，活性吸附氧提升了41%，提高了催化剂活性和选择性。获得授权发明专利3件（图1）。

图1　SCR 脱硝催化剂单体形貌

（2）创新了催化剂基体与助剂的匹配控制技术。通过引入表面富含羟基的纳米材料，强化载体粒子之间的桥连效应，优化活性载体的粒径分布，改善催化剂的微观结构，提高了催化剂的强度及抗磨损性能。获得授权发明专利3件（图2）。

图 2　SCR 脱硝催化剂模块

（3）首创 SCR 反应器痕量氨精确测定和 NH_3 浓度场评估优化技术，将 SCR 反应器截面 NH_3 的浓度场偏差由 10% 降低至小于 3%，有效减少了因 NH_3 浓度场分布不均匀而造成的氨逃逸过高现象；开发了催化剂床层"三级密封技术"，有效阻绝了 NH_3 及烟气不经催化剂而直接穿越床层的现象。认定技术秘密 2 件（图 3）。

三、应用成效

该技术已在 18 套装置实现工业应用，NO_x 年减排近 1×10^4 t，未来 3 年拟推广 20 套 FCC 装置、乙烯裂解炉、燃气锅炉等工业烟气脱硝以及延迟焦化、烷基化等工艺尾气脱硝，支持建立了石油石化污染物控制与处理国家重点实验室环境催化研究中心，为中国石油绿色发展提供坚实技术支撑（图 4）。

图 3　现场烟气离线检测

图 4　催化裂化装置余热锅炉

四、有形化成果

该成果获授权发明专利 9 件，认定技术秘密 2 件，获 2020 年度中国石油天然气集团有限公司科技进步奖一等奖。

危险化学品泄漏监测预警技术

针对石油石化企业油气类危险化学品泄漏监测覆盖范围小、时效性差以及存在漏报等问题，调研了国内外油气类危险化学品泄漏监测技术研究现状，提出了基于傅里叶变换的红外光谱气云成像遥测预警方法，研制了气云成像遥测预警装置，开发了成像预警软件，建立了石油石化企业主要泄漏气体成分光谱数据库，构建了气体成分、浓度以及羽流轨迹等的智能识别算法，通过现场示范应用表明，该技术能够满足现场泄漏遥测预警需要，可为集团公司高质量发展提供支撑。

一、技术内涵

气体泄漏红外光谱气云成像监测预警系统利用气体的红外"指纹"特性，通过迈克尔逊干涉仪被动遥测环境中气体光谱信息，与数据库中气体成分进行比对，如果接收光谱信号特征与数据库中某种气体成分相同，从而识别出气体成分和空间分布浓度信息，浓度幅值与阈值进行对比，超限实现报警，该系统可实现对甲烷、乙烷、二氧化硫、苯、甲苯等几十种气体的识别报警，扫描监测半径1～2km，俯仰角 ±30°，旋转角度360°，可显示气体的羽流轨迹（图1和图2）。

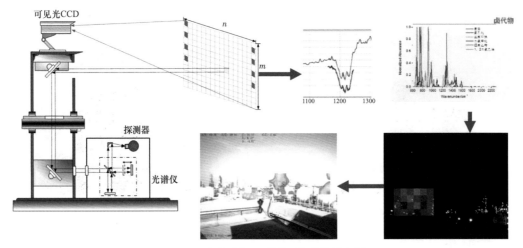

图1 红外光谱气云遥测预警系统原理图

二、主要创新点

（1）采用快速摆臂式叉骨干涉仪，提高了FTIR被动光谱仪采集速度，为突发气体泄漏提供了快速响应监测手段；

图2 气云成像遥测预警装置

（2）开发了光谱快速定性定量分析算法，为气体泄漏的快速预警响应提供算法支持（图3）；

图3 遥测预警软件

（3）利用空间位置参数和可见光背景图像，将污染气体的定量分析结果与可见光背景图像融合形成伪彩色图像，便于直观显示气体泄漏的分布及位置信息，软件系统采用分布式软件架构、网络传输，便于扩展系统和数据共享，气云图像直观显示气团分布，为气体泄漏溯源提供可视化判断。

三、应用成效

该成果已在华北石化现场7×24h连续运行3个多月，整个系统运行稳定，监测数据可靠，有效检出十余种气体成分，为企业现场泄漏预警、防止事故发生起到十分重要的作用。

四、有形化成果

该成果申请发明专利1件，登记软件著作权1件，形成产品样机1套、产品手册1套，获防爆认证1项，制定企业标准1项。

石油石化企业场地污染风险管控与修复成套技术

土壤地下水污染问题日趋凸显，石油石化等重污染企业用地超标点位占 21.3%～36.3%，超过全国 16.1% 的平均水平。2016 年以来，我国场地环境管理要求日趋严格，石油石化行业被列为国家土壤污染防治重点监管行业。围绕风险管控需求的场地污染治理新模式，石油污染场地安全利用面临以下技术问题：（1）在役石油石化企业时空约束条件下场地污染调查评估；（2）石油石化场地污染绿色可持续风险管控与修复。

一、技术内涵

围绕石油石化企业场地污染绿色高效防控需求和技术难题，聚焦污染精细调查和原位防控，建立了基于物探／随钻检测的场地污染快速调查评估新方法（图1），形成了防渗工艺评估、场地污染风险防控和修复等系列技术及装备，并开展现场应用。

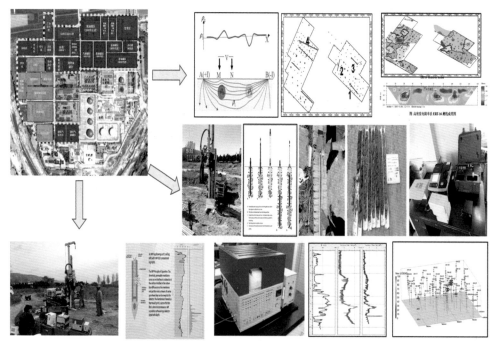

图 1　场地污染快速调查平台及现场应用

二、主要创新点

（1）采用地球物理探测技术结合随钻膜界面探针检测技术，集成创新了场地污染快速调查方法，提高调查速度 50% 以上，提升精准度 40% 以上；并整合 610 种参数、192 组评估标准、128 个公式，开发了场地污染风险可视化模拟评估方法，实现了土壤、浅层 / 深层地下水近地表环境调查评估和风险预测。

（2）采用基于第三代测序技术的高通量基因组学研究方法，形成了固定化菌—酶联合修复技术及产品，筛选周期缩短 50%，降解速率最高提升 5.26 倍；采用直压式钻入和钻具封隔设计，自主开发原位修复微压裂分层注入设备（图 2），注入半径提高 1.5～4 倍、冒浆率降低 87%。

图 2　原位修复微压裂分层注入设备

三、应用成效

场地污染快速调查评估技术支持中国石油作为全国唯一一家以企业身份，受国家生态环境部委托组织开展下属 83 家二级企业 1079 个的地块基础信息调查、风险筛查和 301 个地块初步采样调查评估工作，任务量排全国各省市第 13 位，支撑国家重点行业企业用地土壤污染状况调查；首次开展了非常规油气开发、整装炼厂基于安全利用模式的场地污染风险调—评—防—修一体化现场应用，引领场地污染治理行业从单一指标控制到污染风险综合防控转变，助攻净土保卫战。

四、有形化成果

该成果形成专利 21 件，获得授权发明专利 6 件、授权实用新型专利 5 件，登记软件著作权 11 件，发表论文 33 篇，制定行业企业标准 4 项，获省部级奖 4 项。

炼化污水升级达标技术

一、移动床生物反应器成套技术

移动床生物反应器是在固定床曝气生物滤池基础上开发的新型生物膜反应器，可实现滤料自动连续清洗，并形成流动循环的移动滤床，解决了曝气生物滤池的缺陷（图1）。本技术在节省投资，节省占地、降低运行成本上，具有较大的优势。符合集团公司深入开展节能减排，促进清洁生产的发展要求，具有较好的应用前景和推广性。

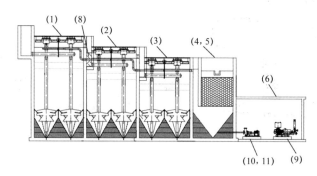

图1 移动床生物反应器成套工艺

（一）技术内涵

反应器中填装粒度均匀的粒状滤料作为生物膜的载体，在好氧生化作用下，利用滤料上所附着生物膜将污水中污染物吸附并分解去除；滤料提升清洗装置，将底部滤料从反应器底部提升到滤料清洗区金西行清洗，清洗后的洁净滤料依靠重力返回到床层，实现滤料移动循环，避免板结；清洗废水通过独立通道排出，保证出水水质稳定；通过调节滤料清洗控制系统的启动时间、清洗强度来控制滤料清洗速度，保持滤料上附着的生物膜在最佳范围。

（二）主要创新点

（1）精简的反应器装置构成：利用滤池内部滤料清洗循环装置实现滤料清洗循环，节省反洗风机、反洗水泵等清洗设备，以及大量的自控阀门，大大节省建设投资。

（2）高效的滤料清洗循环方式：滤料清洗方式由传统的整体反洗改为在线循环式清洗，滤料由滤床底部缓慢提升至顶部进行清洗，清洗后的滤料回到滤床顶部，从而实现滤料循环，可有效防止板结；清洗耗水量降低50%以上，清洗水独立排放：滤料清洗水从滤料清洗器排污管道实现独立排放，杜绝了反洗水污染出水的现象。

（3）高效低耗的滤料清洗系统：滤料清洗动力来源为气提和重力结合，相比传统的曝气生物滤池采用的水力反冲和空气擦洗，清洗效果和效率更高，耗能和耗水量大大降低。

（4）智能清洗控制系统：智能清洗控制箱通过PLC设定每台反应器的清洗程序，实现清洗水排放和清洗程序连锁控制，可实现全自动化运行，参数调整灵活（图2）。

图2　移动床生物反应器滤料自动清洗控制系统

（三）应用成效

2017年9月，移动床生物反应器成套装置在宁夏石化建成投用（图3），处理规模100m³/h稳定运行3年余，累计处理水量230×10⁴t。

图3　移动床生物反应器工程应用

（四）有形化成果

该成果获授权发明专利1件，授权实用新型专利1件，获2018年度中国纺织勘察设计协会科学技术奖二等奖。

二、短程硝化反硝化技术

通过培养适用于高氨氮化肥废水的短程硝化反硝化工程菌种，确定相关反应参数，同时进行自动化控制参数及方法的研究，形成成熟的高氮污水处理技术。

（一）技术内涵

生物脱氨氮需经过硝化和反硝化两个过程，短程反硝化生物脱氮的基本原理就是将硝化过程控制在亚硝酸盐阶段，阻止 NO_2^- 的进一步氧化，直接以 NO_2^- 为电子受体进行反硝化。

与全程硝化反硝化相比，短程反硝化具有如下的优点：

（1）硝化阶段可减少 20% 左右的需氧量，降低了能耗；

（2）反硝化阶段可减少 40% 左右的有机碳源，降低了运行费用；

（3）反应时间缩短，反应器容积大大减小；

（4）具有较高的反硝化速率；

（5）污泥产量降低。

（二）主要创新点

实现 SBR 短程硝化反硝化处理高氨氮废水的自动化控制技术：该技术通过在线监测 ORP、pH 值及三氮（氨氮、亚硝酸盐氮和硝酸盐氮）的变化规律来判断反应终点，采用 PLC 编程进行实时监控，实现短程硝化反硝化的 PLC 全自动控制。

（三）应用成效

2017 年在宁夏石化建成一套 $30m^3/h$ 处理规模的短程硝化反硝化处理高氨氮废水示范工程。该项目实现长期稳定运行，处理效果稳定，能耗低。2018 年 5 月投用，迄今运行良好稳定，出水氨氮平均值 1.5mg/L，总氮平均值 7.9 mg/L，亚硝积累率 85% 以上，去除率高于传统工艺。短程硝化反硝化示范工程在投资、占地、运行费用等方面均领先传统工艺，更符合企业降本增效的要求（图 4）。

图 4　短程硝化反硝化示范工程现场图

（四）有形化成果

该成果已获国家授权发明专利 2 件，已获受理发明专利 2 件，认定集团公司级技术秘密 2 项，通过中国石油工程建设协会科技成果鉴定，达到国际先进水平。

超低排放的液化气深度脱硫（LDS）技术

碱洗法液化气脱硫醇过程产生的碱渣属于危险废弃物，是炼油行业重要的环境污染物之一。近年来含有有机硫化物的碱渣废液在运输和处理中发生多起亡人事故教训深刻，行业内既没有炼油碱渣再生或资源化利用技术，也没有更有效方法解决好生产清洁油品与清洁生产的尖锐矛盾。开发低成本的超低排放的液化气深度脱硫技术显得意义重大而紧迫。

一、技术内涵

首创了将超重力过程强化技术应用于液化气脱硫醇碱液的再生过程，实现了介质在微尺度上强化气液传质并一步式反应分离，成功突破了传统技术而达到准理论极限（硫醇钠转化率和二硫化物分离率），有效抑制了副反应，实现了碱液高效再生，避免了周期性排放废碱，成功实现了多规格反应器与工艺匹配的成套化、大型化、规模化应用，具有简便、安全、清洁和节约的特点。

二、主要创新点

（1）首创了的超重力法脱硫醇碱液再生工艺（图1）。

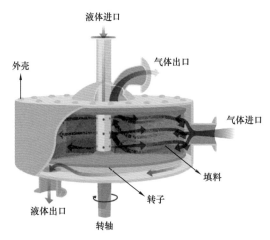

图1 超重力反应器示意图

（2）开发了含硫尾气无害化处理新工艺，实现尾气持久达标排放。

（3）开发了碱液梯级利用组合工艺，大幅提升碱液综合利用效率。

（4）开发了准确快速的形态硫分析检测技术，实现精细化的质量管控。

（5）集成开发了清洁高效节约的超低硫液化气生产的成套技术，实现规模化、长周期应用。

三、应用成效

在国内 7 套装置成功实现推广和应用,累计处理液化气 $200 \times 10^4 t$,节约新碱约 5000t,减排碱渣约 20000t,实现直接经济效益近 2 亿元(图 2)。

庆阳石化	丰利石化	锦州石化	华北石化	辽阳石化
2014年投产	2016年投产	2017年投产	2018年投产	2017年投产
$30 \times 10^4 t/a$催化液化气	$25 \times 10^4 t/a$液化气(民企)	$65 \times 10^4 t/a$液化气(含焦化)	$80 \times 10^4 t/a$液化气(最大)	$40 \times 10^4 t/a$液化气(高硫)
减排碱渣累计4050t	碱渣减排90%	碱渣减排90%	碱渣零排放	碱渣零排放

图 2 PriLDS 技术工业应用

四、有形化成果

该成果获集团公司科技进步一等奖 1 项,授权专利 1 件,标准 1 项,发表论文 1 篇。